PRÉCIS ÉLÉMENTAIRE

D'HISTOIRE NATURELLE.

*Chacun de ces ouvrages sera expédié franco par la poste à toute **personne** qui en enverra, par lettre affranchie, le prix marqué en timbres-poste.*

Précis élémentaire de Physique et de Chimie, par M. Zeller, avec une Introduction par M. Drioux, contenant des gravures dans le texte. 1 vol. in-18, cart.   1 fr. 50 c.

Il n'est pas nécessaire sans doute de connaître à fond toutes les découvertes de la physique et de la chimie, et il n'appartient qu'à des hommes spéciaux de suivre ces sciences dans leurs théories les plus élevées et dans des calculs souvent compliqués et abstraits. Mais il n'y a personne qui n'éprouve le besoin de connaître au moins le cours des phénomènes que l'on a continuellement sous les yeux dans la nature et qui tiennent à l'action de la pesanteur, de la chaleur, de l'électricité ou de la lumière. Dans ce petit ouvrage, M. Zeller s'est appliqué à rendre ces explications tellement simples et claires qu'elles n'exigent préalablement aucunes connaissances particulières et qu'elles n'ont pas besoin non plus d'un effort d'application extraordinaire. A l'appui de ses principes ou explications, il a eu soin de citer comme exemples les faits qui se passent journellement sous nos yeux, et c'est en dépouillant ainsi son ouvrage de toute forme scientifique qu'il l'a rendu absolument élémentaire, et qu'il a pu le considérer comme le complément de son Histoire naturelle.

Méthode simplifiée de la tenue des livres, ou la partie double mise à la portée de tout le monde, avec une application à la comptabilité agricole, le seul ouvrage où sont mis en regard et sans confusion le Brouillard, l'Indication des livres, et le Journal, dont chaque article est précédé de questions qui aident à trouver le débiteur et le créditeur; par F. Queyras. Quatrième édition. 1 vol. in-16, br.   1 fr.

Dictionnaire portatif des rimes riches (homophonies et homosymphonies), présentant toutes les désinences de la langue et tous les mots qui terminent ces désinences par séries homophones; telles que, la prononciation connue, on en conclut à l'instant et indubitablement l'orthographe; subdivisées chacune en séries homosymphones ou à lettres d'appui, et augmentées de 15,000 mots; par MM. V. Parisot et L. Liskenne, membres de l'Université. 1 vol. de 384 p. in-16, broché.   1 fr. 25 c.

Lectures graduées et leçons pratiques de littérature et de style (Prose et Poésie), renfermant des modèles tirés des meilleurs auteurs, avec des appréciations, des notices biographiques et les définitions des divers genres de composition; par M. Ch. Leroy. Neuvième édition. 1 très-fort volume in-18, cart.   1 fr. 50 c.

PRÉCIS ÉLÉMENTAIRE

D'HISTOIRE NATURELLE

(Minéralogie, Botanique, Zoologie),

A L'USAGE DES INSTITUTIONS
ET DES AUTRES ÉTABLISSEMENTS D'INSTRUCTION PUBLIQUE;

PAR M. ZELLER,

AVEC UNE INTRODUCTION PAR M. L'ABBÉ DRIOUX.

ORNÉ DE QUATRE PLANCHES GRAVÉES SUR ACIER

CONTENANT PRÈS DE CENT SUJETS.

SEPTIÈME ÉDITION, REVUE ET CORRIGÉE.

PARIS,

LIBRAIRIE CLASSIQUE D'EUGÈNE BELIN,

RUE DE VAUGIRARD, N° 52.

1863

(5469) Saint-Cloud. — Imprimerie de Mme Ve BELIN.

INTRODUCTION.

Il y a bien longtemps que je désirais voir mon *Cours d'Histoire* complété par une petite histoire naturelle conçue d'après la même méthode.

Rien n'est plus important que de donner aux jeunes gens une notion de toutes les merveilles qui se trouvent dans la nature.

Les cieux, dit le prophète, racontent la gloire de Dieu. On peut dire qu'il en est de même de toutes les créatures, et que la chaîne des êtres n'est qu'une continuation variée, mais toujours sublime, de ce magnifique récit.

Ce langage si éloquent est compris de tout le monde dans sa généralité ; mais celui qui s'est livré à quelques études ne se contente pas, à juste titre, de notions vagues ; il demande à entrer dans quelques détails, pour que son admiration soit intelligente et raisonnée.

Il faut donc analyser sous ses yeux la plupart de ces merveilles, et surtout s'attacher à pénétrer, autant que possible, dans le secret de l'existence pə chaque être.

Parmi les ouvrages élémentaires qui traitent des différentes parties de l'histoire naturelle, il y en a un très-grand nombre qui sont d'une aridité rebutante.

La botanique spécialement, qui devrait être l'étude la plus agréable et la plus charmante, puisqu'elle a pour objet tout ce qu'il y a de plus gracieux dans la nature, n'offre souvent qu'une nomenclature de noms barbares toujours impossibles à retenir et quelquefois même à prononcer.

On croirait qu'on a pris à tâche d'employer les noms les plus odieux, pour désigner les êtres les plus beaux, les fleurs et les plantes.

La science s'étant engagée dans cette voie, et les noms vulgaires ayant été généralement remplacés par des noms grecs et latins, on ne peut, même dans un livre élémentaire, s'affranchir complétement de cette terminologie.

C'est cette nécessité qui donne de la sécheresse à tous les ouvrages qui ont pour but de resserrer dans un espace aussi étroit l'histoire naturelle tout entière.

Une autre difficulté qui ne tient plus à la direction que la science a prise, mais qui ressort de la nature même du sujet, c'est qu'il faut une concision extrême pour parler dans un aussi petit volume de tous les êtres qui forment l'ensemble de cette nature dont nous faisons partie nous-mêmes.

La science, embarrassée de la multitude d'individus qu'elle avait à étudier, a été forcément contrainte d'avoir recours aux classifications, pour qu'il n'y ait pas confusion dans le nombre infini de faits et d'observations de toute espèce qu'elle avait à enregistrer.

Elle a donc divisé la nature entière en trois règnes : le règne minéral, le règne végétal et le règne animal. Dans chaque règne il a fallu établir une classification.

On a distingué dans le règne minéral les corps

simples et les corps composés, et parmi les corps simples, les métalloïdes et les métaux.

Cette classification, qui est restée fondamentalement invariable, a cependant subi de graves modifications ; et elle en subira encore, par suite des découvertes que l'on a faites jusqu'aujourd'hui, et qu'on fera sans doute plus tard.

Le nombre des corps simples augmente sans cesse, et l'industrie trouve le secret de perfectionner l'usage et l'exploitation des divers métaux.

Il va sans dire que dans un livre élémentaire on ne peut faire autre chose que de donner une notion générale sur la nature des corps principaux que l'on a habituellement sous les yeux, et de constater les résultats obtenus par la science, sans entrer dans aucun détail sur la manière dont elle est parvenue à ces conclusions.

La botanique ou le règne végétal a un domaine infinement varié. Que de plantes, que de fleurs à étudier depuis le cèdre jusqu'à l'hysope, pour parler le langage de Salomon !

Les savants des derniers siècles ont imaginé différentes classifications pour qu'on pût se reconnaître dans ce vaste domaine. Tournefort, de Jussieu, Linnée ont successivement produit leur système.

On s'arrête maintenant à ce dernier, comme étant conçu d'après une méthode moins artificielle que les autres.

En réduisant la botanique, comme on est obligé de le faire, à quelques pages, il arrive qu'il n'y a lieu que de nommer les classes et les principaux genres de plantes qu'elles renferment, et d'exprimer en quelques mots les propriétés utiles des principaux sujets de chaque famille.

Le règne animal ou la zoologie offre aussi une multitude infinie d'espèces qu'il serait impossible de distinguer et de retenir sans une bonne méthode.

La classification de Cuvier est aujourd'hui préférée à bon droit à celle de tous les autres naturalistes. En la reproduisant dans un ouvrage comme celui-ci, on peut bien indiquer les noms des principaux genres et des principales familles, et donner quelques notions sur la force et le caractère des individus; mais il n'est pas possible d'entrer dans le détail des mœurs de chacun d'eux, et de faire connaître ce qu'il y a d'admirable dans leur instinct.

Je fais toutes ces observations parce qu'elles sont autant de réponses à des objections que j'ai faites moi-même et à des désirs que j'avais manifestés à M. Zeller; objections et désirs que d'autres personnes peuvent renouveler.

Tout en acceptant de ce professeur distingué le travail que nous offrons maintenant au public, comme complément de mon *Cours d'Histoire*, je ne me suis pas dissimulé d'abord les imperfections que je croyais y reconnaître, et j'ai dû rechercher s'il n'y aurait pas lieu d'y remédier, et si elles étaient inhérentes à la nature même du sujet et au caractère de l'ouvrage.

Je n'ai pas tardé à être convaincu qu'elles tenaient bien plus au sujet qu'à l'auteur, et que si l'on pouvait trouver dans certaine partie du volume quelque aridité, ce défaut n'était pas moins sensible dans les publications de même espèce faites par MM. Milne-Edwards, Delafosse, etc., etc.

Mais un avantage que ce petit volume me semble avoir sur ses devanciers, c'est que l'auteur s'est attaché à décrire avec le plus grand soin et toute la précision que son plan exigeait, tous les phénomènes vitaux qu'on remarque dans les plantes et les animaux.

Au moyen de ces notions, l'élève pourra connaître d'une manière générale leur constitution et leur organisation, et savoir comment la vie s'entretient et se développe en eux.

Pour les détails que l'on aurait pu ajouter sur le caractère particulier de chaque plante, sur les mœurs des animaux, nous comptons sur le bon esprit et sur le dévouement des maîtres et des maîtresses.

Ils pourront donner à chaque leçon un nouveau degré d'intérêt en fécondant le texte qu'ils auront entre les mains par des observations nouvelles.

Ce sera aussi le lieu de joindre à tous ces détails les réflexions religieuses qu'ils font naître naturellement.

On a eu soin, à la vérité, de rappeler le nom de la Providence assez souvent dans le cours de cet ouvrage, pour lui faire hommage de ses œuvres, mais ces quelques mots ne suffisent pas.

L'histoire naturelle étant, en quelque sorte, le livre écrit par la main de Dieu, il faut que le nom de l'auteur soit, pour ainsi dire, toujours présent à l'esprit de ceux qui la lisent et qui l'approfondissent.

Ainsi nous ne saurions mieux faire comprendre le but et la portée des sciences naturelles, comme ce siècle doit les concevoir, qu'en livrant à la méditation des maîtres et des élèves les lignes suivantes que nous empruntons aux écrivains de l'*Université catholique*, et qui ont inspiré, du reste, l'auteur de ce livre.

« Un reproche général, qui nous parait devoir peser indistinctement sur toutes les sciences physiques, c'est qu'on s'y attache trop exclusivement à décrire les propriétés des êtres, et pas assez à connaitre leurs fonctions, encore bien moins leur signification. Pourtant il n'est pas douteux que le Créateur n'ait revêtu originairement de son signe chacune des créatures, et rien ne saurait être plus instructif, ni même plus intéressant pour nous que la connaissance de cette divine signature, si altérée qu'elle puisse être. On sait les mouvements des astres, les trajectoires qu'ils décrivent, leurs distances respectives, leurs figures, leurs volumes ; on est même parvenu à calculer leur poids. On sait quels organes entrent dans la composition des animaux et des végétaux ; et jusqu'à un certain point leurs fonctions ; on sait quels tissus forment ces organes, les éléments intimes de ces tissus, quel mouvement intestin d'exhalation et d'assimilation les appauvrit et les répare sans cesse ; on connaît les principes constituants des minéraux, la place qu'ils occupent à la surface du globe, les lois de leur composition et de leur décomposition. On connaît même assez bien, pour tout dire, les divers usages que nous en pouvons tirer pour notre satisfaction temporelle. Mais le rôle que ces créatures remplissent dans l'univers, leurs rapports véritables avec l'homme, comment elles peuvent concourir à son perfectionnement, et comment il peut et doit travailler à son affranchissement ; c'est à quoi nous devons dire qu'on ne songe pas assez. La science nous enseigne que le diamant ne diffère pas du charbon, et que la perle est principalement formée de chaux carbonatée, deux substances des plus viles et des plus communes sur la terre. Sans doute cet enseignement se fonde sur des analyses exactes et irréprochables ; mais elle a oublié de nous dire d'où vient cependant le prix que nous attachons à ces deux objets. Ce n'est pas l'éclat seulement qui nous séduit dans le diamant, ou dans la perle la beauté de sa robe, car des verriers habiles sont parvenus à les imiter assez exactement pour tromper des yeux, même exercés ; et tout le monde convient que ces imitations n'ont aucune valeur. Ce n'est pas non plus la rareté ; il y a dans les trois règnes des objets plus rares auxquels nous n'attachons aucun prix, ou qui n'en ont que pour le naturaliste amateur de collections. D'où vient donc la haute estime que nous voyons de ces deux joyaux ? pourquoi le diamant brille-t-il au front du roi ? pourquoi la perle est-elle la parure de l'épouse ? Mais nous avons perdu le sens hiéroglyphique des choses, et à plus forte raison leur sens intérieur ou mystique. Au lieu de nous arrêter à décrire minutieusement les lettres qui composent l'écriture naturelle, nous ferions peut-être mieux de chercher à reconnaître comment ces lettres sont assemblées, afin de pouvoir lire au moins quelques fragments, quelques lignes de cette écriture. Nul doute qu'il n'y eût là beaucoup d'instruction à recueillir, et que celui qui entreprendrait cette recherche ne fût amplement dédommagé des peines qu'il pourrait rencontrer sur sa route.

» Ainsi, tel est l'état des sciences, que malgré cet immense appareil de connaissances qu'elles déploient, et qui paraît les rendre toutes-puissantes pour le perfectionnement de l'humanité, elles gardent le silence sur les choses qui nous intéressent le plus, ou ne nous donnent sur ces choses que des réponses illusoires.

» Les sciences ne sortiront de cet état funeste que par un retour prompt et sincère à l'unité dont la révélation est la manifestation permanente dans l'humanité. C'est par ce retour à l'unité qu'elles raffermiront leurs principes ébranlés, qu'elles pourront rétablir dans leur sein l'ordre et l'harmonie, qu'elles retrouveront l'étoile qu'elles ont depuis si longtemps perdue de vue. C'est par ce retour à l'unité qu'elles dépouilleront le vieux levain qui fermente en elles, qu'elles se purifieront de toutes les souillures qu'elles ont contractées en traversant des temps mauvais, et auxquelles elles doivent toutes leurs infirmités. Car la religion n'est pas seulement l'*aromate* qui empêche la science de se corrompre : c'est aussi le *spiri-*

tueux qui revivifie la science corrompue. Leurs forces ainsi régénérées, étant alors dirigées vers un même but, pourraient concourir efficacement au perfectionnement et au bonheur du genre humain. Assise sur la triple base, à la fois rationnelle et révélée, de la création, de l'altération des créatures, et de la réintégration universelle, elles embrasseraient dans une même pensée le passé, le présent et l'avenir, le principe, la raison et la fin des êtres, et pourraient fournir à l'homme la solution des questions qui lui importent le plus. Ainsi ce problème politique si difficile, qui consiste à concilier l'intérêt de la société avec celui de l'individu, et sur lequel repose la stabilité de l'ordre social, n'a excédé jusqu'ici les forces des sciences, que parce que celles-ci se sont écartées de la révélation. Effectivement, la morale est l'intérêt le plus élevé de la société, comme l'immortalité est l'intérêt le plus élevé de l'individu. La solution du problème revient donc à découvrir la connexion qui existe entre la morale et l'immortalité. Or, l'idée de la morale est immanente, c'est-à-dire qu'elle existe sous la double condition du temps et de l'espace, tandis que l'idée de l'immortalité est transcendante, c'est-à-dire supérieure à cette double condition. Il en résulte que la connexion qui les lie ne saurait être purement immanente, et que par conséquent la raison humaine est actuellement incapable de la découvrir. Mais Jésus dit à Nicodème : « En vérité, en vérité, je vous le dis, si vous ne renaissez de nouveau, vous ne pouvez voir le royaume de Dieu ; » et cette parole divine si peu comprise, énonçant formellement cette haute connexion qui unit la morale à l'immortalité, renferme par là même la solution du problème en question.

» Ajoutons que ce retour à l'unité n'est pas moins désirable pour les savants que pour les sciences. Aucune classe d'hommes n'est plus exposée à tomber dans l'idolâtrie que celle des savants. Préoccupés de leurs propres conceptions, prosternés devant les *images* de leur intelligence, ils ne sont que trop portés à oublier celui de qui leurs intelligences tiennent l'être et la vie, et on ne saurait trop multiplier les précautions pour les ramener à la contemplation du Verbe, qui est véritablement la source unique de toute grande découverte dans la science; comme dans l'art, la source de toute inspiration est le culte de la Vierge. Vainement les savants chercheraient une autre unité : comment y parviendraient-ils, puisqu'il ne peut y avoir qu'une unité vraie, qui est celle par laquelle Dieu produit, sanctifie et bénit incessamment les biens qu'il répand sur nous. Quelques-uns, récemment, se sont égarés dans cette voie; leur erreur a été surtout de vouloir installer dans le temps le règne de l'éternité; les tristes résultats qu'ils ont obtenus et qui prouvent assez la vanité de leurs tentatives, forment cependant une expérience utile et décisive, dont le fruit ne doit pas être perdu. Il faut que le monde le sache bien : Personne ne posera un autre fondement que celui qui est déjà posé; et ce fondement est le Christ. Ceux qui l'ont essayé peuvent le redire à ceux qui en doutent encore.

» Et maintenant comment s'opérera ce retour à l'unité, cette grande conversion des sciences? Comment les volontés seront-elles inclinées vers ce grand but? N'en soyons point inquiets. Les hommes contribuent de toutes leurs forces à l'accomplissement des événements, sans en avoir le secret, et la volonté humaine n'a de puissance qu'en proportion de sa conformité à la volonté divine. Tout concourt, tout se dispose à notre insu pour l'avancement des desseins de Dieu. Mais nos yeux sont ouverts et nous ne voyons point; et tandis que notre impatience accuse les lenteurs de la Providence, le but que nous poursuivons est souvent tout près de nous, sans que nous puissions encore l'apercevoir.

» Remarquons d'ailleurs, et ceci nous paraît propre à résumer cette introduction, que l'opposition qui règne entre les sciences naturelles et la science divine, est plus

INTRODUCTION.

apparente que réelle. Il y a entre elles une affinité secrète, un lien fort et mystérieux, où l'action de l'homme ne saurait atteindre, et qui n'est au fond que le même lien ineffable qui unit la nature au Verbe. Ne pouvons-nous pas contempler les merveilles du monde spirituel dans le monde matériel, comme dans un miroir, souvent terne et obscur, il est vrai, mais cependant fidèle, et qui ne saurait nous renvoyer d'autres images que celles qu'il a reçues? Si ces deux classes de sciences nous paraissent séparées aujourd'hui, c'est sans doute la négligence et peut-être l'orgueil de l'homme qui en sont la cause : car tandis que les sciences naturelles ne veulent devoir leur existence qu'à elles-mêmes, la science divine n'a pu encore trouver le secret et les convaincre de la sainteté de son origine et de la sublimité de ses droits. Mais on ne peut douter qu'elle n'y parvienne, puisque c'est le propre de la lumière de pénétrer les corps les plus opaques, pourvu qu'ils soient suffisamment divisés. Il est évident pour un observateur attentif, que les sciences naturelles sont engagées dans des voies dont elles ignorent l'issue, qu'elles éprouvent une fermentation dont elles ne sont pas maîtresses, et qui peut produire les résultats les plus inattendus. Après s'être tenues long-temps à la surface, elles ont commencé à descendre dans les profondeurs ; elles se sont mises à scruter les éléments et les étoiles, les racines et les puissances ; elles se sont même emparé de quelques agents secondaires dont elles disposent maintenant à leur gré. Il y a tout lieu de croire qu'elles finiront par entrevoir les rapports nombreux qui unissent les vertus du ciel aux bases de la terre, et qu'elles acquerront tout au moins sur la nature des notions plus justes et plus étendues. Qui sait même si, à force de tourmenter cette nature et de provoquer l'agent redoutable qu'elle recèle, elles ne parviendront pas à lui arracher le secret de son existence et le nom de son auteur? Toujours est-il que les amateurs de ces sciences, qui les cultivent aujourd'hui avec tant d'ardeur, et on peut dire avec tant de succès, ne peuvent manquer dans cette culture d'aiguiser les facultés de leur esprit, de les rendre plus vives et plus pénétrantes, et par là même plus propres à lire dans les titres qui constatent la légitimité de la science divine ; et nous ne serions nullement surpris de les rencontrer quelque jour parmi les plus actifs et les plus fermes défenseurs de cette science qu'ils méconnaissent et dédaignent aujourd'hui. »

PRÉCIS

ÉLÉMENTAIRE

D'HISTOIRE NATURELLE.

MINÉRALOGIE.

—

CHAPITRE I.

NOTIONS GÉNÉRALES.

1. Définition. — La *minéralogie* est la partie de 'histoire naturelle qui a pour objet l'étude des corps bruts ou inorganiques. Les corps bruts ou inorganiques diffèrent des corps organiques sous plusieurs rapports, mais principalement par leur mode de *génération*, de *configuration* et d'*accroissement.*

1° Les corps organisés naissent toujours d'individus déjà existants et semblables à ceux dont le premier a été créé par Dieu. Les espèces se perpétuent sans modifications essentielles. Un certain nombre de corps bruts sont indécomposables par nous, ils sont probablement le résultat d'une création immédiate. Les corps peuvent, dans des circonstances données, se combiner entre eux et donner naissance, sous l'action des lois de la nature, à de nouveaux corps parfaitement distincts.

2° Les corps bruts n'ont point de forme propre et

essentielle ; car ils forment de simples agglomérations de parties juxtaposées, et lorsqu'on les divise mécaniquement, les fragments que l'on obtient représentent en petit la masse entière. Leur forme peut varier à l'infini, et il arrive souvent que des minéraux formés de parties élémentaires de même nature présentent de grandes différences dans leurs formes extérieures. Les corps organisés étant formés de parties distinctes qui ont chacune une forme propre et des positions relatives distinctes, ils ont naturellement une configuration inhérente à leur nature. Ainsi diviser un corps organisé c'est le détruire, parce qu'il forme un tout complet et distinct par sa forme comme par les parties qui déterminent en lui la forme.

3° Le corps organisé se développe en s'appropriant des substances prises en dehors de lui après les avoir convenablement élaborées. Cette assimilation se fait dans l'intérieur de ses parties constituantes qui s'accroissent sans changer de forme ni de nature ; c'est du moins ce qui a lieu généralement ; et s'il y a des changements profonds, ces modifications se font toujours régulièrement. Il y a un terme fixé à l'accroissement et même à l'existence de chaque corps organisé. L'individu organisé meurt. Les corps bruts au contraire ne se développent que par agglomération, par agrégation, et cet accroissement se fait toujours à l'extérieur. Ils peuvent se développer indéfiniment. En un mot, les corps bruts ne vivent pas, comme les animaux et les plantes, ils ne sentent pas, ils ne peuvent pas se mouvoir comme les animaux. Leur accroissement et leur destruction sont toujours dus à des causes extérieures.

Les corps bruts sont aussi appelés *minéraux*, et de là vient le nom de minéralogie que l'on donne à la science qui va nous occuper.

Cette science se divise en deux branches distinctes : la *minéralogie proprement dite*, qui étudie les minéraux en eux-mêmes et nous fait connaître les propriétés générales et particulières de ces corps, les divise, les classe d'après les caractères qui leur sont communs et nous apprend leur emploi dans les arts et les usages de la vie ; la *géologie* ou *géognésie*, qui considère les minéraux sous le rapport de leur manière d'être dans la nature, c'est-à-dire les amas ou masses qu'ils forment dans l'intérieur ou à la surface du globe, la position, la structure de ces masses.

2. DES DIVERS ÉTATS DES CORPS. — Les corps peuvent être à trois états différents, à l'état *solide*, à l'état *liquide* ou à l'état *gazeux*. Un corps est à l'état *solide* lorsque l'adhérence de ses parties est assez grande pour qu'on ne puisse séparer l'une de l'autre sans exercer un effort plus ou moins grand, mais toujours appréciable ; il est *liquide* quand on peut facilement le transvaser ; et il est *gazeux* quand ses molécules tendent à se disperser dans l'espace, comme l'air. Cette distinction n'a pas toutefois une rigueur absolue. Il y a des corps qui peuvent passer par ces différents états ; ainsi le soufre à la température ordinaire est solide, en le chauffant suffisamment on peut le fondre et alors il est liquide, et en le chauffant encore davantage on le réduit en vapeur. L'eau est liquide, elle peut se changer en glace par un abaissement suffisant de température, et alors elle est solide ; elle se change aussi en vapeur en la chauffant, et alors elle est à l'état gazeux.

3. Des propriétés générales des corps. — Les propriétés générales des corps sont : l'*étendue*, la *divisibilité*, la *mobilité* et l'*inertie*. — L'*étendue* est la portion d'espace qu'occupe un corps. Elle suppose toujours trois dimensions, la longueur, la largeur et l'épaisseur. De là résultent la *forme* et le *volume* des corps. La *forme* est déterminée par l'ensemble des surfaces du corps : ainsi il est rond, ou carré, ou triangulaire, etc. Le *volume* est la portion d'étendue embrassée par ses surfaces ; ainsi il aura un mètre ou deux mètres cubes. — La *masse* d'un corps est la quantité de matière que ce corps renferme. — La *divisibilité* est la propriété en vertu de laquelle un corps peut-être partagé en un grand nombre de parties. On a appelé *atomes* ou particules insécables les parties que nous ne pouvons plus diviser. Ce n'est pas à dire qu'elles ne soient plus divisibles, car par la pensée on peut toujours les diviser ; mais elles deviennent si petites qu'elles échappent à nos instruments. — La *mobilité* est la propriété qu'ont les corps de pouvoir être mis en mouvement. — L'*inertie* est l'impossibilité dans laquelle se trouve un corps de changer soit son état de repos, soit son état de mouvement. Ainsi un corps en repos y persévère tant qu'une cause extérieure ne vient pas agir sur lui, et une fois mis en mouvement il continuerait indéfiniment à se mouvoir en ligne droite, sans jamais accélérer ni retarder sa marche, s'il était abandonné à lui-même, et qu'il ne subît l'influence d'aucune force extérieure. C'est là le caractère essentiel de la matière.

A ces propriétés générales les physiciens ajoutent encore l'*impénétrabilité*. Ils entendent par là l'impossibilité où sont deux atomes d'occuper jamais le même espace. L'impénétrabilité, qui est une conséquence nécessaire de l'étendue des corps, se prouve par une foule d'expériences directes. En effet, si les corps étaient pénétrables dans le sens absolu de ce mot, il faudrait que par un effort considérable exercé sur un corps, le volume de ce corps fût réduit à zéro, et c'est ce qui n'arrive jamais. Dans le briquet pneumatique, par exemple, quel que soit l'effort que l'on exerce sur le piston, le volume de l'air comprimé ne se réduit jamais à zéro. Les vents ont souvent une puissance extraordinaire ; ils peuvent déraciner des arbres, renverser des édifices. Ces effets sont une conséquence de l'impénétrabilité de l'air et des corps qu'il ébranle. Souvent un corps est pénétré par un autre. Mais cette pénétrabilité n'est qu'apparente, parce que dans ce cas l'un de ces corps se place dans les intervalles qui séparent les molécules de l'autre. C'est ainsi qu'un corps solide en bois, par exemple, s'imbibe d'eau. Cette propriété que les corps ont d'avoir entre leurs molécules des intervalles appelés *pores*, propriété qui est une conséquence naturelle de leur divisibilité, est désignée sous le nom de *porosité*. C'est aussi en vertu de la divisibilité ou de la porosité, qui en est une suite, que les corps peuvent se *comprimer*, *s'étendre* et revenir à leur état primitif après avoir changé de forme ou de volume dans certaines limites. Ces propriétés sont connues sous les dénominations de *compressibilité*, d'*extensibilité* et d'*élasticité*.

4. De la pesanteur. Du poids et de la densité des corps. — Tous les corps s'attirent mutuellement. Cette propriété, qui est une loi générale de la nature, est appelée *attraction*. Lorsqu'elle s'exerce à de grandes distances comme entre les corps qui forment notre système planétaire, le soleil, les planètes, les satellites, etc., on l'appelle gravitation ou pesanteur universelle. On appelle *attraction moléculaire* celle qui s'exerce à des distances très-petites, comme entre les molécules des corps, qu'elle unit en luttant constamment contre une force contraire nommée *répulsion*. La force en vertu de laquelle les corps abandonnés à eux-mêmes tombent vers la terre, s'appelle *pesanteur terrestre* ou simplement *pesanteur*.

Tous les corps qui nous environnent sont soumis à l'action de cette force, et s'il y en a qui ne tombent pas ou qui s'élèvent dans l'air, il faut l'attribuer à des causes étrangères qui, pour ces corps, arrêtent l'effet de la pesanteur. En effet, si l'on soustrait des corps de nature différente, comme des balles de plomb, des grains de sable, des barbes de plumes, des pailles légères, du duvet, etc., à l'action de l'air, en faisant le vide dans un tube qui renferme ces corps, et qu'on renverse rapidement le tube, ces corps viennent frapper le fond en même temps. Si on laisse pénétrer un peu d'air dans le tube, les corps les plus légers restent un peu en arrière, et quand le tube est entièrement rempli d'air, les corps tombent dans des temps très-inégaux. La pesanteur agit donc avec la même intensité sur toutes les particules matérielles, sur toutes les molécules d'un corps. Ainsi, si une montagne et un grain de sable étaient lancés dans l'espace et ne rencontraient aucun obstacle dans leur chute vers la terre, en supposant, bien entendu, qu'ils tombent d'une hauteur égale, la montagne ne tomberait pas plus vite que le grain de sable, et tous deux arriveraient au même instant à la surface du globe. S'il y a des corps qui restent suspendus dans l'air, une plume légère par exemple, s'il y en a qui tombent lentement, et même s'il y en a d'autres qui s'élèvent dans l'air comme la fumée et les vapeurs, il faut en chercher la cause dans la résistance de l'air et non dans une différence de pesanteur. Il est évident que plus un corps présente de surface à l'air, plus il éprouve de résistance. Par exemple, si avec une masse de plomb on forme une boule, et avec une masse égale on forme une feuille de plomb, la feuille éprouvera évidemment plus de résistance que la boule et tombera plus lentement. La résistance de l'air dépend donc de la forme du corps. Elle dépend aussi du poids. Le poids d'un corps doit être soigneusement distingué de sa pesanteur. La pesanteur étant la force qui sollicite chaque molécule d'un corps, avec une intensité égale, à tomber vers la terre, il est évident que si on oppose un point de résistance, un obstacle quelconque à un corps, la résistance sera d'autant plus grande que le nombre des molécules sera plus considérable. La pression totale qu'un corps exerce sur un plan fixe horizontal est appelée le *poids* de ce corps. Le poids d'un corps est donc la somme des pressions partielles exercées par ses molécules sur un point résistant. On sait que la balance est l'instrument qui sert à mesurer les poids des corps. Il suit de là que plus un corps a de poids, plus il exercera de pression sur l'air qui lui résiste; ainsi, de deux corps qui ont le même volume, mais des poids différents, celui qui a le plus grand poids tombera le plus rapidement dans l'air; et de deux corps qui ont le même poids, celui qui a le plus petit volume tombera le plus rapidement. Le volume d'un corps a donc une grande influence sur sa vitesse dans l'air ; cela vient de ce que, d'après un principe découvert par Archimède, *un corps quelconque plongé dans un fluide quelconque, eau, air, etc..., perd de son poids un poids égal au volume du fluide qu'il déplace*. Ainsi, un corps qui tombe dans l'air tombe avec un poids qui est la différence de son poids propre et du poids du volume d'air qu'il déplace. S'il y a d'autres corps qui restent suspendus dans l'air ou qui s'élèvent dans l'air, c'est parce que le poids de l'air qu'ils déplacent est égal ou supérieur à leur poids. La pesanteur agit de la même manière que si toute la force attractive de la terre était concentrée au centre de la terre. De là ce principe : tous les corps sont attirés vers le centre de la terre. La direction de la pesanteur, qu'on appelle *ligne verticale*, varie donc d'un lieu à un autre ; elle est indiquée par la direction que prend le fil à plomb, direction qui est toujours perpendiculaire à la surface des eaux tranquilles.

Tous ces corps parfaitement homogènes, c'est-à-dire formés identiquement de la même matière, renferment sous le même volume le même nombre de particules matérielles, et ont sous un volume donné le même poids. Mais il n'en est pas ainsi pour les corps de nature différente, et ils renferment à volume égal des quantités différentes de matière. C'est cette différence de composition et par suite cette différence de poids ou de masse dans le même volume que l'on désigne en général sous le nom de densité des corps. On appelle *densité absolue* d'un corps la quantité de matière que ce corps renferme sous l'unité de volume. On appelle *densité relatives ou pesanteurs spécifiques* les nombres qui expriment combien de fois les substances que l'on considère, pèsent autant qu'une substance prise pour terme de comparaison et sous le même volume. La substance que l'on est convenu de prendre pour terme de comparaison est l'eau pure ou distillée. Ainsi, dire que la densité ou la pesanteur spécifique du fer est dix, c'est dire qu'un volume quelconque de fer pèse dix fois plus qu'un égal volume d'eau distillée. Il y a plusieurs fluides qui n'ont pas de poids et sont appelés, pour cette raison, *impondérables*. Ces fluides sont le calorique, la lumière, l'électricité, le magnétisme.

QUESTIONNAIRE. — 1. Quel est l'objet de la minéralogie ? Qu'appelle-t-on corps bruts ? En quoi diffèrent-ils des corps organisés sous le rapport de la génération, du décroissement et de la configuration ? Quelles sont les divisions de la minéralogie ? 2. Qu'est-ce qu'un corps solide, liquide, gazeux ? Cette distinction est-elle rigoureuse ? 3. Quelles sont les propriétés générales des corps ? Qu'est-ce que l'étendue ? Qu'est-ce que la forme, — le volume, — la masse d'un corps ? Qu'est-ce que la divisibilité, — la mobilité, — l'inertie, — l'impénétrabilité, — la porosité, — l'extensibilité, — l'élasticité ? Comment faut-il expliquer la pénétrabilité apparente des corps ? Est-il possible de prouver l'impénétrabilité des corps ? Qu'est-ce que l'attraction moléculaire, — la gravitation ou pesanteur ? Tous ces corps sont-ils soumis à la pesanteur ? Peut-on prouver que la pesanteur s'exerce sur tous les corps ? Qu'est-ce que le poids d'un corps ? D'où vient que ces corps ne tombent pas avec la même vitesse sur la surface de la terre ? 4. Qu'est-ce que la densité ou la pesanteur spécifique ? Quels sont les principaux fluides impondérables ?

CHAPITRE II.

DES FLUIDES IMPONDÉRABLES. DE LA LUMIÈRE, DU CALORIQUE, DE L'ÉLECTRICITÉ ET DU MAGNÉTISME.

1. DE LA LUMIÈRE. — On ne connaît pas la nature de la lumière. Les uns prétendent qu'elle est une matière subtile, un ensemble de particules déliées, lancées dans tous les sens par le soleil et les autres corps lumineux à la manière des corpuscules qui s'échappent des corps odorants ; les autres disent qu'elle résulte des vibrations d'un fluide élastique appelé éther qui remplit les espaces. Cet ébranlement qui est imprimé à l'éther se propage de proche en proche comme l'ébranlement de l'eau dans laquelle on jette une pierre. D'après ce dernier système le corps lumineux n'est que l'occasion des phénomènes de la lumière et non la source de la lumière elle-même. Les corps en combustion sont à la fois des foyers de lumière et de chaleur. La marche de la lumière est très-rapide ; on a calculé qu'elle parcourait environ 32,000 myriamètres par seconde.

La lumière telle que nous la percevons est blanche ; mais si on la fait passer à travers un prisme de verre triangulaire, elle se décompose en sept rayons de teintes diverses selon l'ordre suivant : *rouge, orangé, jaune, vert, bleu, indigo, violet.*

La lumière joue un très-grand rôle dans toute la nature. C'est elle qui colore toutes les substances qui frappent nos regards; elle est nécessaire à la végétation et à une foule d'autres phénomènes. Parmi les corps, il en est qu'elle traverse, tels que l'eau, l'air, le cristal; on les appelle *diaphanes* ou transparents. Ceux dont elle n'éclaire que la surface sont appelés *opaques*. Quand la lumière tombe sur les corps, ceux-ci en renvoient une partie plus ou moins grande suivant qu'ils sont opaques ou diaphanes, et que leurs surfaces sont plus ou moins polies. C'est ce qu'on nomme *réflexion*. La *réfraction* est le changement de direction qu'éprouvent les rayons lumineux en traversant un corps transparent. Tous les cristaux ont cette propriété. Quelques-uns manifestent même une *double réfraction,* c'est-à-dire que chaque rayon lumineux qui les traverse se divise en deux autres. Alors on voit une double image de l'objet qu'on regarde à travers ces corps. Lorsqu'un nuage qui se résout en pluie est vivement éclairé par le soleil, les rayons solaires réfractés et réfléchis dans les gouttes de pluie produisent les couleurs de l'arc-en-ciel.

2. Du CALORIQUE. — Le calorique est un fluide très-subtil qui détermine la température des corps. Ce fluide a plus d'un rapport avec le fluide lumineux. Il est comme lui répandu dans toute la nature où il pénètre tous les corps. Souvent il a la même origine, car il n'y a pas émission de lumière sans dégagement de calorique, et rarement il y a émission de calorique sans émission de lumière. Ces deux fluides sont soumis aux mêmes lois de réflexion. Une glace réfléchit le calorique de la même manière qu'elle réfléchit la lumière. Cette réflexion se fait d'après une loi que l'on peut énoncer ainsi : l'angle d'incidence est égal à l'angle de réflexion; ce qui signifie que les rayons qui tombent sur une surface réfléchissante se relèvent en faisant le même angle que celui sous lequel ils sont venus frapper la surface.

On produit le calorique en frottant vivement deux corps l'un contre l'autre, ou en les choquant, ou en réunissant sur un même point les rayons solaires, ou en excitant dans les corps une fermentation ou une effervescence quelconque. Une fois échauffés, les corps ont la propriété de transmettre de proche en proche la chaleur qu'ils ont reçue par un de leurs points. C'est ce qu'on appelle la *conductibilité*. De tous les corps, les métaux sont ceux qui conduisent le mieux la chaleur ; après eux viennent les substances pierreuses, les matières végétales et animales, les liquides et les gaz.

Sous l'action du calorique tous les corps se dilatent, c'est-à-dire qu'ils augmentent de volume. La dilatation d'un corps solide a lieu tout à la fois en longueur, en largeur et en épaisseur. La dilatation des corps liquides est plus sensible que celle des corps solides : c'est pourquoi on les a choisis de préférence pour faire des thermomètres. Les corps gazeux se dilatent encore beaucoup plus que les corps liquides, et c'est ce qui a permis à l'industrie moderne de faire des choses si surprenantes au moyen de la vapeur.

Le calorique joue dans la nature un rôle analogue à celui de la lumière. Sa présence dans tous les corps détermine leur état de température et est une des principales conditions de leur existence.

3. DE L'ÉLECTRICITÉ. — La lumière et le calorique ont été connus de tout temps ; mais il n'en est pas de même de l'électricité. On en attribue la découverte à un philosophe grec, Thalès de Milet, qui vivait environ 600 ans avant Jésus-Christ. Il remarqua le premier qu'en frottant sur de la laine un morceau d'ambre, il acquérait de suite la propriété d'attirer des brins de paille ou d'autres corps légers. Ce fluide reçut le nom de fluide électrique, parce qu'on se servit d'un morceau d'ambre (en grec ἤλεκτρον) pour constater d'abord sa présence. On trouva ensuite qu'un morceau de verre frotté avec de la laine produisait des phénomènes analogues, mais on remarqua en même temps que deux morceaux d'ambre, par exemple, électrisés comme nous venons de le dire, se repoussent, et qu'un morceau de verre et un morceau d'ambre électrisés s'attirent ; on a conclu de là qu'il y a deux espèces d'électricité : l'électricité qui se développe sur le verre est appelée vitrée ou positive ; celle qui se développe sur la résine, quand on la frotte avec de la laine ou une peau de chat, s'appelle électricité négative ou résineuse. Tous les corps possèdent en quantités égales et indéfinies les deux électricités combinées. Cette combinaison des deux fluides par laquelle elles se neutralisent mutuellement prend le nom d'*électricité naturelle* ou de *fluide neutre.*

La décomposition du fluide neutre se fait par le *frottement,* comme nous venons de le voir, mais aussi par la *pression,* par la *chaleur,* par le simple contact et même par l'influence d'un corps électrisé, et par toutes les actions chimiques.

Les corps opposent plus ou moins de résistance au passage de l'électricité, il y en a même qui ne lui opposent aucune résistance ; de là la distinction des corps *mauvais conducteurs* et *bons conducteurs* de l'électricité. Le verre, la soie, la résine, n'ont qu'une conductibilité très-faible; les métaux, le charbon calciné, sont des corps très-bons conducteurs de l'électricité. Le globe terrestre est formé de substances qui conduisent assez bien l'électricité; son volume, du reste, est très-grand. Par conséquent, un corps électrisé qui est infiniment petit par rapport à la terre, lorsqu'il est mis en contact avec elle, perd immédiatement toute son électricité. Pour qu'un corps électrisé conserve son électricité, il faut qu'il soit séparé de la terre par un corps mauvais conducteur, tel que la soie, la résine, le verre, etc., qui dans cette circonstance porte le nom d'isoloir ou de corps isolant. La foudre, dont les effets sont bien souvent si terribles, n'est qu'un phénomène électrique. Lorsque deux électricités de nom contraire se combinent, il y a production de lumière, de son et de chaleur. Le son consiste dans un petit craquement, un pétillement; la lumière n'est souvent qu'une simple étincelle. Pour que la foudre éclate il faut qu'il y ait dans l'air des nuages chargés d'électricité de nom contraire. Or, il est constaté qu'il y a des nuages chargés d'électricité négative et d'autres qui sont électrisés positivement. Qu'il nous suffise de citer ce fait sans entrer dans les explications plus ou moins ingénieuses que les physiciens en donnent. S'il arrive par conséquent que des nuages chargés d'électricité de nom contraire soient suffisamment rapprochés, et si la tension de l'électricité sur chacun de ces nuages parvient à vaincre la résistance de l'air qui les sépare, il y aura combinaison de ces deux espèces d'électricité. La foudre éclate encore lorsqu'un nuage électrique se rapproche suffisamment d'un objet, tel qu'un édifice, une tour, une montagne, un arbre, etc. On a remarqué que les corps bons conducteurs terminés en cône laissent échapper l'électricité libre avec la plus grande facilité; c'est ce qu'on appelle, en termes de physique, le pouvoir des pointes.

Pour décharger les nuages, il suffit de mettre en rapport avec eux de longues tiges métalliques aiguës qui attirent l'électricité à leur extrémité et la conduisent ainsi jusqu'au sol, où elle s'écoule sans éclater jamais. C'est la fonction que remplissent les paratonnerres qu'on place sur les édifices élevés. L'expérience a constaté qu'un paratonnerre protége tous les corps qui sont autour de lui dans une circonférence qui a pour rayon le double de sa tige. Ainsi un paratonnerre dont la tige a 6 mètres protége autour de lui un espace circulaire de 12 mètres de rayon.

Par là même que les corps terminés en pointe attirent la foudre, il faut bien se garder, pendant l'orage, de se mettre à l'abri sous des arbres très-élancés, comme le peuplier. Il faut aussi éviter de courir, car l'ébranlement occasionné par ce mouvement peut amener un rapprochement entre les nuages électriques qui sont souvent fort peu éloignés de la terre, ou bien les rapprocher de la terre, et par suite peut faire que la foudre éclate dans l'endroit où l'air est agité.

L'électricité joue un grand rôle dans les trois règnes de la nature. Elle peut contribuer à la composition et à la décomposition des corps; elle intervient dans les fonctions des êtres organisés, dans celles des animaux comme dans celles des végétaux, et la médecine y a quelquefois recours pour guérir certaines maladies.

4. DU MAGNÉTISME. — Le *magnétisme* est ce fluide qui a la vertu d'attirer le fer doux et l'acier. On trouve des minerais de fer doués de cette propriété, et on les appelle pour ce motif *aimants naturels*. Quand on plonge ces minerais dans la limaille de fer, ils se hérissent d'aigrettes formées de plusieurs particules de fer mises bout à bout. Cette limaille s'attache principalement aux deux extrémités opposées, et ces deux extrémités sont appelées les deux *pôles* de l'aimant.

Quand on suspend par le milieu une aiguille aimantée et qu'on la laisse en liberté dans une position horizontale, une de ses pointes est toujours tournée vers le nord et l'autre vers le sud. C'est d'après cette observation qu'on a construit les boussoles qui servent à diriger les navigateurs dans leurs longues expéditions.

Si l'on met en regard les côtés nord ou les côtés sud de deux aimants, il y aura répulsion mutuelle; mais il y aura, au contraire, attraction, si l'on met en regard le côté nord de l'un avec le côté sud de l'autre. C'est ce qu'on exprime en disant que les pôles de même nom se repoussent et que les pôles de noms contraires s'attirent.

Les attractions et les répulsions électriques suivent la même loi, et il y a entre le magnétisme et l'électricité des rapports si frappants, que la science n'est peut-être pas dans l'erreur en affirmant que ces deux fluides sont identiques.

QUESTIONNAIRE. — 1. Quelle est la nature de la lumière? Quelle est sa rapidité? En combien de rayons se décompose-t-elle? Quelle est la teinte de chacun de ses rayons? Qu'est-ce qui produit l'arc-en-ciel? Qu'appelle-t-on corps diaphanes? Quels sont les corps opaques? Qu'est-ce que la réflexion? Qu'est-ce que la réfraction? 2. Qu'est-ce que le calorique? Quelle est la loi de la réflexion? Quels rapports y a-t-il entre le calorique et la lumière? Qu'est-ce que la conductibilité? Quel effet produit le calorique sur les corps? Quels sont les corps qui se dilatent le mieux? Quel rôle joue le calorique dans la nature? 3. Par qui l'électricité fut-elle découverte? D'où lui est venu son nom? Combien distingue-t-on d'espèces d'électricité? Comment se produit le tonnerre? Qu'est-ce que l'éclair? A quoi servent les paratonnerres? Faut-il qu'ils soient très-éloignés les uns des autres? Quels abris faut-il éviter pendant un orage? Quel rôle joue l'électricité dans la nature? 4. Qu'est-ce que le magnétisme? Qu'est-ce que les pôles de l'aimant? Sur quel principe repose la boussole? Par quelle loi sont déterminées les attractions et les répulsions magnétiques? Y a-t-il beaucoup de ressemblance entre l'électricité et le magnétisme?

CHAPITRE III.

DES CORPS PONDÉRABLES EN GÉNÉRAL.

1. DIVISION DES CORPS PONDÉRABLES. — Tous les corps pondérables sont ou *simples* ou *composés.* Les corps simples sont ceux dont on n'a jamais pu extraire qu'une seule espèce de substance et qui sont par conséquent formés d'atomes de même nature. Ainsi, de quelque manière qu'on traite l'or ou l'argent, on ne peut obtenir que de l'or ou de l'argent, et l'on dit que l'or et l'argent sont des corps simples. Les corps *composés* sont ceux qui sont formés de plusieurs espèces d'atomes, de telle sorte que l'on peut en extraire plusieurs substances différentes.

Ainsi, on peut extraire de l'eau de l'hydrogène et de l'oxygène, ce qui prouve qu'elle est un composé de deux corps simples. On donne aux corps composés le nom de *composés binaires* quand ils sont formés de deux corps simples ; on les appelle *composés ternaires* quand ils en comprennent trois ; *composés quaternaires* quand ils en contiennent quatre, etc. Dans la nature, les composés binaires ou ternaires sont les plus nombreux ; les quaternaires sont beaucoup moins fréquents, et il est très-rare de trouver des espèces minérales qui renferment un plus grand nombre d'éléments.

2. Des corps simples. — Comme on appelle corps simples tous les corps que la science n'est pas parvenue à décomposer, leur nombre varie nécessairement en raison des progrès que fait la science elle-même. Ceux que l'on nomme simples, aujourd'hui ne le sont pas dans un sens absolu. Ils sont simples parce que la science ne connaît aucun procédé pour constater qu'ils sont composés.

Le nombre des corps simples connus aujourd'hui s'élève à soixante-trois ou soixante-quatre, dont les principaux sont :

1. Oxygène.	13. Silicium.
2. Azote.	14. Aluminium.
3. Bore.	15. Antimoine.
4. Brôme.	16. Argent.
5. Carbone.	17. Arsenic.
6. Chlore.	18. Barium.
7. Fluor.	19. Bismuth.
8. Hydrogène.	20. Cadmium.
9. Iode.	21. Calcium.
10. Phosphore.	22. Cerium.
11. Soufre.	23. Chrôme.
12. Sélénium.	24. Cobalt.

25. Cuivre.
26. Etain.
27. Fer.
28. Glucinium ou béryllium.
29. Iridium.
30. Lanthane.
31. Lithium.
32. Magnésium.
33. Manganèse.
34. Mercure.
35. Molybdène.
36. Nickel.
37. Or.
38. Osmium.
39. Palladium.
40. Platine.
41. Plomb.
42. Potassium.
43. Rhodium.
44. Sodium.
45. Strontium.
46. Tantale ou colombium.
47. Tellure.
48. Thorinium.
49. Titane.
50. Tungstène ou wolfram.
51. Urane.
52. Vanadium.
53. Yttrium.
54. Zinc.
55. Zirconinm.
56. Erbium.
57. Terbium.
58. Ilmenium.
59. Ruthinium.
60. Niobium.
61. Pelopium.
Etc., etc., etc.

Parmi les corps simples, cinq sont gazeux à la température ordinaire ; ce sont : l'*azote*, le *chlore*, le *fluor*, l'*hydrogène* et l'*oxygène* ; deux sont liquides ; ce sont : le *brôme* et le *mercure* ; tous les autres sont à l'état solide.

Seize de ces corps simples sont des substances non métalliques qu'on appelle *métalloïdes* ; tous les autres sont des métaux. Les *métalloïdes* sont les suivants : *hydrogène, oxygène, soufre, sélénium, tellure, fluor, chlore, brôme, iode, azote, phosphore, arsenic, antimoine, carbone, bore, silicium.*

De tous ces corps on n'en trouve que seize dans la nature à l'état libre. Ce sont : l'*antimoine*, l'*argent*, l'*arsenic*, l'*azote*, le *bismuth*, le *carbone*, le *chlore*, le *cuivre*, le *fer*, le *mercure*, l'*or*, l'*oxygène*, le *palladium*, le *platine*, le *soufre* et le *tellure*. Tous les autres ont été obtenus par des moyens artificiels dans des laboratoires de chimie.

3. DES PROPRIÉTÉS DES MINÉRAUX.—Les minéraux se distinguent entre eux par leurs apparences extérieures, leurs propriétés physiques et chimiques. On juge des apparences extérieures par les sens; la couleur, l'aspect, la transparence, l'odeur, le son, la saveur, sont autant de signes dont on se sert pour les reconnaître. Ainsi, l'or est jaune, l'argent est blanc, l'arsenic a une saveur astringente, le mercure est blanc et liquide, etc.

Les propriétés physiques comprennent la *dureté*, la *densité*, l'*élasticité*, la *flexibilité*, la *ténacité*, la *malléabilité*. — La *dureté* est la propriété qu'a un corps de ne pas se laisser entamer par un autre. Ainsi, le diamant coupe le verre; le fer et l'acier rayent et divisent l'argile et la craie. — La *densité* est plus ou moins grande selon que les molécules sont plus ou moins pressées. C'est ce qui fait qu'une boule de plomb pèse beaucoup plus qu'une boule de bois du même volume. — L'*élasticité* est la force par laquelle un corps comprimé revient à sa première position aussitôt qu'il cesse de l'être. C'est ainsi qu'une épée qu'on a pliée avec effort revient à son premier état aussitôt que les deux extrémités sont mises en liberté. — La *flexibilité* est la propriété qu'ont certains corps d'être pliés sans se rompre. Le fer et le cuivre sont très-flexibles. — La *ténacité* est la propriété qu'a un corps d'en supporter un autre par une de ses extrémités. On dit que l'argent a moins de ténacité que le fer, parce qu'un fil d'argent supporterait un poids moins considérable qu'un fil de fer de même dimension. —

La *malléabilité* est la propriété qu'ont certains corps de prendre sous le marteau diverses formes sans se casser. Le plomb, l'étain, le fer, le cuivre sont très-malléables.

L'action de l'eau ou des acides sur les minéraux déterminent leurs propriétés chimiques. Ils sont solubles à des températures diverses, et plusieurs d'entre eux font effervescence dans l'acide nitrique.

4. CLASSIFICATION DES MINÉRAUX. — D'après ces différentes propriétés, on a divisé les minéraux en six classes. Elles se composent : la 1re, *des corps simples*, qui forment un des principes essentiels des minéraux composés ; la 2e, *des sels alcalins* ; la 3e, *des terres alcalines et des terres* ; la 4e, *des métaux* ; la 5e, *des silicates* ou *pierres* ; et la 6e, *des combustibles*. Nous allons étudier en particulier chacune de ces grandes classes, pour nous faire une idée des différentes espèces de substances minérales.

QUESTIONNAIRE. — 1. Comment divise-t-on les corps pondérables ? Qu'est-ce que les corps simples ? Citez-en un exemple. Qu'est-ce que les corps composés ? Comment nomme-t-on ceux qui sont composés de deux, de trois, de quatre corps simples ? 2. Combien y a-t-il de corps simples ? Quels sont parmi ces corps simples ceux qui sont à l'état gazeux ? — à l'état liquide ? Combien y a-t-il de métaux ? Quel nom donne-t-on aux substances non métalliques ? Quels sont les corps simples qu'on trouve à l'état libre dans la nature ? 3. Quels caractères distinguent entre eux les minéraux ? Quelles sont leurs diverses apparences extérieures ? Quelles sont leurs propriétés physiques ? Définissez chacune de ces propriétés. Comment détermine-t-on leurs propriétés chimiques ? 4. En combien de classes a-t-on divisé les minéraux ? Énumérez-les.

CHAPITRE IV.

DES CORPS SIMPLES MINÉRALISATEURS.

1. DIVISION DE CETTE CLASSE. — Cette première classe comprend vingt-cinq genres, dont les principaux sont : le genre *hydrogène*, le genre *azote*, le genre *carbone*, le genre *silicium* et le genre *soufre*. Nous allons faire connaître chacun de ces genres avec leurs principales espèces.

2. DU GENRE HYDROGÈNE. — L'*hydrogène* est un gaz incolore, inodore, combustible, mais impropre à entretenir lui-même la combustion. Il fut connu, dès le commencement du XVIIe siècle, sous le nom d'*air inflammable*, et il reçut en 1780 son nom actuel, qui signifie qu'il *engendre l'eau*. Il remplit dans la nature des fonctions importantes, mais il n'y existe que combiné avec d'autres corps. Combiné avec l'oxygène, il produit l'eau, qui est une des substances les plus répandues dans la nature. Le froid la fait passer à l'état solide, et la chaleur à l'état de vapeur. Quand on fait bouillir l'eau, l'air qu'elle renfermait s'en dégage, et c'est pour ce motif qu'elle devient fade et lourde. L'air s'en dégage aussi quand elle passe à l'état solide, et c'est pour cette raison que l'eau qui vient des glaces est mauvaise à boire. L'eau contient presque toujours des substances étrangères ; celle des sources ou des fontaines renferme plus ou moins de calcaire ; celle de la mer et des lacs salés renferme de la soude, de la magnésie et de la chaux à diverses proportions. Les eaux minérales sont chargées de substances étrangères capables d'agir sur l'économie animale, et c'est ce qui les fait employer pour guérir certaines maladies.

3. Du genre azote. — L'*azote* est un gaz sans couleur, sans odeur et sans saveur. Il éteint les corps en combustion et fait périr les animaux qui le respireraient pur pendant un temps suffisant, parce que, sans être délétère, il est impropre à entretenir la vie. Mêlé à l'oxygène dans la proportion des 4⁄5 environ (79 parties d'azote pour 21 d'oxygène), il forme l'air atmosphérique. C'est vers 1780 qu'il a été démontré que l'air n'est pas un élément simple, mais qu'il est composé d'oxygène et d'azote. L'oxygène entretient la combustion et la respiration, mais l'azote est également impropre à ces deux fonctions ; c'est ce qui lui a fait donner son nom, qui signifie *non vital*. — Combiné avec l'hydrogène et l'oxygène, le gaz azote forme la plupart des matières animales.

4. Du genre carbone. — On a adopté le mot de *carbone* pour exprimer le charbon pur. Ce corps entre dans un très-grand nombre de combinaisons, et on le trouve spécialement dans la plupart des substances végétales et animales. On l'extrait du bois, de la résine et des huiles, en brûlant ces matières. Celui qu'on extrait du bois contient toujours de l'hydrogène et des substances terreuses. Celui qui provient de la résine et des huiles ne contient guère que de l'hydrogène ; c'est le *noir de fumée*. On trouve dans la terre, à différentes profondeurs, de grands amas de carbone plus ou moins impur. Lorsqu'il est mêlé avec une petite quantité de matières métalliques, on le nomme *anthracite*, et lorsqu'il est imprégné de bitume il forme la *houille*, ou charbon de terre. Nous aurons l'occasion de parler de ces deux substances à propos des combustibles.

Plus rarement on rencontre dans la nature le carbone cristallisé et si dur, qu'il raye tous les corps et n'est rayé par aucun. Dans cet état il constitue le *diamant*. C'est un corps vitreux, doué d'un éclat particulier et dont les couleurs varient. Il n'existe guère que dans l'Inde, dans l'île de Bornéo, en Sibérie et au Brésil. Sa valeur augmente en raison de son poids. Le plus gros qu'on connaisse est celui d'Agrah, qui pèse environ 133 grammes ; celui de l'ancien empereur du Mongol en pèse 63 ; celui de l'empereur de Russie 41 ; celui de l'empereur d'Autriche 29,53 ; celui de la couronne de France, nommé le Régent, 28,89. La taille lui a fait perdre plus de 58 grammes, et il est considéré comme le plus beau et le plus parfait qu'il y ait au monde. On ne l'estime pas moins de 5 millions. Le charbon pur ou le carbone est infusible ; il est insoluble dans tous les dissolvants, et à la température ordinaire il est inaltérable à l'air.

Pour se convaincre que les corps dont nous venons de parler, et dont quelques-uns semblent différer tout à fait du charbon, sont formés de la même substance, il suffit de mettre une certaine partie de chacun de ces corps dans un ballon rempli d'oxygène et de concentrer sur eux les rayons solaires ; ils brûleront en absorbant de l'oxygène et se changeront en un gaz appelé acide carbonique. Le diamant se change en acide carbonique sans laisser de résidu. On en conclut que le diamant est du carbone pur.

Le carbone combiné avec l'oxygène produit le *gaz acide carbonique*. On trouve ce gaz presque pur dans certaines cavités des pays volcaniques, comme dans la grotte du Chien, près de Pouzzoles, dans le royaume de Naples. Il occupe les parties inférieures, parce que sa pesanteur l'empêche de s'élever dans l'air. Comme on peut le rencontrer dans des souterrains depuis longtemps fermés, on ne doit pas y pénétrer sans employer de grandes précautions. C'est ce gaz qui se dégage du charbon mis en combustion, et c'est lui qui asphyxie lorsqu'on laisse du charbon allumé dans une chambre sans avoir soin d'en renouveler l'air.

5. Du genre silicium. — L'*acide silicique pur* constitue le *quartz*, une des espèces minérales les plus abondantes dans la nature, et dont on fait le plus souvent usage. On le rencontre partout, à l'intérieur comme à la surface de la terre, et dans toutes les circonstances possibles de gisement. Il est dur et infusible. C'est cette substance qu'on désigne sous les noms de *caillou*, de *gravier*, de *grès*, de *sable*, de *cristal de roche*, et qui entre dans la composition des différentes espèces de *verres*. Les quartz les plus remarquables sont : le *quartz hyalin*, le *quartz compacte*, le *quartz agate* et le *jaspe*. — Le *quartz hyalin* est une substance vitreuse, inaltérable au feu, et qui se présente toujours sous la forme cristalline. Pur et limpide, il prend le nom de *cristal de roche*. Quand il s'unit à d'autres substances, il prend diverses couleurs et constitue ainsi les fausses pierres fines. Ainsi, en l'unissant à l'oxyde de manganèse, il prend la couleur violette et forme la fausse améthyste ; l'oxyde de fer le colore en rouge et produit le *sinople*. Il imite de même la topaze par son jaune transparent. — Le *quartz compacte* forme le grès et le sable qu'on emploie dans la fabrication des mortiers, du verre et des poteries. Le grès se compose de grains réunis par un ciment silicieux, et produisant des pierres assez compactes pour servir à paver et à bâtir. Les sables quartzeux ou les grès pilés, mélangés avec de la chaux, servent à faire le mortier. — Le *quartz agate* entre dans la composition des pierres précieuses. Les agates sont très-remarquables par la variété de leurs nuances et la disposition de leurs couleurs. Les agates fines portent en général le nom de *calcédoines*. La *cornaline* est une variété rouge, la *sardoine* une variété brun-foncé passant au jaune orangé, et la *chrysoprase* une variété demi-transparente, d'une jolie teinte verte. — Le *jaspe* comprend toutes les variétés de calcédoine et de silex. Sa couleur provient du mélange de ces variétés avec des matières terreuses colorantes; il est opaque, sa cassure terne, mais il est susceptible de recevoir le plus beau poli. On en fait de magnifiques objets d'ornement.

6. Du genre soufre. — Le soufre est un corps combustible très-anciennement connu. Il est dur et cassant, de couleur jaune et plus pesant que l'eau. Il entre en fusion à une chaleur de 108° et devient très-liquide. Si l'on continue encore à le chauffer, il prend une teinte rougeâtre et s'épaissit de manière à perdre toute fluidité jusqu'à ce qu'il se réduise en vapeurs. Lorsqu'on le refroidit subitement pendant qu'il est épais, en le jetant dans de l'eau froide, il reste mou et peut servir à prendre des empreintes. Comme ces empreintes durcissent ensuite, elles peuvent à leur tour servir de moule.

Le soufre est très-abondant. On le trouve à l'état de liberté, tantôt cristallisé, tantôt en masse compacte. Il est alors presque pur, et se nomme *soufre natif.* Les pays volcanisés le présentent généralement en très-grande quantité. On le trouve aussi dans les entrailles de la terre, combiné avec différents métaux, tels que le fer et le cuivre, et on donne à ces corps le nom de *sulfures naturels* ou de *pyrites.* On distille le soufre natif pour le séparer de la terre avec laquelle il est mêlé, on en recueille les vapeurs, qui, en se refroidissant lentement, se condensent sous la forme d'une poudre très-fine qu'on appelle *fleur de soufre.*

Le soufre sert à la fabrication des allumettes et entre dans la composition de la poudre à canon. Il se combine avec divers principes et forme plusieurs acides, dont les plus importants sont *l'acide sulfureux* et *l'acide sulfurique.* — *L'acide sulfureux* est employé pour blanchir les linges, les laines, les tissus de soie, la paille, etc. — *L'acide sulfurique* est celui dont les usages sont les plus étendus. C'est un liquide blanc, inodore, qui est beaucoup plus lourd que l'eau, d'une consistance oléagineuse. On l'appelle vulgairement *huile de vitriol.* Il est la base d'un grand nombre d'arts industriels, et c'est un des réactifs les plus employés en chimie.

QUESTIONNAIRE. — 1. Combien de genres comprend cette première classe? Quels sont les principaux? 2. Qu'est-ce que l'hydrogène? A quelle époque fut-il découvert? D'où lui est venu son nom? Comment produit-il l'eau? Qu'ont de particulier les différentes espèces d'eau? 3. Qu'est-ce que l'azote? D'où lui est venu son nom? Dans quelles proportions fait-il partie de l'atmosphère? Que produit-il combiné avec l'hydrogène et l'oxygène? 4. Qu'est-ce que le carbone? Où le trouve-t-on? De quelles substances l'extrait-on? Quels sont les produits de ses principales combinaisons? Qu'est-ce que le diamant? Qu'est-ce qui en fait la valeur? Quels sont les principaux diamants qu'on connaisse? Où se trouve cette pierre précieuse? Que produit le carbone combiné avec l'oxygène? Quels sont les effets de l'acide carbonique? 5. Quelle substance constitue l'acide silicique pur? Combien distingue-t-on d'espèces de quartz? Qu'est-ce le quartz hyalin? Quelles sont ses principales variétés? A quel état se trouve le quartz compacte? Que fait-on du grès? Que fait-on du sable? Quelles sont les pierres précieuses que produit le quartz agathe? 6. Qu'est-ce que le soufre? Quels sont les divers états qu'il prend en changeant de température? Où le trouve-t-on? Comment dégage-t-on le soufre natif de la terre qu'il contient? Quel usage fait-on du soufre? Quels sont ses acides les plus importants? Comment se nomme vulgairement l'acide sulfurique? De quelle utilité est l'acide sulfureux?

CHAPITRE V.

DES SELS ALCALINS.

1. **DES SELS EN GÉNÉRAL.** — On appelle *sels* des composés ternaires qui résultent de la combinaison des *acides* avec les *oxydes*. On distingue les acides des oxydes au moyen de la teinture de tournesol. Les acides la rougissent, et les oxydes la ramènent à la couleur bleue, qui est sa couleur naturelle. Quand un sel contient un atome d'acide uni à un atome d'oxyde, on dit qu'il est *neutre*. S'il y a deux atomes d'acide réunis à un seul atome d'oxyde, le sel est *acide* ; mais lorsque deux atomes d'oxyde sont réunis à un seul atome d'acide, le sel est *alcalin*. Tous les sels que cette classe renferme sont solubles dans l'eau et ont une saveur prononcée. Ils se divisent en trois genres : l'*ammoniaque,* la *potasse* et la *soude.*

2. DE L'AMMONIAQUE. — L'*ammoniaque* ne se trouve dans la nature que combiné avec d'autres substances, dans les excréments des chameaux, dans quelques mines d'alun, surtout aux environs des volcans, dans la plupart des parties animales putréfiées et principalement dans les urines. En Egypte, la fiente des chameaux séchée au soleil est brûlée dans les cheminées, et la suie qui en provient est exposée au feu pendant trois jours dans des ballons de verre. La chaleur sublime un sel qui s'attache à la partie supérieure du ballon, et que l'on retire en cassant le vase. On fabrique aussi ce sel en Europe par d'autres procédés. C'est le *sel ammoniac*, ainsi appelé par les anciens parce qu'on le trouvait aux environs du temple de Jupiter Ammon. On s'en sert pour décaper les métaux et particulièrement le cuivre ; on en fait usage en teinture, et on l'emploie comme stimulant en médecine.

On extrait de l'ammoniaque un gaz incolore, très-caustique, d'une odeur vive et piquante, dont la pesanteur est un peu plus de moitié de celle de l'air. Ce gaz se dissout très-facilement dans l'eau et constitue l'ammoniaque liquide qu'on désignait anciennement sous le nom d'*alcali*. Appliqué immédiatement sur la morsure de certains reptiles venimeux, il empêche les effets de leur venin. On l'administre aussi avec avantage aux animaux lorsqu'ils sont gonflés par l'excès d'herbes fraîches qu'ils ont prises.

3. DE LA POTASSE. — La *potasse* fut décomposée en 1807 et réduite en oxygène et en un corps qu'on a appelé *potassium*. Ce métal a tant d'affinité pour l'oxygène, qu'il ne peut rester sans s'oxyder et reconstituer la potasse. L'oxyde de potassium n'existe dans la nature qu'à l'état de combinaison. On le trouve ainsi dans beaucoup de plantes et dans quelques matières minérales. La lessive des cendres des végétaux, évaporée jusqu'à siccité, donne pour résidu un sel calciné et blanchi, connu dans le commerce sous le nom de potasse, quoiqu'il renferme plusieurs matières étrangères à l'oxyde de potassium. La potasse est très-caustique, mais elle le devient encore davantage quand on la prive de l'acide carbonique qu'elle contient. On la nomme alors *potasse caustique* ou *pierre à cautères* parce qu'on s'en sert pour ouvrir les cautères.

Combinée avec l'acide nitrique, la potasse produit le *nitre* ou le *salpêtre*. C'est un sel soluble qui se forme sur nos murs, dans le sol des habitations, des caves et surtout des écuries. On l'extrait de la lessive de ces terres, et il paraît qu'il ne se trouve que dans des matériaux calcaires mis en rapport avec des matières animales. On en fait un grand usage dans les arts, principalement pour la fabrication de la poudre, qui est un mélange de salpêtre, de soufre et de charbon. On extrait du nitre l'*eau-forte*, qui est d'un emploi si général dans les arts.

4. De la soude. — La *soude* fut décomposée à la même époque que la potasse. On découvrit qu'elle était formée d'oxygène et d'un métal qui a reçu le nom de *sodium*. Il a beaucoup d'analogie avec le potassium, et la soude est employée à peu près aux mêmes usages que la potasse. Elle existe dans les plantes marines, et on l'en extrait en les brûlant.

Le *sodium* combiné avec le chlore forme un composé binaire appelé en chimie *chlorure de sodium* et qui n'est autre que le *sel marin* ou *sel de cuisine*. On peut obtenir ce produit artificiellement. Il est très-répandu dans la nature. On le trouve au sein de la terre à l'état solide, où il forme des amas immenses qu'on désigne sous le nom de mines de sel *gemme*. On remarque en France les mines de Dieuze dans le département de la Meurthe, qui sont aussi extraordinaires par leur étendue que par l'importance de leurs produits. Il existe aussi en dissolution dans presque toutes les eaux. Il y en a qui en contiennent assez pour être salées au goût; telles sont les eaux de la mer, de certains lacs et de plusieurs sources. Le *sel de cuisine*, qui entre dans presque tous nos aliments, et qui est par là même un objet de première nécessité, provient ou des mines de sel gemme, ou des eaux salées dont on le dégage par l'évaporation. Il a toujours besoin d'être purifié; c'est ce qu'on obtient en le dissolvant dans l'eau et en le faisant cristalliser.

5. Du borax. — Le *borax* est un sel bleuâtre qu'on débite dans le commerce sous la forme d'une poudre blanche. On l'a d'abord extrait de l'eau de plusieurs lacs des Indes orientales et du Thibet. Par suite de l'évaporation de ces eaux, il se dépose en gros blocs dans lesquels il est mélangé à une matière grasse savonneuse dont on le sépare au moyen de la chaux. On le fabrique aujourd'hui en France en unissant directement à la soude l'acide borique que l'on retire de quelques lacs d'Italie. On l'emploie spécialement dans les arts pour la soudure du fer et des autres métaux dont il facilite l'alliage.

Questionnaire. — 1. Qu'appelle-t-on sels? Comment distingue-t-on les acides des oxydes? Qu'est-ce qu'un sel neutre? — un sel acide? — un sel alcalin? Quel est le caractère des sels que renferme cette seconde classe de minéraux? En combien de genres les divise-t-on? 2. A quel état l'ammoniaque se trouve-t-il dans la nature? Comment obtient-on en Egypte le sel ammoniac ? D'où ce sel tire-t-il son nom ? Quel gaz extrait-on de l'ammoniaque ? Quelles sont les propriétés de l'ammoniaque liquide ? 3. A quelle époque la potasse fut-elle décomposée ? Par quels procédés l'obtient-on ? Qu'est-ce que la pierre à cautères ? Comment produit-on le nitre ou le salpêtre ? Où le trouve-t-on ? A quels usages est-il employé ? Qu'est-ce que l'eau-forte ? 4. Quels rapports y a-t-il entre la soude et la potasse ? De quelles substances extrait-on la soude ? Que produit-elle combinée avec l'acide chlorhydrique ? En quel état le sel se trouve-t-il dans la nature ? Y a-t-il en France des mines de sel ? D'où provient le sel de cuisine ? Comment le purifie-t-on ? 5. Sous quelle forme se vend le borax ? D'où l'a-t-on d'abord extrait ? Comment le fabrique-t-on maintenant ? Quels sont ses usages ?

CHAPITRE VI.

DES TERRES ALCALINES ET DES TERRES.

1. Cette classe comprend six genres : la *baryte*, la *strontiane*, la *chaux*, la *magnésie*, l'*yttria* et l'*alumine*. Nous ne nous occuperons ici que des principaux, qui sont la *chaux*, la *magnésie* et l'*alumine*.

2. DE LA CHAUX. — La chaux ou le calcaire est une substance très-répandue dans la nature. Pour convertir le calcaire en chaux il suffit de le soumettre pendant un certain temps à une chaleur très-vive. Exposée à l'air, la chaux en attire peu à peu l'humidité ; elle augmente de volume, se dilate et se décompose. Aussi pour la conserver doit-on avoir soin de la mettre à l'abri de l'air. Si l'on verse de l'eau sur la chaux, elle produit en se combinant avec elle un grand dégagement de calorique, et elle se réduit en partie en vapeurs qui se dégagent avec violence.

Quand on n'en verse qu'une petite quantité, la chaux
se met en poussière très-fine et forme ce qu'on appelle de la *chaux éteinte*. Lorsqu'on dépasse les proportions voulues, elle se met en mortier, et on l'emploie spécialement pour bâtir.

En se combinant avec l'acide carbonique, la chaux
forme le *marbre* et la *craie*. — Le *marbre* est un calcaire à grains fins et serrés, susceptible du poli le
plus parfait et reflétant les couleurs les plus variées.
On distingue le *marbre blanc*, dont les espèces les
plus recherchées sont les marbres de Paros et de
Carrare, qu'on appelle marbres *statuaires* parce qu'on
les emploie spécialement pour faire des statues. Ces
marbres portent le nom de marbres *simples*. On en
trouve en France dans les Pyrénées. Le *jaune antique* et le *jaune de Sienne* n'ont aussi ni veines ni taches. C'est de ce marbre que sont faites les colonnes
intérieures du Panthéon à Rome. On distingue encore parmi les marbres simples le *rouge antique* et
les marbres *noirs* de Dinant et de Namur qui servent
au carrelage des églises. Les marbres *veinés* offrent
une foule de variétés sur tous les fonds. Tel est le
marbre de Languedoc, entremêlé de blanc et de rouge
et qu'on emploie souvent dans les monuments. La
variété la plus commune est le *marbre Sainte-Anne*,
exploité en Belgique. Il est noir et semé de taches
blanches, irrégulières. On l'emploie ordinairement
en France pour les dessus de cheminées, de tables
et de meubles. — Le *marbre*, comme nous l'avons
dit, n'est qu'une combinaison d'acide carbonique et
de chaux. Cette combinaison, désignée sous le nom
de *carbonate de chaux*, n'a pas de couleur naturellement, et si nous y remarquons des teintes, des nuances différentes, il faut l'attribuer aux matières étran-

gères dont elle est mélangée, soit chimiquement, **soit** mécaniquement. — La *craie* est un calcaire terreux, très-tendre, blanchâtre. Le *blanc d'Espagne* est de la craie broyée et mêlée d'eau.

Combinée avec l'acide sulfurique, la chaux forme l'*albâtre*. C'est un calcaire très-dur, d'un blanc légèrement jaunâtre, à demi transparent, avec des veines d'un blanc laiteux. On le trouve ainsi dans la Toscane.

Parmi les autres variétés de calcaires nous mentionnerons encore l'*aragonite*, la *pierre de Florence* et la *pierre lithographique*. — L'*aragonite* est ainsi appelée parce qu'on la trouva pour la première fois dans le royaume d'Aragon. Elle est assez rare, et quoiqu'elle ne diffère en rien des autres calcaires, sa rareté la rend plus chère. — La *pierre de Florence* est un calcaire fort curieux. Sa surface est polie et brillante comme celle du marbre, mais elle est traversée par une multitude de lignes rouges et noires qui paraissent figurer les ruines d'un édifice. — La *pierre lithographique* est d'un grain très-serré et très-fin ; sa surface est lisse, et se laisse facilement imbiber d'eau. Ces propriétés ont permis de l'employer à la reproduction de l'écriture et du dessin, et par son moyen on exerce un art analogue à celui de l'imprimerie. Les meilleures pierres lithographiques viennent de Bavière, mais on en trouve d'assez bonnes en France à Châteauroux.

3. Du gypse. — Le sulfate de chaux forme le *gypse* ou la *pierre à plâtre*. On trouve cette pierre dans une foule de contrées où elle forme des couches nombreuses et des amas immenses. Les carrières de Montmartre, près de Paris, fournissent ce minéral en abondance. Il est ordinairement mélangé d'environ 1/10 de carbonate de chaux. On calcine la pierre en l'exposant au feu pour lui faire perdre son eau de cristallisation, et on la réduit en poudre. Dans cet état on l'emploie pour les plafonds, les corniches, les statues moulées, etc. Ce qui le rend très-propre à ces divers usages, c'est qu'il se solidifie lorsqu'il est détrempé dans l'eau. Mais il est à remarquer qu'il perd cette propriété lorsqu'on le laisse long-temps exposé à l'air. Le plâtre est aussi un excellent engrais ; on l'emploie avec avantage en agriculture pour amender les terres.

Le *gypse* compacte, blanc mat, se travaille sous le nom d'*albâtre gypseux*. Sa supériorité sur la pierre à plâtre provient de ce que sa cristallisation est plus parfaite. Mais il ne faut pas le confondre avec le véritable albâtre, qui est une pierre calcaire et qui est par conséquent plus solide et plus beau.

En employant le plâtre avec de la colle forte et des matières colorées, on fait une pâte qui devient solide par le refroidissement et qui imite le marbre. C'est le *stuc* dont on fait certains ornements d'architecture, des billes d'écoliers, etc., etc.

4. DE LA MAGNÉSIE. — La *magnésie* combinée avec l'acide sulfurique se trouve à l'état solide, comme le sel gemme, et forme l'*epsomite* qu'on pourrait exploiter. C'est à la présence de ce sel que les eaux de Sedlitz, de Pulna et d'Egra en Bohême, doivent leur action purgative.

5. DE L'ALUMINE. — L'*alumine* est un composé d'oxygène et d'aluminium. Quand l'alumine est pure, elle constitue le *corindon*, dont les variétés sont remarquables par la beauté et la vivacité de leurs couleurs. Elles fournissent un très-grand nombre de pierres précieuses, dont les plus estimées

sont : le *saphir*, le *rubis*, l'*améthyste orientale*, l'*émeraude orientale* et la *topaze orientale*. Le *saphir* est d'un beau bleu, et l'on recherche surtout le bleu-indigo ; le *rubis* est rouge, et il a même plus de prix que le diamant quand il est pur et d'une belle teinte de feu ; l'*améthyste* est violette, l'*émeraude* est d'un beau vert foncé, et la *topaze* jaune. — La *turquoise* est une pierre d'un bleu verdâtre qu'on trouve dans des matières argileuses.

On croyait autrefois que l'*alun* était simplement du sulfate d'alumine, mais on sait aujourd'hui que c'est un sel double, composé de sulfate d'alumine et de sulfate de potasse ou d'ammoniaque. L'alun est un sel blanc et transparent qui s'emploie dans les peintures, où il sert à fixer les couleurs sur les étoffes. On le trouve en abondance aux environs des volcans, mais on a besoin de le purifier, parce qu'il renferme toujours une petite quantité de sulfate de fer qui peut nuire à la teinture. L'eau bouillante en dissout un peu plus de son poids, l'eau froide beaucoup moins. Quand il est chauffé au-dessus du rouge, il devient poreux et léger, et prend le nom d'*alun calciné*. Il est employé à cet état en passementerie.

Questionnaire. — 1. Quels sont les genres que cette classe renferme? Quels sont les plus remarquables de ces genres? 2. Comment convertit-on le calcaire en chaux? Qu'appelle-t-on chaux éteinte? Quel usage fait-on de la chaux réduite en mortier? Qu'est-ce que le marbre? Quelles sont les principales variétés? Qu'est-ce que la craie? Comment fait-on le blanc d'Espagne? Qu'est-ce que l'albâtre? Où a-t-on trouvé d'abord l'aragonite? Qu'est-ce qui en fait le prix? Qu'est-ce qui caractérise la pierre de Florence? Quelles sont les propriétés de la pierre lithographique? 3. Par quoi est formé le gypse? D'où l'extrait-on? Quelles sont les propriétés du plâtre? Quelle différence y a-t-il entre l'albâtre gypseux et l'albâtre calcaire? Comment se fait le stuc? 4. Quel sel forme la magnésie? Quelle propriété ce sel donne-t-il à l'eau? 5. Qu'est-ce que l'alumine? Que produit-elle quand elle est pure? Quelles sont les principales variétés du corindon? De quelle couleur sont le saphir, le rubis, l'améthyste, l'émeraude et la topaze? Qu'est-ce que l'alun? De quels sels est-il composé? Où le trouve-t-on? A quels usages est-il employé?

CHAPITRE VII.

DES MÉTAUX.

1. DES MÉTAUX EN GÉNÉRAL. — Les métaux sont des corps opaques brillants, doués de la propriété de prendre un vif éclat après le poli. Ils sont ductiles, malléables, fusibles, et sont sans cesse employés dans la vie privée et dans les arts. On les trouve enfouis au sein de la terre, où ils forment de grandes masses qu'on appelle *amas* ou *filons*. Les *amas* sont des masses énormes enveloppées de toutes parts par des rochers; les *filons* sont des bandes transversales qui coupent en divers sens les couches qui les renferment. Quand un métal se trouve à l'état métallique parfait, on l'appelle *métal vierge*; s'il est mêlé à des substances étrangères, on lui donne le nom de *mine* ou de *minerai*. Parmi les quarante-deux métaux que nous avons nommés en faisant le tableau de tous les corps simples, nous distinguerons comme les plus communs et les plus remarquables : le *fer*, le *zinc*, l'*étain*, le *cuivre*, le *plomb*, l'*argent*, l'*or*, le *platine* et le *mercure*.

2. DU FER. — Le fer est le métal le plus utile à

l'homme, et il est aussi le plus abondant dans la nature. On le trouve quelquefois à l'état natif, mais presque toujours à l'état de mine, c'est-à-dire mêlé à des substances étrangères. La mine de fer contient toujours une certaine quantité de terres argileuses ou calcaires, dont on la dégage par divers procédés. Le fer, coulé et mêlé à cet effet à une certaine quantité de carbone, prend le nom de *fonte*. La fonte contient ordinairement un peu de phosphore et de soufre, et c'est ce qui la rend cassante. En soumettant la fonte à l'opération de l'affinage, on en retire le *fer forgé*. Cette opération, qui se pratique dans les forges, a pour but de brûler la plupart des substances étrangères au fer, et surtout le carbone.

L'*acier* est une combinaison de fer et de carbone. Il contient généralement six ou sept millièmes de carbone. Il y a trois espèces d'acier : 1° l'acier naturel ou de fonte. Il se prépare avec une fonte de bonne qualité à laquelle on enlève une partie de son carbone. Cet acier est de médiocre qualité, il sert à confectionner des instruments aratoires. 2° L'acier de cémentation, que l'on prépare en chauffant fortement le fer, est un *cément* formé de charbon de bois et de charbon animal pulvérisé, de suie et de sel marin. On place alternativement différentes couches de fer et de cément dans une caisse en tôle ou en briques, puis on chauffe au rouge pendant plusieurs jours, et le carbone se combine peu à peu avec le fer. 3° L'acier fondu se prépare en fondant l'acier naturel ou l'acier de cémentation dans un creuset à l'abri du contact de l'air.

Au reste, la bonté de l'acier dépend toujours de la bonté du fer qu'on emploie. L'Angleterre fournit le meilleur acier, parce qu'elle a des fers très-purs.

L'acier a un grain fin et serré ; il est susceptible d'un beau poli ; il est très-malléable et très-ductile. Lorsqu'après l'avoir fait rougir on le refroidit subitement en le trempant dans un liquide, il devient plus dur, très-élastique, d'un grain plus fin et plus serré. Il est en général cassant. C'est ce qu'on appelle l'*acier trempé*, qui sert à faire d'excellents tranchants. La France possède actuellement près de cent mines de fer proprement dites, dont soixante seulement sont en exploitation. Il existe environ cent forges catalanes en activité dans neuf départements voisins de la chaîne des Pyrénées, et 470 hauts fourneaux répandus dans 46 départements. Ceux où la fabrication du fer a le plus d'importance sont la Haute-Marne, la Haute-Saône, Saône-et-Loire, la Côte-d'Or, les Ardennes, la Moselle, la Meuse, la Nièvre, le Cher, le Doubs, l'Aveyron, la Dordogne, l'Indre et l'Eure. L'une des fonderies les plus vastes est celle du Creusot, département de Saône-et-Loire. Le moulage de la fonte s'exécute dans 43 départements, parmi lesquels on doit citer une première ligne, la Seine et le Rhône. Quant au travail du gros fer, il se fait dans de nombreuses usines qui ont pour objet la fabrication du fil de fer, de la tôle, du fer-blanc, de l'acier, etc. Le nombre des ouvriers qui ont leur existence attachée à l'industrie du fer s'élève à plus de 100 mille. Pour qu'on puisse se faire une idée de l'industrie métallurgique, nous placerons ici le tableau de ses produits en Europe, pendant l'année 1845.

Diagramme de la production du fer.

Grande-Bretagne.	{ 2,200,000 tonneaux. (22,000,000 quintaux métriques.)
Etats-Unis.	{ 502,000 tonneaux. (5,020,000 quintaux métriques.)
France.	{ 448,000 tonneaux. (4,480,000 quintaux métriques.)
Russie.	{ 400,000 tonneaux. (4,000,000 quintaux métriques.)
Zollverein prussien.. . . .	{ 300,000 tonneaux. (9,000,000 quintaux métriques.)
Autriche.	{ 190,000 tonneaux. (1,900,000 quintaux métriques.)
Belgique.	{ 150,000 tonneaux. (1,500,000 quintaux métriques.)
Suède	{ (145,000 tonneaux. 1,450,000 quintaux métriques.
Toutes les autres contrées de l'Europe.	{ 76,000 tonneaux. (760,000 quintaux métriques.)

3. Du zinc. — Le zinc est un métal d'un gris pâle
et bleuâtre. Il était très-peu employé il y a seulement quelques années. On ne s'en servait que pour
convertir le cuivre rouge en laiton ; mais depuis
qu'on a reconnu qu'il pouvait facilement se laminer,
ses usages se sont étendus, et il est maintenant
connu de tout le monde. Il remplace, sur beaucoup
d'édifices modernes, l'ardoise et la tuile. On le subs-
titue au plomb pour le doublage des baignoires, des
réservoirs, etc. Il n'y a pas de mines de zinc en
France, mais il y en a en Angleterre, en Sibérie et en
Carinthie. On a été obligé de renoncer à l'employer
pour les ustensiles de cuisine, à cause de la facilité
avec laquelle il est attaqué par les acides les plus
faibles et de la vertu émétique que possèdent les
sels qu'il peut former. Il entre en fusion au-dessous

de la chaleur rouge, et brûle ensuite avec une lumière bleuâtre. Si on le chauffe plus fortement, cette lumière devient blanche, et le résultat de la combustion est un oxyde blanc très-léger qui a été appelé *fleur de zinc*. Il est quelquefois employé en médecine comme *antispasmodique*.

4. DE L'ÉTAIN. — Ce métal, appelé Jupiter par les anciens chimistes, a la même couleur que le zinc; mais, exposé à l'air, il perd rapidement son éclat. Il a cependant la propriété de ne pas s'oxyder, et on l'emploie pour garantir le cuivre et les autres métaux susceptibles de se couvrir de vert-de-gris au contact de l'air. Cette opération constitue l'*étamage*. Le *fer-blanc* n'est que de la tôle ou du fer laminé dont les deux surfaces sont recouvertes d'étain. En amalgamant de l'étain avec du mercure, on produit le *tain*, qui est la substance qu'on applique derrière les glaces pour en faire des miroirs. On trouve des mines d'étain assez abondantes en Angleterre et surtout dans le comté de Cornouailles. Après celles d'Angleterre les plus remarquables de l'Europe sont celles de la Saxe et de la Bohême. Mais les plus riches sont celles qu'on a découvertes dans l'île de Banca et dans la presqu'île de Malacca en Asie. Il est rare que ce métal soit pur; il contient toujours un peu de cuivre et de plomb. Il fond à une chaleur de 200 degrés.

5. DU CUIVRE. — Ce métal, connu de toute antiquité et appelé Vénus par les anciens chimistes, est, après le fer, celui de tous les métaux dont les usages sont les plus multipliés. Sa couleur est d'un rouge particulier. Il est très-ductile, se réduit facilement en feuilles et en fils. Exposé à l'air, il se ternit en s'oxydant à sa surface. Cet oxyde absorbe l'acide carbonique de l'air et prend une couleur verte qui le fait désigner sous le nom de *vert-de-gris*. Les mines de cuivre sont nombreuses, mais rarement très-riches. Le minerai demande à être soumis à de longues opérations, en raison des matières étrangères qu'il contient toujours en grand nombre. Le cuivre pur forme ce qu'on appelle le *cuivre rosette*.

En alliant au cuivre une certaine quantité de zinc, on forme le *cuivre jaune* ou *laiton*, qui est ductile à froid et cassant à chaud. Il sert à faire les instruments de physique, les mouvements d'horloges, les épingles, etc. Un autre alliage, formé de 94 parties de cuivre et de 6 de zinc, se rapproche beaucoup de la couleur de l'or et forme ce qu'on appelle le *chrysocale*. L'*airain* ou *bronze*, dont on fait les canons et les statues, est formé de 10 à 12 parties d'étain et de 88 à 90 de cuivre. Il est jaune, un peu rougeâtre, plus dur et plus fusible que le cuivre, et peu altérable à l'air. Le métal des cloches est composé de 22 parties d'étain et de 78 de cuivre. Il est blanc grisâtre, très-cassant. Les timbres des horloges contiennent un peu plus d'étain. Cet alliage, chauffé au rouge et refroidi subitement par la trempe, devient malléable; c'est ainsi qu'on peut le battre au marteau pour fabriquer les cymbales. On lui rend ensuite sa dureté en le chauffant de nouveau et en le laissant refroidir lentement. Il n'existe en France qu'une seule mine de cuivre, à Chessy, dans les environs de Lyon; encore n'est-elle que d'un faible produit. Les principales mines qu'on exploite en Europe sont dans le comté de Cornouailles en Angleterre, dans les monts Oural en Sibérie, dans la Hongrie, la Transylvanie, etc. Il y en a encore de fort importantes dans le Japon, le Mexique et le Chili.

6. Du plomb. — Le plomb a été aussi connu de toute antiquité; on l'a quelquefois appelé Saturne. Il se trouve dans presque tous les pays, mais ses mines les plus abondantes sont en Angleterre; elles renferment quelquefois assez d'argent pour qu'on puisse l'extraire avec avantage. Ce métal est mou et fusible; il s'étend facilement sous le laminoir et se convertit en feuilles très-minces. On l'emploie pour couvrir les toits, les terrasses et les bassins; pour faire des tuyaux de conduits, et fabriquer des balles et des grains de diverses grosseurs pour la chasse. Ses composés les plus communs sont la *litharge,* le *minium* et la *céruse* ou blanc de plomb. Les deux premiers sont des combinaisons d'oxygène et de plomb; on les appelle, en langage chimique, des oxydes de plomb. La *litharge* est de couleur jaune et généralement cristallisée; l'*oxyde* de plomb, qui ne diffère pas de la litharge par sa composition chimique, mais qui est pulvérulent, s'appelle *massicot.* Le *minium* est pulvérulent et d'un rouge jaunâtre. On l'emploie en peinture, dans les vernis sur poterie, dans la fabrication des glaces et du verre de cristal. La *céruse* ou blanc de plomb est une combinaison d'acide carbonique et de plomb, ou un carbonate de plomb. Il est peu abondant dans la nature, mais on l'obtient artificiellement par des procédés chimiques. On s'en sert en peinture. La France possède plusieurs gîtes importants de minerai de plomb; mais on n'exploite plus maintenant que les mines de Poullaouen et Huelgoat, en Bretagne, celles de Villefort et de Viallaz dans la Lozère, et celles de Vienne en Dauphiné. Les premières sont les plus importantes ; la galine y est en filons, traversant des roches du sol intermédiaire. Elles occupent 700 ouvriers, et produisent 5,000 quintaux métriques de plomb par an. La France est obligée de tirer la plus grande partie du plomb qu'elle consomme de l'Angleterre ou de l'Allemagne. Les principales mines de l'Angleterre sont celles de Cumberland, du Derbyshire, du pays de Galles et de Landhills en Ecosse. En Allemagne, la Carinthie, le Harz, la Saxe et la Prusse rhénane offrent aussi des exploitations très-importantes (1).

7. DE L'ARGENT. — L'argent est blanc et sonore. Il a beaucoup perdu de sa valeur depuis la découverte du Nouveau-Monde, où l'on en a trouvé des mines très-abondantes. L'Amérique fournit encore chaque année à elle seule les 9/10 de l'argent qu'on extrait dans le monde entier. Les mines les plus importantes de ce continent sont situées dans les Cordilières, principalement au Mexique, au Pérou et au Chili. On trouve quelquefois l'argent à l'état natif, mais le plus souvent il est allié avec du cuivre, du soufre, du plomb, de l'antimoine ou de l'arsenic. Quand il est mêlé avec un gaz qu'on appelle *chlore*, il forme une pâte molle de couleur verdâtre. L'argent se fond au-dessous du rougeblanc. Il est très-ductile et très-tenace : cinq centigrammes peuvent donner deux mètres de long sur cinq centimètres de large, et un fil de deux millimètres d'épaisseur peut supporter un poids de cent cinquante kilogrammes.

L'argent s'allie facilement au cuivre par la fusion, et il en devient plus dur et plus sonore. Dans cet

(1) Delafosse.

alliage, le rapport de l'argent au cuivre est ce qu'on appelle le *titre de l'argent*. Dans la monnaie, il entre 9/10 d'argent; pour la bijouterie, le titre fixé par la loi est de 8/10. — Quand le cuivre est recouvert d'une feuille d'argent très-mince, on dit qu'il est *plaqué*.

8. DE L'OR. — Ce métal ne se rencontre qu'à l'état natif, mais le plus souvent uni à une petite quantité d'argent ou de cuivre. On le trouve en filons engagés parmi des roches, ou en paillettes disséminées dans le sable. Les mines les plus abondantes sont celles de l'Afrique, du Mexique, du Pérou et de la Californie (en Amérique), et de l'Inde (en Asie). Les plus riches de l'Europe sont en Transylvanie. On le trouve en paillettes dans des sables en Afrique, et plusieurs fleuves de cette contrée le charient sous cette forme. Il existe aussi à cet état dans le sable de plusieurs rivières de France. Telles sont, entre autres, l'Ariége, le Gardon, le Rhône, le Rhin aux environs de Strasbourg, la Garonne près de Toulouse, l'Hérault près de Montpellier. Les paillettes d'or appartiennent aux terrains d'alluvion que ces cours d'eau traversent, et ils les entraînent après les avoir séparées de terres par une sorte de lavage. Il est plus difficile à fondre que l'argent, mais il entre néanmoins en fusion à une chaleur moins forte que celle d'un feu de forge. Il est très-pesant et très-ductile; il peut se réduire en lames extrêmement minces, et il en faut une légère quantité pour dorer un fil d'argent très-étendu. A l'état de pureté, il est très-mou. Pour l'employer dans les arts, il faut qu'on l'allie au cuivre. La proportion de cet alliage forme ce qu'on appelle le titre de l'or. La monnaie est au titre de 9/10, mais les bijoux sont à deux titres, ou à 84/100, ou à 75/100. On vérifie la bijouterie en frottant le bijou sur une pierre noire nommée *pierre de touche*, et en comparant la couleur de la trace qui y reste avec celle des traces que laissent des alliages connus.

9. Du platine. — Le *platine* ne fut découvert qu'en 1735. On le trouve maintenant au Brésil, au Mexique et sur le penchant oriental des monts Ourals. Il est presque aussi blanc que l'argent; il est très-ductile et très-malléable. Il est impossible de le fondre au feu de forge le plus violent, et il résiste à la plupart des acides. C'est pourquoi on l'emploie de préférence pour la fabrication des ustensiles et des appareils destinés aux opérations chimiques. On en fond cependant de petites quantités au moyen d'un mélange d'hydrogène et d'oxygène. C'est le plus pesant des métaux.

10. Du mercure. — Le *mercure* était connu des anciens, et on l'appelait *vif-argent* à cause de son apparence. On le trouve quelquefois à l'état natif, mais le plus souvent allié avec l'argent ou le soufre. Dans ce dernier état, il forme le sulfure de mercure. Le sulfure de mercure donne le *cinabre* ou *vermillon*, qui est d'une belle couleur rouge écarlate et qu'on emploie en peinture.

Le mercure a cela de particulier qu'il est liquide à la température ordinaire. Quand il est pur, on l'emploie à faire des baromètres et des thermomètres, mais le plus souvent on s'en sert en l'amalgamant avec d'autres métaux. Ces amalgames sont liquides lorsqu'il est prédominant; ils sont solides lorsqu'il n'est pas en excès sur les métaux alliés. L'amalgame d'étain et de mercure forme, comme nous l'avons dit, le tain des glaces. On emploie l'amalgame d'étain, de plomb et de bismuth pour plomber les dents, parce que cet amalgame s'attache fortement aux corps qu'il touche. Le *vermeil* m'est que de l'argent doré avec un amalgame d'or.

11. Des autres métaux. — A ces métaux principaux nous ajouterons quelques-uns des métaux secondaires dont l'usage est le plus fréquent. Tels sont : l'*arsenic*, l'*antimoine*, le *bismuth* et le *cobalt*. — L'*arsenic* fut connu des anciens comme substance vénéneuse, mais ce ne fut qu'en 1733 qu'il fut reconnu comme métal. Il est abondamment répandu dans la nature, et il est allié dans les mines à un très-grand nombre de métaux. Il est d'un gris d'acier, fragile et très-cassant. L'arsenic qu'on vend dans le commerce est un de ses acides. Il est d'une saveur peu sensible d'abord, mais qui devient âcre et nauséabonde; il se dissout en partie dans l'eau et forme un des poisons les plus actifs. Si on le jette sur des charbons enflammés, il s'exhale en vapeurs dont l'odeur est analogue à celle de l'ail et qui sont très-dangereuses à respirer. — L'*antimoine* est blanc bleuâtre; il entre en fusion au-dessous de la chaleur rouge. Il entre dans la composition de l'*émétique*, qui est un vomitif. Combiné avec le chlore, il forme une matière blanche, caustique, qui se fond au-dessous de 100°. On l'appelle *beurre d'antimoine*, et on l'emploie pour cautériser les plaies occasionnées par la morsure des animaux enragés. Allié à l'étain et au plomb, il les rend plus durs et sert à faire les caractères d'imprimerie. Il entre dans la composition du *métal d'Alger,* qui contient d'ailleurs beaucoup d'étain. — Le *bismuth* est peu employé. Il sert quelquefois à faciliter la fonte de quelques métaux. Il se trouve ordinairement à l'état natif ou allié à l'arsenic; il a une

couleur blanche, brillante, une structure lamelleuse ; il est très-cassant et fond à une chaleur de
256°.— Le *cobalt* est dur et cassant, d'un bleu tirant
sur le gris ; il est aussi difficile à fondre que le fer.
Il se trouve dans un grand nombre de mines à l'é-
tat d'oxyde, et surtout allié avec l'arsenic. Il est
sans usage, mais un de ses oxydes, qui est noir, est
employé pour colorer en bleu le verre et les porce-
laines.

QUESTIONNAIRE. — 1. Quels sont les caractères généraux
des métaux ? En quel état les trouve-t-on au sein de la terre ?
Qu'est-ce qu'un métal vierge ? Qu'est-ce qu'un minerai ?
Quels sont les métaux les plus employés ? 2. Où trouve-t-on
le fer ? Dans quels états ? Comment se fait l'eau-forte ? Par
quels procédés convertit-on la fonte en fer forgé ? Comment
fait-on l'acier ? Quelle est la meilleure manière ? De quoi
dépend la bonté de l'acier ? Quelle est l'utilité de l'acier
trempé ? 3. Qu'est-ce que le zinc ? Quel usage en fait-on ?
Pourquoi ne peut-on pas l'employer pour des ustensiles de cuisine ? Qu'est-ce que la fleur de zinc ? Dans quel but l'emploie-t-on ? 4. Quelle est la couleur de l'étain ? Quel usage en
fait-on ? Qu'est-ce que le fer-blanc ? Où trouve-t-on des
mines abondantes d'étain ? 5. Quels sont les caractères extérieurs du cuivre ? D'où provient le vert-de-gris ? En quels
Etats sont les mines de cuivre ? Qu'est-ce que le cuivre rosette ? Comment forme-t-on le cuivre jaune ? Comment se
fait le chrysocale ? Quelles proportions faut-il observer pour
produire le bronze ? — le métal des cloches ? 6. Où se trouve
le plomb ? Quels sont ses principaux caractères ? Quel usage
en fait-on ? Citez ses principaux composés. 7. Où trouve-t-
on l'argent ? A quel état existe-t-il ? Citez une preuve de sa
ductilité et de sa ténacité. Qu'appelle-t-on le titre de l'argent ?
Quel est celui des monnaies et des bijoux ? 8. En quel état
sont les mines d'or ? Citez les plus importantes. Quelles sont
les propriétés générales de l'or ? Pourquoi l'allie-t-on au
cuivre ? Quel est le titre de la monnaie ? Quels sont ceux de
la bijouterie ? 9. A quelle époque le platine fut-il découvert ?
Quel usage en fait-on ? Quelles sont ses propriétés ? 10. Com-

ment appelle-t-on vulgairement le mercure ? A quel état le trouve-t-on dans la nature ? Qu'a de particulier ce métal ? Quels sont les caractères de ses amalgames ? Qu'est-ce que le vermeil ? 11. Quels sont les métaux secondaires dont l'usage est le plus fréquent ? Décrivez l'arsenic. Quels effets produit-il ? Quels sont les caractères de l'antimoine ? A quels usages est-il employé ? Qu'est-ce que le bismuth ? Où trouve-t-on le cobalt ? Quels sont ses caractères ? A quoi emploie-t-on un de ses oxydes ?

CHAPITRE VIII.

DES SILICATES DES PIERRES.

1. DES SILICATES EN GÉNÉRAL. — Les minéraux qui composent cette classe ont tous l'aspect pierreux, et c'est ce qui les a fait désigner pendant longtemps sous le nom de *pierres*. On les appelle maintenant *silicates*, parce qu'ils résultent tous d'une combinaison de l'acide silicique avec différents oxydes. Nous les diviserons en deux groupes : les uns sont à l'état terreux et se dissolvent facilement ; les autres sont durs et très-difficiles à dissoudre ; quelques-uns résistent même aux réactifs les plus puissants. Parmi les premiers nous distinguerons l'*argile* et ses différentes espèces, et parmi les seconds le *feld-spath*, le *mica* et le *talc*.

2. DE L'ARGILE. — L'*argile* résulte de la décomposition des roches, dont les substances broyées et lavées forment un limon plus ou moins homogène ; c'est ce qui fait que l'argile varie beaucoup suivant la nature des rochers qui ont contribué à la former. L'argile commune, appelée aussi *terre glaise*, forme une pâte liante et ductile qui se durcit au feu. On l'emploie à la fabrication des tuiles et des briques communes, et, comme elle conserve facilement toute espèce d'empreinte, on s'en sert aussi pour modeler toutes sortes d'objets. Les argiles blanches les plus pures forment la terre de pipe et la faïence. On les colore en vert, en rouge et de toutes manières, à l'aide du plomb, du manganèse et des autres métaux que nous avons indiqués. Les *ocres rouges et jaunes* qu'on emploie en peinture sont des argiles colorées par les oxydes de fer. On fabrique les *poteries de grès* avec des argiles mêlées d'une certaine quantité de silice et cuites à grand feu, ce qui les rend plus denses.

L'argile, mélangée avec le calcaire et le sable, forme la *marne,* qui est un excellent engrais. Le *tripoli*, qu'on emploie à polir le verre, les pierres dures et les métaux, et qui est d'un si grand usage dans les arts, est une espèce d'argile; il ressemble assez à la brique compacte et en a souvent la couleur rougeâtre.

3. Du FELD-SPATH. — Le *feld-spath* est une pierre très-dure et assez commune, dont la cassure est lamelleuse. Ses cristaux sont susceptibles d'une division naturellement symétrique, qu'on désigne sous le nom de clivage. En mélangeant différentes variétés de feld-spath on obtient une pâte blanchâtre et d'une légère transparence, c'est la *porcelaine.* C'est au même genre que se rattachent les *porphyres.*

4. Du MICA. — On réunit sous ce nom une multitude de silicates dont la composition est très-variable. Le caractère commun à tous les micas et en même temps leur caractère principal, c'est de se diviser facilement en lames parfois très-étendues et quelquefois d'une ténacité extrême; leur éclat est métallique ou nacré, quelquefois vitreux; ils présentent une foule de nuances : gris, blanc d'argent, jaune d'or, vert, rougeâtre, violet, brun, noir, etc.

Le mica est très-abondant dans la nature; il appartient essentiellement aux terrains de cristallisation, mais il se rencontre depuis les couches cristallines les plus profondes jusqu'aux terrains de sédiment les plus superficiels. Il fait partie intégrante d'un grand nombre de roches, et c'est à son abondance et à sa disposition lamelleuse que quelques-unes d'entre elles doivent leur structure feuilletée.

Le mica transparent en grandes lames est employé, sous le nom de verre de Moravie, pour remplacer le verre à vitre; il est tout à la fois plus flexible et plus tenace que le verre. Le mica pulvérulent n'est autre chose que le sable fin qu'on emploie, sous le nom de poudre d'or et de poudre d'argent, pour sécher l'écriture. C'est de la décomposition des roches de feld-spath et de mica que provient l'argile.

5. Du TALC. — Le *talc* ressemble extérieurement, sous plusieurs rapports, au mica; mais il en diffère par les éléments qui la composent. Au lieu de renfermer, comme le mica, de l'alumine, il contient de la magnésie; il est plus tendre que le mica, et sa poussière est onctueuse au toucher. Une de ses variétés, le *talc écailleux*, se laisse couper comme du savon. C'est elle qui fournit la poussière blanche connue sous les noms de *craie d'Espagne*, *craie de Briançon*. Une autre variété, appelée *pierre de lard,* sert à faire de petites caricatures chinoises qui portent le nom de *magots de la Chine*. Le mica et le talc réunis forment des schistes argileux qui se distinguent des argiles en ce qu'ils ne sont pas délayables dans l'eau. Ceux qui se délitent en feuillets minces, comme les schistes d'Angers et de Charleville, donnent d'excellentes ardoises ; quand ils se divisent en plaques plus grossières, ils forment des dalles ; s'ils sont chargés de silice, ils donnent les pierres à aiguiser, les pierres à lancettes, à rasoir, etc., etc.

6. DES PIERRES COMPOSÉES. — Indépendamment de ces silicates, nous mentionnerons encore les *pierres composées*, qui sont formées de la réunion de plusieurs minéraux combinés. Les plus remarquables sont : le *granit* et le *porphyre*, la *lave*, le *basalte* et les *ardoises*. — Le *granit* et le *porphyre* sont des roches très-dures susceptibles d'un très-beau poli, et qu'on emploie pour ce motif dans la construction des grands monuments. Le porphyre le plus estimé est le *porphyre rouge*, appelé aussi *porphyre d'Egypte*, parce que les Egyptiens s'en servaient pour leurs obélisques et leurs statues. La *lave* et le *basalte* sont des produits volcaniques qu'on emploie quelquefois comme pierres de construction. — Les *ardoises* forment des bancs à la surface de la terre ou sur le flanc des montagnes. On divise ces blocs en lames minces, auxquelles on peut donner toutes sortes de dimensions ; on s'en sert pour écrire dans les écoles et pour couvrir les maisons.

QUESTIONNAIRE. — 1. Quel est l'aspect des minéraux qui composent cette classe ? Pourquoi leur a-t-on donné le nom de silicates ? En combien de groupes les divise-t-on ? Quels genres renferme chacun de ces groupes ? 2. Qu'est-ce que l'argile? Comment appelle-t-on l'argile commune? A quoi l'emploie-t-on? Que produit-on avec l'argile blanche? Qu'est-ce que l'ocre? Comment se fait la marne? Qu'est-ce que le tripoli? 3. Quels sont les caractères du feld-spath? Qu'ont de particulier ses cristaux? Comment forme-t-il la porcelaine? 4. Qu'appelle-t-on mica? Quel est leur caractère commun? Quelles sont leurs nuances? Où se trouvent les micas? Qu'est-ce que le verre de Moravie? Quel usage fait-on du mica pulvérulent? 5. En quoi le talc diffère-t-il du mica? Quels sont ses caractères particuliers? Faites connaître ses variétés les plus importantes. 6. Quelles sont les pierres composées les plus remarquables? Quel usage fait-on du granit et du porphyre? Quel est le porphyre le plus estimé? D'où proviennent la lave et le basalte? D'où extrait-on les ardoises? Quel usage en fait-on?

CHAPITRE IX.

DES COMBUSTIBLES.

1. Les *combustibles* se divisent en trois groupes bien distincts : les *résines*, les *bitumes* et les *combustibles fossiles*. Parmi ces derniers on distingue les *houilles*, les *anthracites*, les *lignites* et les *tourbes*.

2. DES RÉSINES. — La plus remarquable de toutes les matières résineuses est le *succin* ou *ambre jaune*. C'est une substance transparente, d'une odeur agréable, qui brûle avec flamme et qui prend à une température peu élevée la consistance de l'huile. Quelquefois elle renferme des débris d'insectes. Le succin est éminemment électrique par le frottement. On le recueille en très-grande quantité sur les bords de la Baltique; mais on n'est pas encore parvenu à se rendre compte de son origine. Probablement qu'elle provient des substances végétales. Cette substance peut recevoir un assez beau poli, et on l'emploie à faire des embouchures de pipes, de riches poignées de couteaux et plusieurs objets de bijouterie.

3. Des bitumes. — Le bitume est une substance visqueuse noire ou brune, tantôt solide et tantôt liquide, mais d'une fusion facile. Le *bitume liquide*, appelé aussi *naphte*, se trouve en très-grande abondance près des bords de la mer Caspienne. Il est si commun qu'on l'emploie comme un moyen de chauffage. En le distillant on obtient une huile plus ou moins pure qui sert à l'éclairage. La ville de Parme en Italie est ainsi éclairée. — L'*asphalte* est une espèce particulière de bitume qu'on trouve en masse compacte sur les bords de la mer Morte ou lac Asphaltite en Judée. On s'en sert pour faire le goudron des navires, et il remplace en Judée et en Arabie le ciment. Les Egyptiens tiraient du lac Asphaltite le bitume qu'ils employaient pour faire leurs *momies*. En France, il y a des mines d'asphalte assez considérables. On les mélange avec le sable, et on les fait ainsi servir au dallage.

4. Des houilles. — La *houille,* ou *charbon de terre,* est formée de matières végétales minéralisées. C'est une substance noire et luisante qui brûle avec une odeur bitumineuse et qui donne beaucoup de fumée. C'est de la houille que l'on extrait le gaz qui sert à l'éclairage, et qu'on appelle *gaz hydrogène carboné.* La houille ainsi distillée donne pour résidu le *coke,* qui ne renferme plus de bitume, et qui est d'un grand usage pour le chauffage domestique. La houille offre différentes variétés suivant la quantité plus ou moins grande de bitume qu'elle contient. Celle qui est très-chargée de bitume porte le nom de *houille grasse*, et donne une chaleur beaucoup plus forte qu'aucune espèce de bois. On l'emploie surtout sur les bateaux. Celle qui est le moins bitumineuse porte le nom de *houille maigre*, et sert aux travaux des forgerons. La France possède des dépôts de houille dans une grande partie de son territoire, mais près de la moitié de ces dépôts ne sont point exploités. On compte en France plus de 200 mines, dont 140 seulement sont en exploitation dans 32 départements. Cette industrie occupe plus de 14,000 ouvriers, et les valeurs qu'elle produit sont de 15 millions de francs. Les départements où elle a le plus d'importance sont ceux de la Loire (mines de Saint-Étienne, de Rive-de-Giers), du Nord (mines d'Anzin), de Saône-et-Loire (mines du Creusot) et de l'Aveyron (mines d'Aubin). Viennent après les départements du Gard (mines d'Alais), du Calvados (mines de Littry), de la Haute-Saône (mines de Ronchamps). La Belgique est riche en exploitations de houille : elle possède une grande zone de terrain houiller, de deux lieues de large sur cinquante de longueur. Les houillères des environs de Mons, de Charleroi, de Liége sont très-importantes. Mais c'est en Angleterre et en Écosse que sont les plus grandes exploitations de houille qui existent au monde. Le Northumberland, le pays de Galles, les environs de Glasgow présentent de vastes dépôts de houille dont plusieurs sont devenus de grands centres d'industrie. Les seules mines de Newcastle emploient plus de soixante mille ouvriers, et produisent annuellement 36 millions de quintaux métriques de houille. On estime qu'elles peuvent continuer d'en fournir sur ce pied pendant près de 1000 ans. L'exploitation actuelle de la Grande-Bretagne est presque décuple de celle de la France (1).

Pour se faire une juste idée de l'exploitation des houilles, nous donnerons le diagramme des terrains qu'elles occupent et celui de leur production.

Diagramme de la superficie des terrains houillers des diverses contrées du globe.

ETATS-UNIS D'AMÉRIQUE. . . .	133,132 milles carrés. 1/17 de la surface totale.
AMÉRIQUE ANGLAISE.	Charbon bitumineux. 18,000 milles carrés. 1/45 de la surface totale.
GRANDE-BRETAGNE.	Charbon bitumineux. 8,139 milles carrés.
GRANDE-BRETAGNE ET IRLANDE.	Anthracite et culm. 1/10 de la surface totale. 3,720 milles carrés.
ESPAGNE.	1/52 de la surface totale. 3,408 milles carrés.
FRANCE.	1/18 de la surface totale. 1,712 milles carrés.
BELGIQUE.	1/22 de la surface totale. 519 milles carrés.
PENSYLVANIE.	Anthracite. 137 milles carrés.

(1) Delafosse.

Diagramme de la production relative en combustibles minéraux des six principales contrées houillères du globe, durant l'année 1845.

GRANDE-BRETAGNE........	{ 31,500,000 tonneaux. (315,000,000 quintaux métriques.)
BELGIQUE...........	{ 4,960,077 tonneaux. (49,600,770 quintaux métriques.)
ÉTATS-UNIS.........	{ 1,750,000 tonneaux. (17,500,000 quintaux métriques.)
FRANCE...........	{ 4,141,617 tonneaux. (41,416,170 quintaux métriques.)
PRUSSE...........	{ 3,500,000 tonneaux. (35,000,000 quintaux métriques.)
AUTRICHE..........	{ 700,000 tonneaux. (7,000,000 quintaux métriques.)

Quelquefois les houillères s'embrasent. L'*alun* et le *sel ammoniac* sont les principales substances qui doivent leur formation à ces incendies.

5. DES ANTHRACITES. — L'anthracite est une substance charbonneuse difficile à enflammer, qui brûle sans odeur et sans fumée, et qui a besoin d'être soumise à un courant d'air violent, car elle est presque entièrement composée de carbone sans bitume. Alors elle donne une chaleur très-élevée, et peut suppléer à la houille. On fait usage de cette substance surtout dans les pays où il y a peu de charbon de terre. On l'emploie aussi avec succès dans toutes les fonderies où l'on a besoin d'une très-haute température. C'est dans les États-Unis qu'on en fait la plus grande consommation. La France compte environ trente mines d'anthracite, situées dans les départements de l'Isère, des Hautes-Alpes, de la Mayenne et de la Sarthe.

Dans les Etats-Unis, en l'année 1845, on a extrait 2,650,000 tonneaux d'anthracite; ce qui équivaut à 26,500,000 quintaux métriques. Ce genre d'exploitation occupait en France, à la même époque, environ 4,000 ouvriers, et l'on estimait la valeur de ses produits à 100,000 francs.

6. Des lignites. — Les *lignites* sont, comme le charbon de terre, des matières végétales minéralisées. Ils sont moins brillants que la houille et plus faciles à enflammer. Leur combustion est la même que celle du bois, c'est-à-dire qu'ils donnent de la flamme, de la fumée et des cendres. Ces cendres, comme celles du charbon de terre, sont un excellent engrais. On exploite des lignites en France, dans 14 départements, et principalement dans ceux des Bouches-du-Rhône, de l'Hérault, du Gard, de l'Aisne, des Vosges, du Bas-Rhin. La lignite compacte fournit le *jais*, ou *gayet*, qui est d'un beau noir et susceptible d'un poli brillant. Il sert à faire des bracelets, des colliers et d'autres bijoux de deuil.

7. De la tourbe. — La tourbe est une matière brune qui provient aussi, comme la houille et le lignite, de substances végétales. Elle est formée par l'accumulation de plantes aquatiques, et on la trouve dans les vallées et dans le voisinage des lieux marécageux. On l'emploie dans plusieurs contrées comme moyen de chauffage, et on en recueille les cendres pour les répandre sur les champs à titre d'engrais. La tourbe brûle facilement et souvent aussi sans flamme. La fumée qu'elle répand est analogue à celle des herbes sèches ou à la fumée du tabac. On peut carboniser la tourbe; et le charbon que l'on obtient forme une braise excellente, et donne autant de chaleur que le meilleur charbon de bois.

Il y a des tourbières considérables dans les départements de la Somme et du Pas-de-Calais, de la Loire-Inférieure, de Seine-et-Oise, etc. On en exploite dans plus de 40 départements, et on évalue à trois millions de francs le produit de ces diverses exploitations. Les plus grandes tourbières que la France possède sont celles qui se trouvent entre Amiens et Abbeville. Une grande partie des prairies de la Normandie sont sur la tourbe. En Hollande, on n'a pas d'autre combustible. C'est un des pays les plus riches en tourbes. On en trouve également en Westphalie, dans le Hanovre, en Prusse, en Silésie, en Écosse, etc., etc. La *terre de Cologne,* qu'on emploie aussi comme moyen de chauffage et comme engrais, est un dépôt terreux qui résulte de l'altération de bois enfouis dans le sol. La houille, l'anthracite et les lignites s'exploitent à ciel ouvert par tranchées, mais plus souvent encore par puits et galeries ; et, dans ce dernier cas, on va souvent chercher ces combustibles à de très-grandes profondeurs. L'exploitation de la tourbe est plus simple. Si le terrain est couvert d'eau, on fait écouler l'eau en creusant d'abord des canaux d'écoulement convenablement disposés. Si la surface est desséchée, on commence par enlever d'abord avec la bêche la couche de terre végétale qui recouvre la première couche de tourbe. Cette première tourbe, grossière et de mauvaise qualité, s'enlève aussi avec la bêche sous forme de parallélipipèdes. La tourbe compacte qui vient après est enlevée dans certaines localités comme aux environs d'Amiens avec une bêche particulière appelée *louchet ;* elle présente sur un côté une aile tranchante placée à angle droit sur le fer de la bêche. Avec cet instrument on peut couper la tourbe de deux côtés à la fois. Après avoir extrait la tourbe, on la fait sécher ; son volume diminue considérablement. Souvent on la comprime dans des moules, ce qui lui donne plus de valeur, parce que, de cette manière, on obtient sous le même volume un plus grand nombre de parties combustibles. On réduit même en bouillie les parties qui ont naturellement de la solidité pour la pétrir ensuite ; mais il est évident qu'on ne peut faire subir à la tourbe cette opération que dans le cas où les végétaux sont suffisamment décomposés.

QUESTIONNAIRE. — 1. En combien de groupes divise-t-on les combustibles ? Quels sont les principaux combustibles fossiles ? 2. Quelle est la plus remarquable des matières résineuses ? Quels sont les caractères de l'ambre jaune ? Comment brûle-t-elle ? Quel usage en fait-on ? 3. Qu'est-ce que le bitume ? En quel état se trouve-t-il ? Quelle espèce d'huile en extrait-on ? Qu'est-ce que l'asphalte ? Dans quelle contrée le trouve-t-on spécialement ? A quel usage l'employaient les Égyptiens ? Quelle substance mêle-t-on à l'asphalte pour faire le dallage ? 4. Quels sont les caractères généraux de la houille ? D'où provient-elle ? Quel gaz en extrait-on ? Avec quelle substance est-elle mêlée ? Qu'appelle-t-on houille grasse ? Quels sont ses usages ? Qu'est-ce que la houille maigre ? A quoi l'emploie-t-on ? 5. Qu'est-ce que l'anthracite ? Quels sont ses usages ? Où l'emploie-t-on ? Se produit-elle en Amérique ou en France ? 6. Qu'est-ce que les lignites ? Comment brûlent-ils ? Où les exploite-t-on ? Quel usage fait-on des cendres ? A quoi sert le lignite compacte ? 7. Qu'est-ce que la tourbe ? Où la trouve-t-on ? Dans quels départements sont les tourbières les plus considérables ? De quelle substance est formée la *terre de Cologne* !

CHAPITRE X.

DES CRISTAUX, DES STALACTITES ET DES PÉTRIFICATIONS.

1. DES CRISTAUX EN GÉNÉRAL. — Vulgairement on donne le nom de *cristal* à tout corps transparent. On a d'abord ainsi désigné le *cristal de roche* parce qu'il est très-transparent et très-limpide ; mais on a ensuite étendu cette dénomination à tous les corps à facettes polies, qu'ils soient ou non transparents. C'est le sens qu'on donne à ce mot en minéralogie. Ainsi tous les cristaux, quel que soit leur mode de formation, offrent invariablement les caractères suivants : 1° ce sont des figures régulières terminées par un certain nombre de facettes unies et brillantes ordinairement parallèles deux à deux ; 2° ces facettes forment toujours entre elles des angles saillants et jamais des angles rentrants ; 3° elles sont toutes ordonnées symétriquement par rapport à une ligne qu'on appelle axe. Tous les minéraux qui réunissent ces trois conditions sont des cristaux.

2. FORMATION DES CRISTAUX. — Presque tous les minéraux sont susceptibles de cristallisation. Il y a des cristaux de soufre, de plomb, d'or, d'argent, de diamants. La nature fournit une très-grande variété de cristaux, et la chimie en produit aussi un très-grand nombre. On obtient des cristaux, soit par l'action des liquides, soit par celle du feu. Par les liquides il y a deux manières d'opérer une cristallisation ; tantôt on dissout dans le liquide chauffé la substance que l'on veut convertir en cristal, et on laisse ensuite refroidir la dissolution; tantôt on fait évaporer spontanément la dissolution, ou on la soumet à une douce chaleur. Dans le premier cas, le liquide ayant dissous à chaud une plus grande quantité de substance qu'il n'en peut dissoudre à froid, la partie excédante se cristallise; dans le second cas, le liquide, en s'évaporant, diminue de volume, et ne peut plus tenir en dissolution la même quantité de substance, et la partie qu'il abandonne se dépose. Par le feu il y a aussi deux procédés de cristallisation. Ou on fait fondre la substance qu'on veut cristalliser, et on la laisse ensuite refroidir lentement, ou on la réduit en vapeurs. Quand on la fait fondre et qu'on la laisse refroidir, on obtient au fond du vase qui a servi à l'opération une couche cristalline qui se moule sur les parois du vase : ce procédé est appelé *fusion*. On l'emploie pour se procurer des cristaux de soufre ou de bismuth. Si on a réduit en vapeurs la substance qu'on voulait cristalliser, ces vapeurs s'attachent dans le haut du vase, et y forment en se refroidissant des cristaux. C'est de cette manière qu'on forme les cristaux d'arsenic. La cristallisation présente souvent des phénomènes très-curieux, et qui n'ont pas encore reçu une explication satisfaisante. Ainsi il y a des sels qui, lorsqu'on les dissout, ne cristallisent pas tant que la dissolution est tranquille, mais qui cristallisent dès que l'on agite la dissolution. Il y en a d'autres qui ne cristallisent pas dans le vide, mais qui donnent des cristaux dès qu'on les met en contact avec l'air.

3. DE LA FORME DES CRISTAUX. — La forme des cristaux est extrêmement variée. Leur volume et

leur configuration dépendent d'une foule d'accidents qui se présentent rarement dans les mêmes conditions. Ainsi le degré de température de la dissolution, la nature et la quantité du dissolvant que l'on a employé, la forme du vase dans lequel l'opération a eu lieu ; toutes ces causes peuvent modifier extraordinairement les résultats que l'on obtient. On a remarqué qu'un vase long et étroit donne des cristaux plus volumineux qu'un vase large et plat ; et pour avoir des cristaux réguliers, il est nécessaire que l'évaporation ait été elle-même très-régulière et que le liquide soit resté en repos. Dans la nature, les plus beaux cristaux sont ceux qui ont été formés dans ces conditions ; et s'il y a tant de variétés dans les nombreux produits qu'elle nous offre en ce genre, on ne doit pas en être surpris, puisque la cristallisation est due à des causes essentiellement variables dans leurs effets. Mais quelle que soit la variété de configuration qu'affectent les cristaux, qu'ils soient en forme de cônes, de prismes, de fuseaux ou de pyramides, ils ne s'éloignent jamais des caractères généraux que nous leur avons assignés.

Il n'y a à ces règles que des exceptions apparentes. Si, par exemple, quelques cristaux, au lieu de se terminer par des facettes unies, ont la forme sphérique, cette convexité provient d'une foule de petites facettes planes dont la réunion a produit une courbe. S'il y en a dont les angles soient rentrants et dont les faces saillantes produisent des espèces de becs, comme les minerais d'étain qui forment ce qu'on appelle des *becs d'étain*, cette disposition résulte du groupement de plusieurs cristaux réunis, et ces becs ne peuvent être considérés comme des cristaux isolés. Ses formes cristallines présentent un fait très-remarquable. Une substance déterminée **présente** souvent, dans un type cristallin, tantôt une forme, tantôt une autre. Les expériences de M. Beudant établissent que ces variations sont dues : 1° aux mélanges mécaniques qu'un sel peut entraîner **dans** sa cristallisation ; 2° aux matières que le même **dissolvant** peut renfermer en état de dissolution **ainsi** qu'à la nature du dissolvant ; 3° à la combinaison de substances étrangères avec la substance qui cristallise.

4. Du clivage. — Le *clivage* est une opération par laquelle on divise les cristaux en lames minces dont la surface est nette et lisse et dont la direction est constante. Cette opération est très-usitée dans les arts, parce qu'on parvient par ce moyen à changer la figure d'un cristal sans que l'éclat en soit très-altéré. Quelquefois le clivage est très-facile. Ainsi les cristaux de gypse qu'on trouve dans les carrières de plâtre, et que l'on nomme vulgairement *pierres à Jésus*, se divisent au moindre effort en lames fines et brillantes. D'autres fois il faut avoir recours à des moyens mécaniques, au ciseau, au marteau, pour obtenir le résultat qu'on désire ; et, dans certaines circonstances, on a besoin de soumettre le cristal à la température de l'air.

Le clivage n'a lieu dans quelques cristaux que dans un seul cas ; il se réduit alors à donner de petites lames plus ou moins minces, et l'on dit que la structure du cristal est lamellaire. Quand le clivage n'a lieu qu'en deux directions, il ne donne aucun solide dont la configuration soit déterminée. Mais le plus souvent il présente au moins trois directions, et produit un solide particulier. Si ces directions sont parallèles aux faces du cristal, tous les solides qu'on obtient par le clivage sont absolument semblables au cristal lui-même, et on dit alors que la forme secondaire est la même que la forme primitive. Si elles ne sont pas parallèles, le solide qu'on obtient diffère quant à la configuration du solide dont on l'a séparé, et on le regarde comme la *forme primitive* du cristal, et on désigne l'autre sous le nom de *forme secondaire.*

5. Des stalactites. — Les stalactites sont des dépôts formés par l'eau chargée de matières étrangères qui tombe goutte à goutte des parois supérieures de cavités souterraines. On les trouve suspendues à la voûte des caves, des citernes et de toutes les cavernes humides. Elles ressemblent à ces grosses aiguilles de glace qu'on voit pendant l'hiver au bord des toits, et elles se forment d'ailleurs de la même manière, seulement au lieu de se geler l'eau s'évapore. Ainsi une première gouttelette qui est suspendue à la voûte de la cavité laisse d'abord en s'évaporant une petite masse solide; une seconde gouttelette s'attache à cette petite masse, et l'augmente en s'évaporant à son tour, et ainsi successivement. La stalactite prend avec le temps une forme conique dont le sommet va toujours en descendant.

D'un autre côté, les gouttelettes tombées de la stalactite peuvent encore former sur le sol un dépôt correspondant qui s'élève verticalement vers le premier, et qui finit par se réunir à lui. Ce dépôt porte le nom de *stalagnite,* et sa réunion avec la stalactite produit une sorte de colonne. Dans les grottes où ce phénomène se reproduit de mille manières, on a les spectacles les plus variés. Tantôt ce sont des colonnades magnifiques qui donnent à l'intérieur de la caverne l'aspect d'un grand palais de cristal, tantôt

les stalactites sous l'influence de l'air se sont étendues en draperies immenses, ou ont pris la forme de
cascades pétrifiées. Il existe en France un très-grand
nombre de cavernes où l'on peut étudier ces magnifiques phénomènes ; mais la plus remarquable est
celle de Notre-Dame de la Balme dans le département de l'Isère. Les substances qui forment le plus
fréquemment de ces sortes de dépôts sont le carbonate de chaux, les oxydes de fer et de manganèse, le
quartz, la calcédoine, l'opale, etc., etc.

6. DES PÉTRIFICATIONS. — On appelle *pétrification*
la transformation d'un végétal ou d'une substance
animale en un minéral qui conserve leur forme organique. Il faut distinguer l'incrustation de la pétrification véritable. Il y a seulement incrustation
quand l'objet pétrifié est revêtu extérieurement de
particules que l'eau a déposées à sa surface sans
changer sa substance. Ainsi en plongeant une pomme
dans la source de Saint-Alyre au département du
Puy-de-Dôme, on la retire, peu de temps après,
couverte d'un enduit terreux qui l'a assimilée à un
minéral, mais sans modifier sa substance. En enle-
vant cet enduit on trouve au-dessous le fruit tel
qu'il était auparavant. Si l'on y plonge des paniers
de fruits et de branchages, des nids d'oiseaux, de
petits vases, en peu de temps ils sont recouverts
d'une enveloppe pierreuse qui les conserve et qui les
rend semblables à des objets pétrifiés. D'autres fois
cette imitation de formes étrangères est l'effet d'une
matière pierreuse et molle, qui se modèle autour ou
dans l'intérieur des coquilles ou des autres corps organiques. On donne alors à cette opération le nom
de *moulage*.

La pétrification véritable suppose nécessairement

un changement de substance. Ainsi.quand un arbre est pétrifié, il conserve sa forme extérieure ; mais l'écorce, le bois et la moelle ont été remplacés par des particules de silex ; et, en cassant le morceau pétrifié, on lui trouve les mêmes propriétés et les mêmes caractères qu'au silex. Dans les matières animales, il n'y a que les os qui puissent se pétrifier ; les autres parties n'ont pas assez de consistance pour subir l'action de l'eau. On trouve dans l'intérieur de la terre une très-grande quantité de végétaux et d'animaux ainsi pétrifiés. On les désigne sous le nom général de *fossiles*. Ils sont même assez bien conservés pour qu'on les classe selon leurs différentes espèces. On les étudie tout spécialement en géologie, parce qu'ils servent à classer les terrains.

QUESTIONNAIRE. — 1. Qu'appelle-t-on vulgairement cristal ? A quels corps a-t-on étendu cette dénomination ? Quels sont les caractères invariables de tous les cristaux ? 2. Quels sont les minéraux susceptibles de cristallisation ? Par quels procédés cette opération se fait-elle ? Comment peut-on opérer une cristallisation par les liquides ? Comment cristallise-t-on par le feu ? 3. La forme des cristaux est-elle très-variée ? Quelles sont les causes qui peuvent influer sur leurs formes ? Quelles conditions doivent être observées pour obtenir les cristaux les plus beaux et les plus réguliers ? Qu'y a-t-il de constant dans cette variété ? Quelles exceptions apparentes rencontre-t-on à ces règles ? Comment s'expliquent ces exceptions ? 4. Qu'est-ce que le clivage ? Cette opération est-elle toujours facile ? Dans quel but la fait-on ? Dans quelles directions se fait quelquefois le clivage ? Qu'appelle-t-on forme primitive et forme secondaire ? 5. Qu'est-ce que les stalactites ? Expliquez leur formation. Qu'appelle-t-on stalagmite ? Quel aspect peut offrir l'intérieur d'une caverne où ce phénomène est très-répété ? 6. Qu'entend-on par la pétrification ? Quelle différence y a-t-il entre la pétrification et l'incrustation ? Qu'est-ce que le moulage ? Quelles substances sont susceptibles d'une pétrification véritable ? Où trouve-t-on beaucoup de matières pétrifiées? Comment les appelle-t-on? Dans quel but les étudie-t-on en géologie?

CHAPITRE XI.

DE LA GÉOLOGIE. NOTIONS GÉNÉRALES.

1. DE LA GÉOLOGIE. — La *géologie* a pour objet l'étude de la constitution physique du globe. Dans la minéralogie nous avons étudié isolément les substances inorganiques, et nous avons cherché à déterminer leurs caractères et leurs propriétés. Pour compléter notre étude, il faut que nous ajoutions quelques notions générales sur leur manière d'être à la surface ou dans l'intérieur du globe, sur leurs associations naturelles, sur l'étendue des dépôts qu'elles produisent. Après les avoir considérées à part, il est nécessaire que nous les considérions maintenant dans leurs rapports. Tel est précisément l'objet de la géologie, qui est le complément indispensable de la minéralogie.

2. DE LA FORME DU GLOBE. — Le globe terrestre a la forme d'une boule un peu aplatie vers les pôles et renflée à l'équateur. Le diamètre de l'équateur a environ 42,000 mètres de plus que celui des pôles. La circonférence de la terre dépasse 9,000 lieues. Elle est hérissée de longues chaînes de montagnes; mais ces inégalités, toutes considérables qu'elles nous paraissent, sont fort légères comparativement à sa masse. On les a souvent assimilées aux rugosités d'une orange; et cette comparaison est encore exagérée; car si on voulait les représenter dans la rigueur des proportions sur une sphère d'un mètre de diamètre, elles seraient si petites qu'il faudrait un microscope pour les apercevoir. La plus haute montagne du globe ne s'élève pas en effet à deux lieues au-dessus du niveau de la mer, ce qui n'est pas la 1/1500° partie du diamètre de la terre.

3. Du feu central. — Jusqu'à ce jour on n'a pas pénétré dans l'intérieur du globe à plus de 400 mètres. Mais ces excavations ont donné lieu à des observations très-curieuses. Ainsi on a remarqué que la température s'élève à mesure que l'on descend vers le centre de la terre. On a même mesuré cet accroissement de chaleur, et on s'est assuré qu'il est d'un degré du thermomètre centigrade pour 33 mètres. A Paris, dans les caves très-profondes où l'influence des saisons ne se fait pas sentir, on a 11 degrés de chaleur; 60 mètres au-dessous on en obtient 13, et d'après ce calcul il arriverait qu'à la profondeur de 3,000 mètres on aurait 100 degrés, c'est-à-dire la chaleur de l'eau bouillante. En suivant toujours la même progression, le centre de la terre devrait être dans un état incandescent tel que toutes les substances les plus dures y seraient à l'instant liquéfiées. C'est ce qui fait considérer aux savants notre globe comme une masse fluide et embrasée, actuellement revêtue d'une croûte qui s'est solidifiée par le refroidissement. Ils pensent que primitivement elle était à l'état pâteux ou purement fluide, et que la surface s'est insensiblement durcie en se refroidissant. C'est d'après cette hypothèse qu'ils s'expliquent son aplatissement vers les pôles.

4. De la formation des divers terrains. — En étudiant la structure du globe, les savants ont reconnu dans la formation de son enveloppe des couches distinctes, qu'ils ont désignées sous le nom de *terrains.* Ces terrains diffèrent entre eux ou par leur mode ou par leur époque de formation. Sous le rapport du mode, on les divise en deux grandes classes : les *terrains de sédiment* et les *terrains de cristallisation.* Les terrains de sédiment ont été déposés par les eaux, et on leur donne pour ce motif le nom de *terrains neptuniens.* Les terrains de cristallisation sont dus à l'action du feu, et on les désigne sous le nom de *terrains plutoniens.*

Sous le rapport de l'âge, on a distingué les terrains *primitifs,* qui sont les plus anciens, les terrains *de transition* ou *intermédiaires,* les terrains *secondaires,* les terrains *tertiaires* et enfin les terrains *d'alluvion.* Ces derniers sont les plus récents. Les terrains *primitifs* comprennent des roches de granite et de quartz, et n'offrent aucune trace de végétation. — Les terrains *de transition* comprennent les premiers dépôts sédimentaires et sont principalement composés de roches de quartz et de calcaire. Dans la partie inférieure de ces terrains on ne trouve que quelques débris d'êtres organisés de peu d'importance, comme les zoophytes et les mollusques. Mais dans la partie supérieure on trouve un plus grand nombre de végétaux qui appartiennent presque tous à la famille des plantes marines. Les fossiles d'animaux qu'on y rencontre appartiennent presque tous à des animaux marins, ce qui prouverait qu'à une époque la mer a occupé cette partie du globe. — Les terrains *secondaires* offrent dans leur couche inférieure et dans le calcaire alpin, où l'on remarque des débris de fucus, un assez grand nombre de zoophytes, de mollusques, de poissons et de reptiles. Les terrains *jurassiques,* qui forment une des périodes de ses terrains secondaires, nous montrent une révolution immense qui s'est alors opérée dans la création. Jusqu'à ce moment la terre n'avait été habitée que par des plantes, des animaux inférieurs, tels que les zoophytes et les mollusques, des poissons et quelques reptiles : tout à coup cet état de choses paraît changé, et l'on découvre des animaux de toutes sortes, à constitution bizarre et à taille gigantesque, des débris d'insectes et d'oiseaux, des fougères et une foule de plantes qui supposent une végétation puissante. On a donné à ces terrains le nom de terrains *jurassiques,* parce que les montagnes du Jura qui en sont composées ont été prises le plus souvent pour point de comparaison.

Les terrains *tertiaires* sont ceux dont la formation a précédé l'époque actuelle. Dans ces terrains les animaux, soit terrestres, soit aquatiques, deviennent plus nombreux et ressemblent assez à ceux qui existent maintenant. On y trouve des mollusques dont les espèces peuplent encore nos mers, des rhinocéros, des hippopotames, des hyènes, des singes, et surtout des mammifères en très-grand nombre dont les genres ne se sont pas reproduits. En général les animaux étaient alors d'une taille plus gigantesque que ceux que nous possédons, et la végétation était plus active. Les terrains *d'alluvion* doivent leur formation au déluge.

5. Du DÉLUGE.—Cette inondation générale qui nous est attestée par les traditions de tous les peuples est encore prouvée par les découvertes qu'a faites la science moderne en étudiant la structure du globe. Comme les rois aiment à perpétuer le souvenir de leurs grandes actions en les faisant graver sur le marbre et sur l'airain, de même Dieu a pris soin d'imprimer sur tout le globe les vestiges du châtiment terrible qu'il infligea dans sa colère à tout le genre humain. Ainsi les diverses couches de terre jetées les unes sur les autres, comme les vagues d'une mer en furie ; les montagnes, les vallées et les plaines couvertes de coquillages, de plantes marines et de poissons pétrifiés ; des blocs énormes, qui sont dispersés dans le Nord, depuis les régions polaires, jusqu'en Angleterre, en Allemagne et en Russie, et qui ont été détachés de rochers fort éloignés des lieux où on les trouve, et qui ont été entraînés avec violence par des courants ; des éléphants qui ne vivent qu'en Asie et en Afrique, et qu'on a trouvés ensevelis dans la Grande-Bretagne ou dans les rivières de la mer Glaciale ; des crocodiles nés en Egypte sur les bords du Nil et qu'on découvre enfoncés dans les terres d'Allemagne ; des ossements d'animaux qu'on rencontre enfouis dans des fentes de rocher ou au fond de certaines cavernes qu'on a désignées sous le nom de *cavernes à ossements :* voilà autant de preuves de ce déluge universel qui a bouleversé le monde entier.

Il est à remarquer que les terrains que nous avons caractérisés, d'après les fossiles qu'ils renferment, correspondent assez bien aux jours ou époques décrites par Moïse dans la Genèse. Les terrains primitifs ne nous offrent ni animaux, ni végétaux, conformément à cette parole de l'écrivain sacré qui nous dit que la terre fut d'abord un chaos, c'est-à-dire une confusion d'éléments, sans que la vie s'y manifestât d'aucune manière. En suivant l'ordre des terrains, nous avons d'abord trouvé les plantes, puis les poissons et enfin les animaux terrestres. Les terrains d'alluvion sont venus compléter cette magnifique histoire de la création, en nous révélant l'histoire du déluge universel.

Questionnaire. — 1. Quel est l'objet de la géologie? Quels rapports y a-t-il entre la géologie et la minéralogie? 2. Quelle est la forme du globe? Combien a-t-il de circonférence? Les montagnes qui le couvrent empêchent-elles sa forme sphérique? Quelle est leur élévation? 3. Qu'a-t-on observé en pénétrant dans l'intérieur de la terre? Dans quelles proportions augmente sa chaleur centrale? Quelle idée doit-on se faire du globe? Quel était son état primitif? Comment explique-t-on l'aplatissement des pôles? 4. Qu'appelle-t-on terrain en géologie? Combien distingue-t-on de sortes de terrains d'après leur mode de formation? Qu'est-ce que les terrains de sédiment? Qu'est-ce que les terrains de cristallisation? Combien distingue-t-on de sortes de terrain d'après leur époque de formation? Qu'appelle-t-on terrains primitifs? — secondaires? — tertiaires? — d'alluvion? Quel est le caractère des fossiles qu'on trouve dans chacun d'eux? A quoi sont dus les terrains d'alluvion? 5. A-t-on des preuves géologiques du déluge? Citez les plus remarquables. Quels rapports y a-t-il entre les divers terrains que nous avons désignés et les époques de la nature telles qu'elles ont été décrites par Moïse?

CHAPITRE XII.

DES PRINCIPAUX PHÉNOMÈNES GÉOLOGIQUES DE L'ÉPOQUE ACTUELLE.

1. Les principaux phénomènes géologiques de l'époque actuelle sont : les *alluvions*, les *dunes*, les *tremblements de terre* et les *volcans*.

2. DES ALLUVIONS. — On donne le nom d'*alluvions* aux terrains qui se forment sur les rives des fleuves ou à leur embouchure, par le dépôt des matières terreuses qu'ils entraînent dans leur cours. On sait que la surface du globe est presque entièrement couverte d'une terre meuble, qu'on appelle *terre végétale*, parce qu'elle sert d'alimentation à la végétation.

Dans le moment des grandes eaux, cette terre qui est ordinairement composée de sable, d'argile ou de calcaire réduit en poussière, se laisse entraîner par les torrents qui naissent d'une pluie d'orage ou d'une fonte subite des neiges. Ces torrents roulant ainsi de la vase, du sable, des cailloux, mêlent leur limon aux ruisseaux et aux rivières qu'ils alimentent, et il en résulte une eau épaisse et boueuse. Quand cette eau arrive dans le lit d'un fleuve, son cours se ralentit et elle laisse insensiblement déposer au fond les matières étrangères dont elle était chargée.

Le Pô nous offre un curieux exemple de ce phénomène. Ses eaux sont tellement chargées de limon, qu'elles ont déjà rempli et mis à sec des marais qui existaient près de Parme, de Crémone et de Plaisance du temps des Romains. Son lit s'est rempli également, et dans plusieurs endroits il en est résulté des inondations. Pour obvier à cet inconvénient, il a fallu maîtriser ses eaux en élevant de fortes digues sur les rives. Le lit du fleuve allant toujours en s'exhaussant, il faut aussi élever les digues, et dans plusieurs endroits elles sont déjà à une hauteur très-considérable.

A l'embouchure des fleuves ces dépôts de terrains par alluvion produisent des atterrissements, et il arrive que le fleuve gagne chaque jour du terrain sur la mer. Avec le temps, ces atterrissements ne laissent pas que de former un espace très-considérable. Ainsi les progrès du Nil sur la Méditerranée sont si remarquables que les villes de Rosette et de Damiette en Égypte, bâties au bord de la mer, il y a moins de mille ans, en sont aujourd'hui à deux lieues. Le Pô a gagné 6,000 toises sur la mer depuis 1604, et s'est avancé par conséquent de 150 pieds par an. Les atterrissements le long des côtes de la mer du Nord n'ont pas une marche moins rapide qu'en Italie. Le Rhône a aussi considérablement gagné de terrain, depuis l'ère chrétienne. Comme ces atterrissements ont ordinairement la figure de la lettre grecque qu'on appelle *delta* (Δ), on leur donne ce nom. Ainsi on dit : le delta du Nil, le delta du Rhône, le delta du Pô, etc.

3. DES DUNES. — Les *dunes* sont des monceaux de sable que la mer accumule sur ses bords. Chaque année la violence des vents soulève au fond de la mer des nuages de sable et les rejette à l'intérieur des terres. Ces accidents sont fréquents en Angleterre sur la côte de Cornouailles et en France dans le département des Landes. Comme ils se répètent chaque année avec assez de régularité, on a pu constater l'étendue de leurs empiétements et fixer ainsi l'époque à laquelle ce phénomène a commencé. En France, en Angleterre, en Hollande et partout ailleurs les calculs n'ont pas assigné à l'état actuel de la terre une antiquité de plus de 5,000 ans.

Les atterrissements des fleuves ont aussi servi de base à des calculs analogues, et la science géologique a reconnu que c'était à peu près à la même époque que les grandes rivières avaient commencé à couler dans le lit qu'elles occupent actuellement. Les *tourbières* produites généralement dans le nord de l'Europe par l'accumulation des mousses aquatiques, ont aussi servi à mesurer l'âge de nos continents, ainsi que les bouleversements qui se font périodiquement, au pied de toutes les montagnes. Bien que ces phénomènes ne soient pas assujettis à une loi aussi constante ni aussi uniforme que les précédents, on les a cependant soumis à l'observation et au calcul, et le résultat de ces derniers travaux est venu confirmer les conclusions précédentes. C'est ainsi que par des observations diverses, la science est arrivée au même point, et s'est trouvée absolument d'accord avec la chronologie de Moïse.

4. DES TREMBLEMENTS DE TERRE. — Les tremblements de terre doivent leur origine aux feux souterrains qui agitent et remuent le sol comme les flots d'une mer en furie. Tantôt ces secousses violentes sont horizontales, et tantôt leurs oscillations sont verticales. Quelquefois ces deux mouvements sont réunis, et il en résulte une sorte de tournoiement. Toutes les parties du monde sont exposées à ce terrible fléau, mais les nations le plus souvent bouleversées sont les provinces de l'Amérique méridionale situées près des montagnes des Andes. Lorsqu'un tremblement de terre est violent, les montagnes s'abaissent, les vallées se remplissent, les courants d'eau disparaissent, engloutis dans des gouffres subitement ouverts et refermés, ou ils changent de direction ; des abîmes se forment tout à coup et entraînent dans leur sein une multitude d'habitations. En Portugal il y eut, en 1775, un tremblement de terre qui détruisit presque entièrement la ville de Lisbonne. Dans le Nouveau-Monde, ce fléau a déjà coûté la vie à plusieurs millions d'hommes.

5. DES VOLCANS. — Les volcans ne sont que la conséquence des tremblements de terre. Les feux souterrains, au lieu de bouleverser le sol dans une grande étendue, réunissent leurs forces sur un point et y provoquent une éruption volcanique. Ces éruptions sont, comme les tremblements de terre, un des plus terribles phénomènes qui se passent à la sur-

face du globe. C'est ordinairement sur les bords de
la mer, à la crête d'une chaîne de montagnes, que les
volcans éclatent. La montagne présente une ouverture en forme d'entonnoir qu'on appelle *cratère*.
Avant l'explosion, on voit le plus souvent paraître
des fumées ou vapeurs qui sont composées de divers
gaz et de vapeur d'eau. Après les matières gazeuses viennent des matières pulvérulentes qui s'unissent quelquefois aux premières et produisent des
nuages épais capables d'obscurcir les rayons du soleil. Les *cendres volcaniques* sont suivies ou accompagnées de pierres brûlantes et d'énormes rochers
qui sont lancés à de très-grandes distances au bruit
des détonations les plus terribles. Enfin il s'échappe
des flancs de la montagne une rivière de feu qui va
porter au loin la désolation et la mort. C'est ce qu'on
appelle la *lave* du volcan.

Les volcans les plus célèbres en Europe sont ceux
de l'Etna et du Vésuve. Ce dernier ensevelit sous ses
laves les villes de Pompéia et d'Herculanum en **79**,
et Pline l'Ancien trouva la mort au sein de cette
catastrophe, que son zèle pour la science l'avait
porté à étudier de trop près. Mais il y a, en Italie et
dans la France elle-même, un très-grand nombre de
volcans éteints. La chaîne des montagnes de l'Auvergne se compose d'une cinquantaine de cônes volcaniques dont le sommet est occupé par un cratère
et dont le pied est encore recouvert de laves calcineuses. Aux divers caractères de ces montagnes, il
est même aisé de reconnaître que ces éruptions ne
remontent pas à une époque très-reculée. Les volcans éteints depuis longtemps forment ce que l'on
appelle des *solfatares* ou soufrières naturelles ; parce que le sol encore fumant de ces volcans éteints

dégage des vapeurs de soufre qui se déposent à la surface des anciennes laves : telle est la solfatare de Pouzzole dans le royaume de Naples.

Au fond des mers il existe aussi des volcans qui vomissent avec abondance des laves et des matières enflammées. C'est de là que provient l'apparition de certaines îles qu'on a vu, à diverses époques, surgir au sein des eaux. Les îles d'*Hiéra* et de *Théa*, dans le golfe de Santorin, ont été ainsi formées. Les volcans d'air, les volcans d'eau et de boue ont quelque analogie avec les phénomènes volcaniques bien qu'ils ne soient pas le résultat d'une cause identique. Ces volcans, en effet, sont des cônes de matières terreuses formées par les déjections de matières délayées dans l'eau ; ces matières sont entraînées par les gaz qui se dégagent à différents intervalles du sol. Ces sortes de volcans s'observent particulièrement en Italie. Les terrains où ces phénomènes se produisent sont des terrains humides et fangeux et qui ne présentent aucun des caractères des terrains volcaniques. L'eau de ces volcans est ordinairement salée, c'est pour cette raison qu'on les désigne sous le nom général de *salzes*. — Les *lagonis* sont des amas d'eau produits par des vapeurs qui s'exhalent du sol et se condensent. Au milieu de ces amas d'eau il y a des jets continuels de gaz, et souvent ces gaz se dégagent avec impétuosité. — Les *fontaines ardentes* sont des sources gazeuses ou des jets de gaz qui sont généralement susceptibles de s'enflammer soit naturellement, soit par l'approche d'un corps en ignition.

Questionnaire. — 1. Quels sont les principaux phénomènes de l'époque actuelle? 2. A quels terrains donne-t-on le nom d'alluvion? Comment ces alluvions se forment-elles? Quel phénomène présente le Pô? Que produisent les alluvions à l'embouchure des fleuves? Quels progrès ont faits le Nil, le Rhône et le Pô? Pourquoi donne-t-on à ces atterrissements le nom de delta? 3. Qu'est-ce que les dunes? Dans quel département ce phénomène a-t-il lieu en France? Comment a-t-on pu calculer d'après les dunes l'âge des continents? Quelle conséquence a-t-on tirée sous ce rapport des atterrissements et des tourbières? La science est-elle d'accord sur l'âge de nos continents avec la chronologie de Moïse? 4. Quelle est la cause des tremblements de terre? Dans quelles contrées sont-ils les plus fréquents? Quels effets produisent-ils? Quelle fut la ville détruite en Europe par le tremblement de terre de 1755? 5. Qu'est-ce que les volcans? Où éclatent-ils? Qu'est-ce que le cratère d'un volcan? Qu'aperçoit-on avant l'explosion? Qu'appelle-t-on cendres volcaniques? Qu'est-ce que la lave? Quels sont les volcans les plus célèbres de l'Europe? Quels sont les volcans éteints qu'on remarque en France? Y a-t-il des volcans au sein des mers? Que produisent leurs éruptions? Quelles îles ont-ils formées? Qu'appelle-t-on solfatares, volcans d'eau, volcans de boue, salzes, lagonis, fontaines ardentes?

BOTANIQUE.

—

CHAPITRE I.

NOTIONS GÉNÉRALES.

1. **Définition de la botanique.** — La botanique est la partie de l'histoire naturelle qui a pour objet l'étude des végétaux. Cette science ne consiste pas seulement, comme on le suppose ordinairement, dans la connaissance du nom des plantes et des fleurs, mais elle a surtout pour but de nous apprendre quels sont les organes nécessaires à la vie et à la reproduction de tous les végétaux, la manière dont tous ces organes fonctionnent, et les propriétés utiles de chaque plante. Considérée à ce triple point de vue, la botanique n'est point une science stérile uniquement bonne pour distraire l'homme oisif; c'est au contraire une science éminemment pratique dont on peut retirer les plus grands avantages. Ses lumières servent au perfectionnement de la médecine, de l'agriculture, de l'économie rurale et domestique, aident au développement des arts et de l'industrie et intéressent ainsi l'existence de l'homme en venant au secours de tous ses besoins.

2. **Définition des végétaux.** — Les végétaux sont des êtres *vivants* et *organisés*, et, à ce titre, ils diffèrent des minéraux qui sont des corps bruts ou

BOTANIQUE.

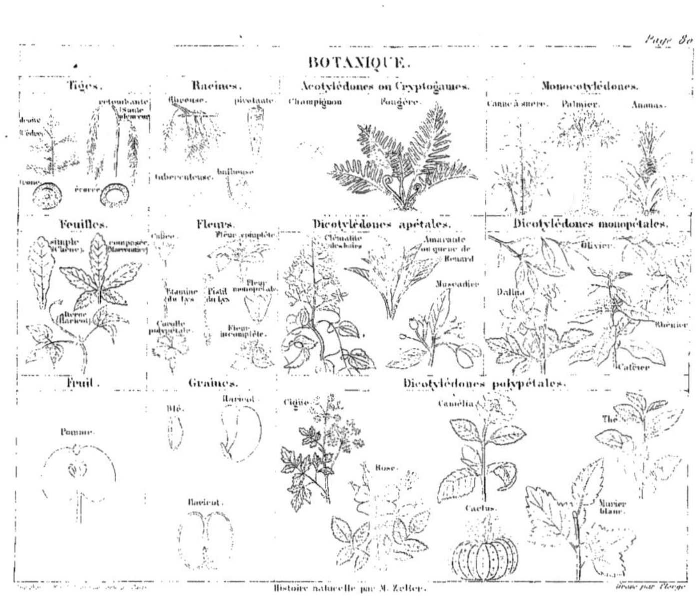

Gravé par Thierry.

[illegible]
[illegible]
[illegible]
[illegible]
[illegible]
[illegible]
pas. [illegible]
l'oxy[illegible]
rec[illegible]
Pe[illegible]
cait[illegible]
toute[illegible]
diffici[illegible]
mes[illegible]
ser[illegible]
qu[illegible]
arb[illegible]
affe[illegible]
nom[illegible]
à sa[illegible]
La [illegible]
est[illegible]
épr[illegible]
co[illegible]

t[illegible]
r[illegible]
a[illegible]
c[illegible]
la [illegible]
tro[illegible]
cou[illegible]
ma[illegible]
cul[illegible]

inorganiques. Il n'est pas aussi aisé de les distinguer radicalement des *animaux,* qui sont également des êtres vivants et organisés. Dans le plus grand nombre des cas, cette distinction est évidente. Les animaux ont la faculté de sentir et d'exécuter des mouvements volontaires tandis que les végétaux ne l'ont pas. Par la respiration, les animaux absorbent l'oxygène de l'air, tandis que les végétaux s'emparent de l'acide carbonique et exhalent l'oxygène. Pendant la nuit les plantes abandonnent l'acide carbonique et absorbent l'oxygène. Cette différence, toute grande qu'elle paraisse, devient cependant difficile à saisir quand on arrive aux limites extrêmes des deux règnes. Il y a des plantes qui paraissent douées de sensibilité et de mouvement autant que certains animaux. Ainsi la *sensitive* est un petit arbuste que les moindres phénomènes extérieurs affectent si extraordinairement qu'on iui a donné le nom de plante sensible. D'un autre côté, le polype, à sa naissance, ressemble beaucoup à une plante. La transition qui unit ces deux ordres de créatures est donc tellement délicate que la science humaine éprouve de la peine à déterminer le point où l'une commence et l'autre finit.

3. IDÉE GÉNÉRALE DES VÉGÉTAUX. — Pour nous en tenir aux notions les plus générales, nous distinguerons d'abord dans les végétaux les parties les plus apparentes. Ce qui nous frappe à la première vue c'est le *tronc* ou la *tige* qui en forme ordinairement la plus grande partie. A l'extrémité supérieure se trouvent les *branches* qui se divisent en *rameaux* couverts de *feuilles.* A l'extrémité inférieure on remarque les *racines* qui sont terminées par des *radicules.* Si l'on ouvre le *tronc* d'un arbre, par exemple, on trouve au milieu la *moelle* qui est enveloppée par différentes couches de bois. Ces couches sont enveloppées elles-mêmes par l'*écorce*. Celles qui en sont les plus rapprochées sont d'un bois plus simple et moins dur qu'on appelle l'*aubier* ou le *bois blanc*. Entre l'écorce et ce bois circule la *séve*, qui est un des principaux fluides nécessaires à l'alimentation de la plante. Pour se reproduire, l'arbre donne des *fleurs*, les fleurs des *fruits*, et les fruits renferment la *graine* ou la *semence*.

Indépendamment de ces organes, on distingue encore dans les plantes les tissus dont elles sont composées. On donne à ces tissus les noms de *cellulaires*, *fibreux* et *vasculaires*.

Le tissu *cellulaire* consiste en une multitude de vésicules remplies d'une substance liquide, demi-fluide ou solide. Ces petites vessies sont étroitement accolées les unes aux autres et ressemblent à des cellules séparées par de simples cloisons. Quand elles sont pressées elles ont la forme des alvéoles des abeilles, et quand elles ne le sont pas elles ont en général une forme arrondie. D'ailleurs leur forme varie indéfiniment, parce qu'elle dépend de la pression plus ou moins grande qu'elles subissent.

Le tissu *fibreux* se compose, comme le tissu cellulaire, de vésicules; mais ces vésicules, au lieu de se développer à peu près également dans tous les sens, s'allongent beaucoup. Elles s'atténuent aux deux extrémités et ont la forme d'un fuseau.

Le tissu *vasculaire* ne diffère du tissu fibreux qu'en ce qu'il est encore plus allongé. Ce tissu se compose de tubes généralement cylindriques qui vont d'une extrémité de la plante à l'autre et qui offrent d'espace en espace des étranglements plus ou moins prononcés. On peut le considérer comme le résultat de plusieurs cellules allongées, placées bout à bout dans la même direction et dont on aurait détruit les cloisons qui interceptaient les fluides.

Ce tissu est composé de vaisseaux destinés à porter la séve et tous les autres sucs dans les diverses parties de la plante. On distingue les vaisseaux *entiers*, les vaisseaux *poreux* et les *trachées*. Les vaisseaux *entiers* remplissent dans la plante les mêmes fonctions que les artères et les veines chez les animaux. Les vaisseaux *poreux* sont ceux qui offrent de distance en distance des solutions de continuité. Les *trachées* sont des tubes cylindriques, effilés à chaque bout et constitués par un ou plusieurs fils enroulés en spirale sans tunique externe. Elles sont dans les plantes l'organe de la respiration. C'est par ces vaisseaux qu'elles aspirent l'air pour le décomposer ensuite et l'assimiler à leur substance.

4. DIVISION GÉNÉRALE DE LA BOTANIQUE. — Telles sont les parties principales des végétaux. Pour embrasser dans toute son étendue la science qui les concerne, il est nécessaire que nous recherchions d'abord la manière dont chaque plante entretient en elle la vie, c'est-à-dire son mode de *nutrition*, puis la manière dont elle se perpétue, c'est-à-dire son mode de *reproduction*.

Dans les plantes les principaux organes de la nutrition sont la *tige*, la *racine* et la *feuille*.

Les fonctions que ces organes remplissent pour nourrir les plantes sont au nombre de six : l'*absorption*, la *circulation*, la *respiration*, la *sécrétion*, l'*excrétion* et l'*assimilation*.

Les organes de reproduction sont la *fleur*, le *fruit* et la *graine*.

Les fonctions qu'ils remplissent pour arriver à leurs fins sont la *fécondation* et la *germination*.

Après avoir ainsi fait connaître d'une manière générale la vie des plantes, nous exposerons les diverses classifications auxquelles on les a soumises, et nous ferons connaître leurs propriétés particulières et leurs divers usages.

QUESTIONNAIRE. — 1. Qu'est-ce que la botanique? Que se propose-t-on dans l'étude de cette science? Quelle en est l'utilité? **2.** Comment peut-on définir les végétaux? Qu'est-ce qui les distingue des minéraux? Y a-t-il une séparation précise et radicale entre le règne animal et le règne végétal? **3.** Quelles sont les principales parties des plantes? Combien y a-t-il de sortes de tissus? Etablissez la différence qu'il y a entre chacun d'eux. Combien distingue-t-on de sortes de vaisseaux? A quoi servent les vaisseaux entiers? — poreux? — les trachées? **4.** Quels sont les deux grands phénomènes que l'on doit observer dans l'étude des plantes? Faites-nous connaître les principaux organes de la nutrition. Quelles fonctions ont-ils à remplir? Désignez les organes de la reproduction. Quelles sont leurs fonctions? Par quelles considérations cette étude devra-t-elle être complétée?

CHAPITRE II.

DE LA TIGE.

1. DÉFINITION. — La *tige* est la partie du végétal qui s'élève en cherchant l'air et la lumière et qui est intermédiaire entre la racine et les feuilles. Toutes les plantes vasculaires ont une tige *ligneuse* ou une tige *herbacée*. On appelle *tiges ligneuses* celles qui sont de bois, comme dans les arbres et les arbrisseaux, et on donne le nom d'*herbacées* à celles qui sont tendres et vertes, comme dans les herbes. Quand la tige ne présente qu'un seul axe, on dit qu'elle est *simple,* mais si à l'axe principal se rattachent plusieurs axes secondaires ou tertiaires, ces divisions et ces subdivisions prennent les noms de *branches, rameaux, ramuscules,* et dans ce cas la tige est *rameuse.*

2. DES DIFFÉRENTES ESPÈCES DE TIGE. — On distingue quatre espèces de tige : le *tronc,* le *stipe,* le *chaume* et la *tige* proprement dite.

Le *tronc* est la tige ligneuse dont nous avons déjà parlé. Il est nu et dépouillé à sa partie inférieure, s'amincit à mesure qu'il s'élève, se divise à une certaine hauteur en branches et en rameaux et se couvre de feuillage. Alors il prend à sa partie supérieure le nom de *cime* ou de *tête.* Tels sont tous les arbres de nos climats.

Le *stipe* est une tige fibreuse qui s'élance comme une colonne cylindre et qui est ordinairement plus grosse au milieu qu'aux deux extrémités. Dans le stipe il n'y a ni écorce ni ramification. Il se termine à son extrémité supérieure par un bouquet de feuilles ; telle est la tige du palmier.

Le *chaume* est la tige du blé, de l'avoine et des autres graminées. Cette tige a la forme cylindrique ; elle est creuse à l'intérieur, et de distance en distance elle présente des renflements qui répondent à la naissance des feuilles et à de petites cloisons qui interrompent sa cavité. Les cloisons forment des nœuds qui ont l'avantage de fortifier la tige et de l'empêcher de se rompre.

La *tige* proprement dite est la tige *herbacée* que nous avons distinguée de la tige *ligneuse* et qui est propre aux plantes désignées sous le nom d'herbes.

3. DES DIFFÉRENTES FORMES DE LA TIGE. — La tige prend une foule de formes. Quelquefois elle manque de force pour s'élever et elle s'étale sur la terre; on dit alors qu'elle est *couchée*. Quand elle s'appuie sur un arbre voisin, comme le lierre, on lui donne le nom de *grimpante*. Si elle s'enroule en spirale autour de son soutien, comme le haricot, elle est appelée *volubile*. Dans les pays chauds ces sortes de plantes sont très-remarquables. On remarque surtout les lianes qui vont du pied d'un arbre à son sommet, et en redescendent pour remonter ensuite, courir de branche en branche, d'arbre en arbre, de manière à former un enlacement inextricable. Dans nos climats, entre les tiges volubiles, il faut considérer celles du haricot et du liseron, du chèvrefeuille et du houblon. La spirale formée par la tige du haricot et du liseron monte toujours de gauche à droite, et celle qui est formée par le chèvrefeuille et le houblon monte de droite à gauche. Quand une tige volubile est *ligneuse* on lui donne le nom de *sarments* comme dans la vigne et le chèvrefeuille. Les tiges *rampantes* sont celles qui projettent horizontalement leurs rameaux; chacun de ces rameaux se termine par une sorte de feuille sous laquelle se trouve un petit paquet de racines qui la fixe au sol. Le fraisier est une plante rampante.

La tige *droite* offre un très-grand nombre de variétés en raison de ses diverses ramifications. Ainsi quelquefois elles se ramifient au niveau du sol ou un peu au-dessous, et il arrive qu'on ne distingue plus la tige première des tiges secondaires. Chacune d'elles peut même être considérée comme un individu à part, et alors on lui donne le nom de *surgeons* ou de *drageons*. Si les rameaux naissent du tronc à une hauteur quelconque et qu'ils suivent une direction ascendante, parallèle à la tige principale, on dit qu'ils sont *dressés*; c'est le cas des peupliers. Quand ils s'écartent du tronc et forment avec lui un angle très-ouvert, comme dans le cèdre du Liban, ils sont *étalés*. Dans la plupart de nos arbres les branches suivent une direction intermédiaire. Quelquefois les rameaux divergent et retombent vers la terre, comme dans le *frêne* et le saule *pleureur*.

Sous le rapport de sa surface la tige varie encore indéfiniment. Elle peut être ronde, triangulaire, et affecter toutes les formes; tantôt elle est unie et lisse, tantôt elle est rude et couverte d'aspérités; quelquefois elle est hérissée de poils ou enveloppée d'un léger duvet, ou encore armée d'épines et d'aiguillons comme dans le rosier et l'aubépine.

4. Des diverses parties du tronc. — On a groupé en deux systèmes toutes les parties dont se compose la tige qu'on appelle tronc. Ces deux systèmes sont le système *ligneux* ou le bois, et le système *cortical* ou l'écorce.

Le système *ligneux* comprend la *moelle*, l'*étui médullaire*, les faisceaux *fibro-vasculaires du bois* et les *rayons médullaires*.

La *moelle* est au centre de la plante. L'espace qu'elle occupe est en rapport avec la consistance de la tige. Dans les plantes herbacées elle est très-considérable, ainsi que dans les tiges ligneuses dont la croissance est rapide, comme le sureau; mais il n'en est pas de même dans les arbres dont le bois est dur, comme le chêne. Elle est abondante, humide et verte dans les jeunes plantes, elle est blanche et sèche dans celles qui sont vieilles. Sa forme varie indéfiniment; elle est ronde, triangulaire, ou carrée, sans que pour cela la tige offre extérieurement ces diverses figures.

La *moelle* est enveloppée d'une couche qu'on a nommée *étui médullaire*. Les faisceaux *fibro-vasculaires* forment par leur réunion ces cercles concentriques qu'on remarque dans un arbre, lorsqu'on l'a coupé transversalement. Les parties intérieures sont plus dures que les parties extérieures. On appelle les premières le *cœur du bois*, et on donne aux secondes le nom d'*aubier* ou de *bois imparfait*. L'aubier est plus tendre que le bois parfait, et dans les arbres dont le bois parfait est rouge ou noir, l'aubier n'a pas cette couleur. Dans les bois qui croissent lentement, comme le chêne, la ligne de démarcation entre l'aubier et le bois parfait est très-sensible, mais elle l'est moins dans ceux dont la croissance est rapide, comme le sapin et le saule. On leur a donné le nom de *bois blancs*, parce que leur tige ne renferme, à proprement parler, que de l'aubier.

Les *rayons médullaires* vont du centre à la circonférence, de la moelle à l'enveloppe cellulaire, et figurent ainsi les rayons d'une roue. Par là même qu'ils forment entre eux de petits triangles ils divisent nécessairement les faisceaux fibro-vasculaires en petites parties qui ont la forme d'un coin émoussé.

Le système *cortical* ou l'écorce comprend les *faisceaux fibro-vasculaires de l'écorce*, l'*enveloppe cellulaire*, l'*enveloppe tubéreuse* et l'*épiderme*.

L'*épiderme* est la membrane extérieure qui enveloppe le végétal. Sous l'épiderme se trouve l'enveloppe *subéreuse*, ainsi nommée parce que c'est elle qui forme le liége dans le *quercus suber*. Elle est formée de cellules cubiques ou prismatiques généralement colorées en brun. Par suite de la croissance de l'arbre cette couche finit par se trouver fortement comprimée; alors elle s'élargit et se fend comme un tronc, ou bien elle se détache de l'arbre et tombe tantôt par plaques comme sur le platane, tantôt par anneaux comme sur le cerisier.

L'*enveloppe cellulaire* est une couche de cellules polyédriques, à parois épaisses, vertes et pendantes, qui double intérieurement l'enveloppe tubéreuse. Sa couleur lui a fait donner vulgairement le nom de *couche verte*. Les *faisceaux fibro-vasculaires* de l'é-corce forment à proprement parler les couches corticales. Ces fibres sont plus blanches, plus longues et plus résistantes que celles du bois. Leur marche est généralement rectiligne, et elles forment diverses couches qui se séparent nettement et facilement comme les feuillets d'un livre, et c'est pour ce motif qu'on a donné à leur ensemble le nom de *liber*. On s'en sert pour la fabrication des fils, des tissus et des cordes. Le lin et le chanvre ne sont pas autre chose.

5. DE L'UTILITÉ QUE L'HOMME RETIRE DE CETTE PARTIE DE LA PLANTE. — Dans quelques plantes on tire également un parti fort avantageux de l'enveloppe subéreuse. Cette partie de l'écorce prend un très-grand développement, par exemple, dans l'espèce particulière de chêne qui produit le liége. Tous les huit ou neuf ans cette partie de l'écorce tombe d'elle-même, ou bien on l'enlève plus souvent encore sans aucun danger pour l'arbre, et l'industrie s'en empare pour faire un objet de commerce. Dans d'autres arbres l'écorce donne à la médecine des remèdes salutaires, ou elle offre à l'art de la teinture un moyen de varier et de fixer les couleurs. Le bois est encore plus utile que l'écorce. C'est avec les tiges des grands arbres que nous nous construisons des habitations, que nous fabriquons nos meubles, que nous échauffons nos foyers. Les tiges herbacées sont aussi pour nous des aliments et des remèdes, et à ce titre on peut dire que les végétaux ne sont pas seulement pour l'homme un objet d'agrément, mais des choses de première nécessité.

QUESTIONNAIRE. — 1. Qu'est-ce que la tige? Qu'est-ce qu'une tige ligneuse? — herbacée? — rameuse? 2. Combien distingue-t-on d'espèces de tige? Qu'est ce que le tronc? — le stipe? — le chaume? — la tige proprement dite? 3. Quelles sont les différentes formes de la tige? Décrivez la tige couchée, — grimpante, — volubile, — rampante. — Qu'est-ce qu'un sarment? Quelles variétés offre la tige droite? Quelles variétés offre-t-elle sous le rapport de sa surface? 4. Quelles sont les diverses parties dont le tronc se compose? Comment est composé le système ligneux? Décrivez la moelle, — l'étui médullaire, — les faisceaux fibro-vasculaires, — les rayons médullaires. Comment est composé le système cortical? Décrivez-en toutes les parties. Quelle utilité retire-t-on du *liber* dans l'écorce? 5. Fait-on quelque usage de l'enveloppe subéreuse? A quoi peuvent servir les écorces des arbres? Que fait-on des tiges ligneuses et herbacées?

CHAPITRE III.

DE LA RACINE.

1. DÉFINITION. — La *racine* est la partie du végétal qui se développe toujours en sens inverse de la tige. Au lieu de s'élever elle tend toujours à s'enfoncer en terre. Outre cette disposition particulière elle diffère encore de la tige en ce qu'elle ne verdit jamais, même sous l'influence de l'air et de la lumière, et ne peut en aucun cas produire normalement des feuilles.

La structure de la racine est d'ailleurs généralement analogue à celle de la tige. Son tissu cellulaire, ses fibres et ses vaisseaux ne sont que la continuation des parties correspondantes de la tige. Ordinairement il n'y a dans la racine ni moelle, ni étui médullaire ; mais cette observation demande exception pour quelques arbres, qui, comme le noyer, ont des branches radicales où l'on retrouve la moelle de la même manière que dans le tronc.

2. DES DIFFÉRENTES PARTIES DE LA RACINE. — L'endroit qui sépare la racine de la tige se nomme le *collet* ou le *nœud vital*. Cet endroit n'est pas toujours facile à déterminer. Au-dessous du *collet* se trouve le *corps* de la racine. La partie la plus rapprochée du collet prend le nom de *base,* et celle qui en est la plus éloignée celui de *sommet.* Le sommet de la racine et le sommet de la tige sont donc les deux extrémités du végétal. A sa partie inférieure la racine se partage ordinairement en filaments déliés ; ce sont les *radicelles* ou le *chevelu.*

Les racines des plantes ne s'enfoncent pas seulement dans la terre. Il y en a qui s'implantent dans les branches des arbres, comme le gui. On les appelle *parasites*, parce qu'elles se nourrissent des sucs d'une plante étrangère. D'autres s'attachent à leurs racines, comme la clandestine. Beaucoup de plantes aquatiques flottent librement à la surface de l'eau et y distribuent leurs racines.

3. DES DIFFÉRENTES ESPÈCES DE RACINES. — On

peut considérer les racines sous le rapport de leur formation, de leur durée et de leurs apparences extérieures.

Sous le rapport de la formation on distingue des racines communes les racines *adventives* et les racines *aériennes*. Les racines *adventives* sont celles que produisent les plantes rampantes, comme le fraisier, ou qu'on obtient par la *marcotte* en mettant en terre le rameau d'une simple tige. C'est de cette manière que se reproduisent les œillets. On donne à ces racines le nom d'*adventives,* parce qu'elles naissent en dehors des circonstances ordinaires sur des points qui ne paraissaient pas destinés à les produire. Les racines *aériennes* sont celles que produit la tige elle-même à une certaine hauteur, comme dans le lierre, qui s'attache par ce moyen aux arbres et aux murailles.

Sous le rapport de la durée, on distingue les racines *annuelles*, *bisannuelles* et *vivaces*. Les racines *annuelles* sont celles qui ne durent qu'un an, comme celles du blé, de l'avoine et des céréales. Les racines *bisannuelles* durent deux années. La plante à laquelle elles appartiennent ne fleurit et ne porte semence que la seconde année, après quoi elle meurt. Les racines *vivaces* sont celles des végétaux dont la tige dure un très-grand nombre d'années, comme les arbres. On donne aussi ce nom aux racines des végétaux dont la tige meurt chaque année, sans que les racines perdent pour cela leur vigueur et leur fécondité. Telles sont les asperges, dont la tige ne dure qu'un an, mais dont la racine conserve pendant une longue période sa force productive.

Quant à la forme extérieure des racines, on peut les distinguer en quatre groupes principaux : les racines *pivotantes*, les racines *tuberculeuses*, les racines *bulbeuses* et les racines *fibreuses*.

La racine *pivotante* est celle dont le corps se développe sous une forme conique verticale, comme la racine de la carotte ou du navet. Les racines *tuberculeuses* sont celles qui se renflent en corps solides et charnus, comme la pomme de terre. Les racines *bulbeuses* consistent en un plateau dont la base est garnie de radicelles et dont la partie supérieure porte un oignon, comme dans les lis et les tulipes. Les racines *fibreuses* sont aussi appelées racines *composées*, par opposition aux autres espèces de racines, qu'on appelle en général racines *simples*. Leur base est multiple et renferme une foule de filaments très-minces plus ou moins cylindriques, comme le chiendent.

4. DE L'USAGE QU'ON FAIT DES RACINES. — Un grand nombre de racines, comme les truffes, les pommes de terre, les carottes et les légumineuses en général, servent d'aliments à l'homme. La médecine en emploie aussi une multitude comme médicaments. Dans la teinture, on en emploie aussi plusieurs avec avantage. Il y a même un certain nombre de plantes qui n'ont de bon que leurs racines.

QUESTIONNAIRE. — 1. Qu'entend-on par la racine d'un végétal ? Quelle différence y a-t-il entre la tige et la racine ? Quelle est la structure de la racine ? 2. Combien distingue-t-on de parties dans la racine ? Enumérez-les. Toutes les racines s'enfoncent-elles en terre ? Comment peuvent-elles naître autrement ? 3. Combien distingue-t-on d'espèces de racines ? Qu'est-ce que les racines adventives ? Qu'est-ce que les racines aériennes ? Qu'appelle-t-on racines annuelles, bisannuelles et vivaces ? Qu'est-ce qu'une racine pivotante ? — tuberculeuse ? — bulbeuse ? — fibreuse ? 4. Quel usage fait-on des racines ? Dans quelle science et dans quel art les emploie-t-on ? La racine est-elle quelquefois la partie la plus utile de la plante ?

CHAPITRE IV.

DES FEUILLES.

1. DESCRIPTION DES FEUILLES.—On appelle *feuilles* les expansions latérales de la tige. Elles sont ordinairement de couleur verte et de forme lamellaire. La partie de la feuille la plus rapprochée de la **tige** prend le nom de *base,* et on appelle *sommet* celle qui en est la plus éloignée. La face *supérieure* **est** celle qui est tournée vers le haut de la tige, et la face *inférieure* celle qui regarde la terre. La **face** supérieure est ordinairement plus lisse, plus ferme, et la face inférieure, d'une couleur plus terne, se couvre le plus souvent d'un duvet cotonneux. La ligne de jonction des deux faces forme le *bord* de la feuille.

2. DES DIVERSES PARTIES DE LA FEUILLE. — **Les** vaisseaux et les fibres de la tige, en se prolongeant, forment dans la feuille mille ramifications qu'on appelle *nervures.* Ces nervures, en se croisant, forment des mailles qui sont remplies par un tissu cellulaire qu'on appelle *parenchyme.* Lorsque **le** parenchyme remplit complétement tous les vides, la feuille devient épaisse et charnue, et prend **le** nom de feuille *grasse.* Toutes ces parties réunies produisent le *limbe* ou la *lame* de la feuille. La queue légère qui porte la feuille est appelée par les **bota-**

nistes le *pétiole*. Quand le pétiole s'élargit pour s'étendre autour de la tige, on donne le nom de *gaîne* à la partie qui s'est ainsi dilatée.

Toutes les feuilles n'ont pas un limbe, un pétiole et une gaîne. Quand elles n'ont pas de gaîne on dit qu'elles sont *pétiolées*; si elles n'ont ni gaîne, ni pétiole, comme les feuilles du blé, elles portent le nom de feuilles *sessiles*.

3. DES DIFFÉRENTES ESPÈCES DE FEUILLES. — Nous distinguerons d'abord les feuilles *aériennes*, qui se développent dans l'air, et les feuilles *submergées*, qui se forment sous les eaux. Leur structure n'est pas la même. Les feuilles submergées n'ont ni faisceaux fibro-vasculaires, ni épiderme; c'est pour cette double cause que, lorsqu'elles sont retirées de l'eau et soumises à l'action de l'air, elles se déforment et se dessèchent.

Parmi les feuilles aériennes, on distingue les feuilles *simples* et les feuilles *composées*. La feuille est simple quand le limbe, supporté par le pétiole, ne forme qu'un tout continu, quelle que soit d'ailleurs sa forme. Telles sont les feuilles du tilleul, du chêne et de la plupart des arbres. Les feuilles sont *composées* quand plusieurs feuilles simples sont réunies sur un pétiole commun, comme dans le marronnier.

Sous le rapport de la forme, les feuilles sont très-variées. Elles sont *pennées*, c'est-à-dire disposées comme des barbes de plume, comme dans l'acacia; *lancéolées*, ou rétrécies vers l'extrémité en fer de lance, comme les feuilles du troëne; *dentées*, ou découpées à la façon d'une scie, comme dans la primevère; *sagittées*, en fer de flèche, comme dans le liseron; *elliptiques*, *triangulaires*, *quadrangu-*

laires, etc. Nous n'essayerons pas d'être ici complet dans notre énumération, parce qu'il faudrait la poursuivre indéfiniment.

Par rapport à la tige qui les porte, les feuilles sont *radicales, caulinaires* ou *raméales.* Elles sont *radicales* quand elles apparaissent à la base même de la tige, près de la racine ; elles sont *caulinaires* quand elles naissent sur la tige elle-même, et on leur donne le nom de *raméales* quand elles sortent des rameaux. Le nœud qui les produit prend le nom de *nœud vital.*

Quand le nœud n'en produit jamais qu'une seule, elles sont *alternes.* Dans ce cas, elles ne sont jamais éparses et sans ordre sur la tige ou le rameau qui les porte ; elles sont toujours disposées en spirale, allant de droite à gauche ou de gauche à droite. C'est ce qu'on peut observer à l'égard des feuilles du tilleul ou de la fève. Si le même nœud produit deux feuilles, placées de chaque côté de l'axe, comme dans le lilas, on dit qu'elles sont *opposées*; lorsqu'il en produit un plus grand nombre, elles forment alors autour de la tige une sorte de collerette, un *verticille*, comme dans la garance ; elles portent alors le nom de *verticillées.*

Les feuilles affectent toutes les couleurs imaginables : elles sont vertes, rouges, jaunes, dorées, argentées ; quelques-unes répandent une odeur exquise, d'autres fatiguent par une odeur très-désagréable, surtout quand on les froisse entre les doigts.

Leur durée est loin d'être uniforme. Les unes sont *caduques* et *annuelles*, comme celles du noyer et du tilleul. Tous les ans, à l'approche de l'automne, elles commencent par changer de couleur et finissent par tomber. Celles qui durent plus longtemps sont appelées *persistantes*, et on leur donne les surnoms de *bisannuelles*, *trisannuelles*, suivant qu'elles durent deux ou trois ans. Dans le pin, le genévrier, le buis, et dans tous les arbres qu'on désigne sous le nom d'arbres verts, les feuilles persistent plus d'un an et ne se renouvellent que partiellement. C'est ce qui fait que ces arbres paraissent toujours chargés de verdure.

4. Des bourgeons. — Lorsque la feuille est tombée, au moment où la végétation commence à reprendre son activité, on remarque, à l'endroit même que la feuille occupait, un *bourgeon* qui doit donner naissance à une feuille nouvelle. Dans nos climats, ce bourgeon est enveloppé de feuilles qui le protégent contre le froid et ses rigueurs. La plupart des plantes ont la propriété latente de faire naître ces bourgeons, soit sur leurs racines, soit sur leur tige, soit sur leurs feuilles. Duhamel, ayant planté un arbre par ses branches, a vu les racines libres se couvrir de feuilles et les rameaux enterrés produire des racines. Mais ce phénomène se remarque bien plus souvent sur la tige. Il suffit, par exemple, de couper la tête d'un saule ou d'un peuplier pour qu'on voie, peu de temps après, la tige de ces arbres produire des bourgeons nouveaux de distance en distance.

5. De l'utilité des feuilles. — Indépendamment de l'agrément que les feuilles nous procurent, en récréant notre vue et en nous offrant de l'ombrage, elles ont encore l'avantage de nous servir d'aliments et de contribuer à nous fournir des boissons agréables et salutaires. L'art et la science en tirent un profit analogue à celui que nous avons remarqué à l'occasion de la tige et de la racine. Elles servent en outre d'engrais à la terre, et on sait les employer avantageusement pour divers besoins de l'économie domestique.

Questionnaire. — 1. Qu'appelle-t-on feuille ? Qu'est-ce que le sommet de la feuille ? Qu'est-ce que la base ? Quelle est sa face inférieure ? Quelle est sa face supérieure ? 2. Enumérez les principales parties de la feuille. De quoi se compose le limbe ? Qu'est-ce que le pétiole ? Qu'est-ce que la gaîne ? Toutes les feuilles ont-elles ces différentes parties ? Quels noms donne-t-on à celles qui n'en ont qu'une ? 3. Quelle différence y a-t-il entre les feuilles aériennes et les feuilles submergées ? Quelles sont les feuilles simples ? Quelles sont les feuilles composées ? Quelle variété nous offrent les feuilles sous le rapport de la forme ? Quels noms prennent-elles ? Comment peuvent-elles être différenciées par rapport à la tige qui les produit ? Qu'appelle-t-on feuilles alternes ? — opposées ? — verticillées ? — Quelle variété offrent-elles par rapport à la forme ? Quelle est la diversité de leur durée ? 4. Qu'est-ce que le bourgeon ? Où naît-il ? Dans quelles parties des plantes apparaît-il ? 5. A quoi servent les feuilles ? Quel profit l'homme en retire-t-il ? Quel effet produisent-elles sur la terre après leur chute ?

CHAPITRE V.

DE L'ABSORPTION ET DE LA CIRCULATION.

Après avoir décrit les principaux organes des plantes, la tige, la racine et les feuilles, nous allons examiner les fonctions de ces organes dans l'entretien de la vie. Nous avons dit que ces fonctions se réduisaient à six : l'*absorption*, la *circulation*, la *respiration*, la *sécrétion*, l'*excrétion*, et l'*assimilation*. Nous nous occuperons donc successivement de chacune de ces fonctions.

De l'absorption.

1. DE L'ABSORPTION EN GÉNÉRAL. — L'absorption est cette force par laquelle les organes introduisent dans un être vivant les substances capables de le nourrir. Dans la plante, l'organe qui accomplit ordinairement cette fonction, c'est la racine. Il y a des plantes qui, comme le cactus ou le cierge du Pérou, ne tirent pas leur nourriture du sol. Elles la puisent dans l'atmosphère, et leurs racines ne servent qu'à les fixer. Mais presque tous nos végétaux doivent à leurs racines la vie qui les anime.

Les parties qui remplissent cette fonction dans les racines sont les fibrilles et leurs ramifications les plus récentes. Elles s'enfoncent dans la terre, s'allongent en divers sens et sucent tous les fluides voisins. Pour se rendre compte de leur force d'absorption, il suffit de les plonger dans un vase rempli d'une liqueur colorée; insensiblement on voit le tissu de la plante changer de couleur, et on est ainsi prévenu de l'ascension du liquide. Pour se démontrer que c'est bien par ses radicelles que la plante absorbe le fluide et non par le corps de la racine qui offre une surface beaucoup plus considérable, on fait plonger dans l'eau l'extrémité seule des fibrilles, et on remarque que la végétation s'entretient. Si au contraire on ne plonge dans l'eau que l'extrémité supérieure de la racine et qu'on tienne les radicelles en dehors, bientôt on s'aperçoit que la plante s'étiole et languit, parce que l'absorption s'est affaiblie.

2. DES SUBSTANCES QUE LES PLANTES ABSORBENT. — Les substances que les plantes absorbent sont :

l'*eau*, l'*acide carbonique*, l'*ammoniaque*, l'*oxyde d'ammonium*, l'*acide azotique*, le *soufre*, les *alcalis* et les *sels minéraux*. — L'eau provient des pluies et de l'humidité de l'air. Dans les grandes sécheresses, on a soin d'arroser, parce que la végétation est impossible dans un air sec et dans un sol aride. — L'acide carbonique provient d'abord des pluies qui entraînent ce que l'atmosphère en renferme, puis de l'*humus* ou du terreau qui, en se décomposant dans l'eau et au contact de l'air, dégage une très-grande quantité de cet acide. L'*oxyde d'ammonium*, l'*ammoniaque* et l'*acide azotique* ont aussi leur source dans l'air et les engrais.

Quant au soufre, aux alcalis et à toutes les autres matières minérales qui constituent la terre labourable, toutes ces substances sont dissoutes par l'air qui les pénètre et qui les entraîne ensuite avec elle pour les faire pomper et absorber par les racines des végétaux. Pour se rendre compte de toutes les substances minérales absorbées par une plante, il suffit de la brûler ; comme les matières végétales sont seules détruites par le feu, ce qui reste après la combustion, les *cendres*, ne renferment que des minéraux qu'il est ensuite facile d'analyser.

De la circulation.

3. DE LA CIRCULATION EN GÉNÉRAL. — L'eau chargée de toutes les substances qu'elle a dissoutes prend le nom de *séve* ou de *lymphe*. La séve remplit dans les plantes absolument les mêmes fonctions que le sang dans le corps des animaux. Elle va de la racine à l'extrémité de la tige et de l'extrémité de la tige à la racine et exécute ainsi un mouvement analogue à celui du sang, et que les botanistes, à l'exemple des médecins, ont désigné sous le nom de *circulation*. Elle est d'ailleurs, comme le sang, renfermée dans des vaisseaux qui lui servent de canaux, et elle sert à l'alimentation des végétaux, de la même manière que le sang vivifie les animaux.

4. DE LA SÉVE ASCENDANTE. — La séve monte par le système ligneux. On peut s'en convaincre par une expérience bien simple. Elle consiste à plonger dans un liquide coloré une branche d'arbre récemment coupée. On voit le liquide monter et colorer les parties qui environnent la moelle, tandis que l'aubier et l'écorce conservent leur couleur primitive.

Le mouvement de la séve a toujours la même activité dans les climats dont la température est élevée. Mais dans nos contrées il se ralentit davantage en hiver et ne reprend qu'au printemps. Dans quelques végétaux la séve est alors très-abondante. Ainsi la vigne, lorsqu'on la taille, en répand une très-grande quantité qui tombe en gouttelettes, et que les vignerons appellent pour ce motif les *pleurs de la vigne*. Lorsqu'on a coupé un arbre, un chêne par exemple, on voit aussi le tronc se couvrir abondamment de cette séve. Généralement la séve ascendante est un liquide limpide, innocent, qui est quelquefois agréable au goût. On fait en Allemagne une boisson avec la séve du bouleau, en Amérique celle de l'érable donne du sucre, et on fait du vin avec celle du palmier.

La *séve du printemps* donne à toutes les parties des végétaux leur forme et leur consistance. Quand le végétal est arrivé à son entier développement, il ne fait plus que réparer ses pertes journalières et préparer les sucs nécessaires pour le printemps de l'année suivante. Si l'année est précoce, la plante utilise ses sucs avant l'automne, et les phénomènes du printemps se renouvellent ; c'est ce qu'on appelle la *séve d'août.*

5. DE LA SÉVE DESCENDANTE. — Quand la séve ascendante est arrivée à l'extrémité de la tige et qu'elle a été distribuée dans les feuilles, elle subit alors au contact de l'air, dont elle n'est séparée que par une légère membrane, des modifications considérables, et elle redescend ensuite des feuilles jusqu'aux extrémités des racines par le tissu cellulaire, les fibres et les vaisseaux de l'écorce. Pour reconnaître le mouvement de la séve descendante, il suffit de faire une entaille sur l'écorce d'un arbre et de pénétrer jusqu'à l'aubier. On verra découler de la partie supérieure de l'entaille une très-grande quantité de séve, tandis que la partie inférieure ne fera que suinter assez légèrement.

La séve *descendante* n'a point le même caractère que la séve ascendante. En général c'est un liquide visqueux qui renferme tous les aliments nécessaires à la nutrition de la plante. Les botanistes le désignent sous le nom de *cambium.* Ses propriétés et sa couleur varient suivant l'espèce du végétal. Il est jaunâtre dans le pavot, résineux dans le pin, laiteux dans les euphorbes et vénéneux dans certaines plantes.

QUESTIONNAIRE. — **1.** Qu'est-ce que l'absorption dans les plantes? Par quel organe a-t-elle lieu? Toutes les plantes ont-elles des racines? Par quelles parties les plantes fonctionnent-elles? Quelle expérience a-t-on faite à ce sujet? **2.** Quelles sont les substances que les végétaux absorbent? D'où proviennent ces substances? Comment reconnaît-on dans les végétaux l'existence des matières minérales? **3.** Qu'est-ce

que la séve? Décrivez en général le phénomène de la circulation. 4. Quelles parties suit dans le végétal la séve ascendante? Par quelle expérience peut-on s'en assurer? Quelles
sont les propriétés de la séve ascendante? A quelle époque
se met-elle en mouvement dans nos contrées? Comment se
produit la séve d'août? 5. Quelles voies suit la séve descendante? Comment pourrait-on se démontrer qu'elle descend
réellement? Quelle est la nature de la séve descendante?
Quel nom lui ont donné les botanistes?

CHAPITRE VI.

DE LA RESPIRATION ET DE LA SÉCRÉTION.

L'absorption des aliments et la circulation du sang
ne sont pas les seuls phénomènes nécessaires à la
vie des êtres organiques. L'animal respire et digère
les aliments qu'il a reçus. Or, la première opération
dans la digestion consiste à extraire des matériaux reçus des sucs particuliers qui sont ensuite employés
à divers usages. Cette fonction porte le nom de *sécrétion*. Les plantes se trouvant, sous ce double rapport, dans des conditions analogues à celles des animaux, nous traiterons donc successivement de ces
deux fonctions de nutrition.

De la respiration.

1. DE LA RESPIRATION EN GÉNÉRAL. — Quand la
séve ascendante est arrivée dans les feuilles et qu'elle
est sur le point de changer de direction pour descendre par le système cortical, les modifications
qu'elle éprouve, par suite du contact de l'air et de
la lumière, constituent les éléments de la *respiration*.

La plante aspire les gaz qui lui conviennent et rejette ceux qui pourraient nuire à son organisation. On a observé que les végétaux absorbent le carbone qui se trouve dans l'atmosphère et dégagent l'oxygène que le gaz acide carbonique renferme.

« Comparé à la respiration des animaux, le phénomène de la respiration des végétaux est tout à fait inverse. Car les animaux s'emparent de l'oxygène que les plantes rejettent et rejettent l'acide carbonique dont s'emparent les plantes. Les uns restituent ainsi à l'air les principes que les autres lui empruntent, et les pertes de l'atmosphère se trouvent ainsi incessamment compensées par la respiration combinée des êtres organisés des deux règnes; les vents se chargent ensuite de transporter les éléments constitutifs de l'air, là où ils pourraient manquer, et maintiennent l'équilibre et l'uniformité de sa composition (1). » C'est ainsi que la Providence, si admirable dans ses œuvres, perpétue la vie dans la création par l'effet seul des lois si simples et si sages qu'elle a établies.

2. DE L'INFLUENCE DES PLANTES SUR L'ATMOSPHÈRE. — Par là même que les plantes aspirent le carbone, qui est mortel pour l'homme et les animaux, et qu'elles expirent l'oxygène qui est l'air vital pour tous les êtres animés, il s'ensuit qu'elles contribuent à purifier l'atmosphère. Aussi l'air est-il toujours plus pur et plus vivifiant dans les lieux couverts d'arbres et de végétaux. C'est pourquoi on conseille aux malades dont l'organisation est faible de se promener dans les bois au printemps pour reprendre des forces.

(1) Milne-Edwards et Achille Comte.

Mais il est à remarquer qu'il n'y a dans les plantes **que** les parties vertes qui exhalent l'oxygène et absorbent le carbone. L'écorce, les racines, les fruits, les fleurs et en général toutes les parties qui ne sont pas **vertes** produisent le phénomène opposé, c'est-à-dire qu'elles exhalent beaucoup de carbone et absorbent l'oxygène. La plante entière fonctionne de la même manière si elle est privée de lumière et renfermée dans un endroit obscur. Nous en dirons autant d'une plante coupée et mourante. Insensiblement la respiration cesse en elle, et l'*exhalation* la remplace. Elle ne répand plus autour d'elle que du gaz acide carbonique et vicie entièrement l'air. C'est pour ce motif qu'il est très-dangereux d'entasser dans un appartement des fruits, des fleurs ou d'autres végétaux, et de ne pas renouveler l'air; on risque d'être asphyxié.

3. DE L'ÉVAPORATION. — Comme il y a transpiration insensible sur toute la surface du corps des animaux, il y a pareillement transpiration ou évaporation à la surface de toutes les plantes. Cette évaporation se fait par le moyen des vaisseaux qui entretiennent la respiration. Dans certaines plantes l'évaporation est si abondante qu'elle produit à leur surface de petites gouttelettes fines et brillantes qu'on est tenté d'attribuer à la rosée. Le pavot, le chardon à foulon nous offrent ce phénomène d'une manière très-sensible.

La prospérité de la plante dépend du maintien de l'équilibre entre l'absorption et l'évaporation. Si l'évaporation l'emporte sur l'absorption, la plante perd plus qu'elle ne gagne et se dessèche. C'est ce qui arrive dans les grandes chaleurs. L'absorption est moindre, puisque le sol est aride et renferme moins de sucs nourriciers, mais l'évaporation est beaucoup plus considérable, parce que les rayons du soleil l'activent. On remédie à cet inconvénient soit en abritant la plante et en lui épargnant une chaleur extrême, ce qui ralentit l'évaporation, soit en l'arrosant et en lui fournissant de nouveaux sucs à pomper, ce qui augmente l'absorption. Pendant l'été, les jardiniers sont sans cesse occupés à favoriser la végétation des légumineuses, en s'efforçant par ce double moyen de maintenir l'équilibre entre l'absorption et l'évaporation.

De la sécrétion.

4. DE LA SÉCRÉTION EN GÉNÉRAL. — Nous avons vu que les substances dont les plantes se nourrissent sont : l'eau, l'acide carbonique, l'ammoniaque, l'oxyde d'ammonium, l'acide azotique, le soufre, les alcalis et les sels minéraux. Par suite de la sécrétion, ces substances sont changées en matières solides comme le bois, ou en matières molles et pâteuses comme les cires et les résines, ou en matières liquides comme la séve, les huiles volatiles et les huiles grasses, ou en matières gazeuses. On reconnaît la présence de ces dernières en ouvrant sous l'eau les vaisseaux et les cellules qui les renferment. Elles s'échappent alors sous la forme de petits globules, et il est aisé de les recueillir à la surface de l'eau et d'en apprécier la nature.

5. DES COULEURS. — Les couleurs dans les végétaux sont l'effet d'une matière colorante, liquide ou demi-liquide, qui se voit à travers les parois des cellules. Cette matière colorante est presque toujours suspendue dans un liquide incolore, et elle est plus ou moins foncée suivant que celui-ci est plus ou moins prédominant. Quand il n'y a pas de matière colorante dans un végétal, il nous paraît blanc. En analysant toutes les nuances, on est arrivé à distinguer deux séries, dont l'une a pour couleur radicale le *jaune* et l'autre le *bleu*. Ces deux couleurs, en se mélangeant dans des proportions différentes, produisent le *vert* et le *rouge*, et toutes les nuances intermédiaires entre ces deux tons extrêmes. De plus, la même couleur se trouve encore modifiée par la quantité plus ou moins grande du liquide dans lequel elle est suspendue, et c'est ce qui produit cette richesse infinie que la Providence a déployée dans tous les tableaux que la végétation nous présente.

6. Des odeurs. — Les odeurs résultent en général de l'impression que produisent sur l'odorat les particules émanées des substances volatiles. Les feuilles, le bois, les racines, en un mot toutes les parties des plantes sont susceptibles d'être odoriférantes. Mais cette propriété se remarque particulièrement dans les fleurs. Elle varie en raison de l'activité des fonctions vitales de la plante, au point que si l'on vient à couper une fleur, son exhalation odorante ira toujours en diminuant. — Les odeurs quand elles sont fortement concentrées sont nuisibles à la santé. Elles agissent sur le système nerveux, et causent des maux de tête très-violents : c'est pour ce motif qu'il ne faut pas placer dans un appartement un trop grand nombre de fleurs, et qu'il y a toujours du danger à stationner longtemps près d'un sureau à l'époque de la floraison.

7. Des saveurs. — Les substances solubles que les végétaux renferment peuvent affecter le goût d'une manière particulière. Les matières les plus nutritives ne sont cependant pas celles qui ont le plus de saveur. On remédie à cet inconvénient en ajoutant à ces matières fades et presque insignifiantes des substances d'une saveur très-prononcée qu'on ne pourrait supporter si elles étaient seules. Ce sont les acides et les épices. La lumière et la chaleur sont les deux agents principaux qui donnent aux plantes leur vertu nutritive et leur saveur. L'art de celui qui les cultive consiste donc à connaître quelles sont celles qui demandent beaucoup d'air et de lumière pour être bonnes et agréables, et quelles sont celles qui n'en exigent que fort peu. C'est ainsi que les jardiniers exposent au soleil les melons, les ananas, les pêches et les raisins, tandis qu'ils élèvent les laitues à l'ombre et qu'ils enveloppent le cardon et le céleri pour les faire blanchir.

QUESTIONNAIRE. — 1. Qu'est-ce que la respiration opère dans les plantes ? Quel gaz les plantes absorbent-elles ? Quelle différence y a-t-il sous ce rapport entre les plantes et les animaux ? Qu'en résulte-t-il pour l'atmosphère ? 2. De quelle manière les plantes purifient-elles l'atmosphère ? En quel endroit l'air est-il le plus pur ? Dans quelles circonstances les plantes vicient-elles l'atmosphère ? Qu'arriverait-il si l'on entassait dans un appartement une très-grande quantité de végétaux ? 3. Comment l'évaporation s'opère-t-elle ? Laisse-t-elle parfois des traces extérieures ? Dans quelles conditions l'évaporation doit-elle avoir lieu pour que la plante prospère ? Pourquoi arrose-t-on les plantes en été ? 4. Quel changement la sécrétion opère-t-elle dans les sucs absorbés par les plantes ? En quelle substance ces sucs sont-ils convertis ? Comment reconnaît-on dans les plantes la présence des gaz ? 5. Qu'est-ce qui produit dans les plantes le phénomène de la couleur ? Quelles sont les couleurs principales ? Comment se modifient-elles ? 6. D'où proviennent les odeurs en général ? Quelles sont dans les plantes les parties qui en exhalent ?

Quel est le danger des odeurs trop fortes ? 7. Quelles sont dans les plantes les substances qui affectent le goût ? Les matières nutritives sont-elles toujours celles qui ont le plus de saveur ? Quels sont les agents qui ont le plus d'influence sur les substances sapides et nutritives ? En quoi consiste l'art du jardinier ? Quelles précautions est-il obligé de prendre pour rendre les plantes tout à la fois nutritives et agréables ?

CHAPITRE VII.

DE L'EXCRÉTION ET DE L'ASSIMILATION.

Parmi les substances élaborées et transformées par la sécrétion, les unes sont propres à nourrir le végétal et les autres lui sont inutiles. Il s'empare de celles qui lui conviennent et se les identifie : c'est ce qu'on appelle l'*assimilation*. Il rejette au contraire celles qu'il ne peut mettre à profit, et c'est ce qu'on nomme l'*excrétion*. Ce sont les deux dernières fonctions de nutrition dont il nous reste à parler.

De l'excrétion.

1. DE L'EXCRÉTION EN GÉNÉRAL. — Dans les plantes, l'excrétion n'est pas encore un fait absolument constaté. On a cru cependant reconnaître dans les racines les organes par lesquels l'excrétion s'opère, et on a considéré les grumeaux gélatineux qui se trouvent autour de beaucoup de racines comme le résidu de la séve descendante. Cette opinion s'accorde parfaitement avec le phénomène de la circulation, et c'est ce qui la rend vraisemblable.

Par la présence de ces grumeaux on a aussi expliqué la sympathie ou l'antipathie que les plantes ont les unes pour les autres. Ainsi ces grumeaux étant inutiles ou nuisibles aux plantes qui aiment les mêmes aliments, il ne faut pas que ces plantes se succèdent dans le même endroit. Au contraire, ils peuvent être utiles aux plantes qui se nourrissent de principes différents ; et c'est pour ce motif qu'on dit que ces dernières sont sympathiques aux premières. Mais on peut expliquer ce phénomène d'après la nature même du terrain. Car chaque plante ne se nourrissant que d'une espèce de suc, on conçoit qu'avec le temps elle épuise entièrement la partie du sol qu'elle a occupée. Si on la remplace par une plante semblable, celle-ci ne trouvera plus l'élément qui lui convenait. Elle s'affaiblira et finira par périr.

L'excrétion véritable n'étant pas constatée, on a donné le nom d'*excrétions végétales* aux liquides plus ou moins épais qui découlent de certains végétaux, et qui ne sont que de simples exsudations de matières utiles. C'est ainsi que le pin et le sapin produisent la résine, le frêne de Calabre la manne, et plusieurs arbres des contrées équinoxiales la gomme élastique ou le caoutchouc.

De l'assimilation.

2. De l'assimilation en général. — *L'assimilation*, comme nous l'avons déjà dit, consiste dans le travail d'élaboration qui a pour résultat l'accroissement de la plante. C'est par l'assimilation que se forment et que se multiplient les organes élémentaires, tels que le tissu cellulaire et les vaisseaux fibro-vasculaires ; mais il n'est pas aisé d'expliquer ce mystère fondamental de la vie organique. Sans entrer ici dans aucun détail superflu, nous nous contenterons de dire d'une manière générale que ces organes paraissent être le résultat du *cambium* qui s'organise sous l'écorce, partie en faisceaux fibro-vasculaires et partie en cellules. Mais, tout en nous tenant en dehors des systèmes, nous présenterons ici des observations incontestables sur l'accroissement des tiges, des racines et des feuilles, ce qui nous conduira à quelques détails très-intéressants sur la durée des végétaux.

3. DE L'ACCROISSEMENT DES TIGES. — Dans les arbres de nos climats, l'accroissement de la tige a lieu tout à la fois en hauteur et en grosseur. L'accroissement en hauteur résulte des nouveaux jets que les tiges poussent chaque année à leur sommet. Ces jets ne sont que le développement des bourgeons terminaux qu'on remarque à l'extrémité des branches.

L'accroissement en grosseur s'explique par l'addition des couches nouvelles que le cambium dépose chaque année entre le bois et l'écorce. Dans la première année, une tige ne renferme que les parties essentielles au système cortical et au système ligneux. Ils n'offrent l'un et l'autre qu'une seule couche, et la moelle est très-abondante. La seconde année, une nouvelle couche se forme entre le bois et l'écorce et adhère au bois, qui présente alors deux couches; la troisième année, le même fait se renouvelle et ainsi successivement.

D'après ces observations, on peut connaître l'âge d'un arbre; il suffit de le scier en deux, et de compter toutes les couches concentriques qu'offre le système ligneux. Il est à remarquer cependant que dans quelques arbres, comme le cactus, ces couches ne sont pas distinctes. Dans ceux où elles **sont** très-faciles à remarquer, elles ne sont pas toujours très-régulières. Ces irrégularités tiennent à la différence de température et à la diversité **des** mouvements de la séve dans les différentes **parties** de l'arbre.

Ces couches sont plus ou moins épaisses, suivant que l'arbre a crû plus ou moins rapidement. **Le** même arbre a lui-même divers degrés de croissance, en raison de son âge. Quand il est vieux, sa croissance devient plus lente et plus régulière. Nous avons déjà fait remarquer que les couches récentes sont plus tendres et généralement plus blanches **que** les couches anciennes, et que c'était là ce qui établissait une différence entre le bois imparfait, **ou** l'aubier, et le bois parfait, ou le cœur du bois.

4. De l'accroissement des racines et des feuilles. — Les racines croissent en longueur et en grosseur de la même manière que les tiges, avec cette seule différence qu'au lieu de croître en s'allongeant dans toute l'étendue de leurs parties comme les tiges et les branches, elles ne s'étendent qu'à **leur** extrémité. Dans les feuilles, le système limbaire se développe le premier, la gaîne apparaît presque **en** même temps que le limbe, mais c'est le pétiole **qui** se forme le dernier. Les feuilles simples croissent dans le sens de leur largeur, plus sensiblement **par** leur milieu que par leurs bords; les nervures secondaires qui en forment la structure s'allongent constamment par les parties les plus voisines de la nervure du milieu, qui est la nervure principale.

5. De la greffe. — Toutes les observations qu'on a faites sur la constitution organique des plantes **et** sur leurs fonctions de nutrition ont appris à multiplier les arbres de même famille et à varier la beauté de leurs fleurs et la saveur de leurs fruits, au moyen d'un procédé particulier qu'on appelle la *greffe*. Cette opération, très-vulgaire d'ailleurs, consiste à réunir deux arbres en un seul, en implantant le rameau ou le bourgeon de l'un sur la tige ou sur les branches de l'autre. Le bourgeon ou le rameau implanté prend le nom de *greffe*, et l'individu qui le reçoit celui de *sujet*.

Pour réussir, il faut que les parties analogues du sujet et de la greffe soient parfaitement unies, que le liber soit joint avec le liber, l'aubier avec l'aubier, et que le cambium corresponde avec le cambium. Il n'est pas moins nécessaire que la séve soit également en mouvement dans la greffe et le sujet, et qu'ils aient la même constitution organique. C'est pour ce motif qu'il faut toujours que les deux arbres soient de même genre et de même famille, comme le cerisier et le prunier, le cognassier et le poirier, le lilas et le frêne.

La greffe a l'avantage de donner des fruits plus beaux et meilleurs, de régénérer les arbres qu'on appelle *sauvages*, parce qu'ils sont nés sur un mauvais terrain, comme les poiriers et les pommiers qu'on trouve dans les forêts, et d'économiser le temps, en produisant au bout de quelques années de magnifiques arbres qui auraient demandé un temps fort long si on eût voulu les faire venir par un autre moyen.

6. DE LA DURÉE DES VÉGÉTAUX. — Les végétaux, comme tous les autres êtres, sont soumis à la loi fatale de la mortalité. Mais en général les arbres durent très-longtemps comparativement aux animaux. Ainsi des tilleuls ont pu vivre plus de 1200 ans; un lierre et un platane plus de quatre siècles; des cyprès plus de trois siècles; des ifs ont pu atteindre l'âge de 1280, de 1458 et de 2880 ans. Un oranger du couvent de Sainte-Sabine a été planté par saint Dominique en 1200; l'oranger de Versailles, nommé le François Iᵉʳ, paraît avoir, d'après la tradition, plus de 400 ans. Des cèdres ont dépassé 800 ans d'existence, et des chênes 15 à 16 siècles. On cite un châtaignier qui se trouve à Sancerre et qui, il y a 600 ans, portait déjà le nom de *gros châtaignier*. Mais l'arbre le plus célèbre par son extrême longévité est le baobad, qui vit au Sénégal. Un botaniste anglais, Adanson, en a remarqué un qui, trois siècles auparavant, avait été observé par deux voyageurs, et, en creusant la tige de cet arbre, il y trouva l'inscription qu'ils y avaient écrite recouverte de trois cents couches ligneuses; il a pu juger ainsi de la quantité dont ce végétal gigantesque avait crû en trois cents ans, et, en comparant cette quantité avec le diamètre de l'arbre, il a évalué à plus de cinq mille ans la durée probable de son existence (1). Il y a sans doute eu de l'exagération dans ce calcul, mais le fait n'en est pas moins très-remarquable.

QUESTIONNAIRE. — 1. L'excrétion est-elle un fait bien constaté? Dans quelles parties de la plante a-t-on pensé la reconnaître? Qu'appelle-t-on vulgairement excrétions végétales? 2. En quoi consiste l'assimilation? Comment se forment les cellules et les faisceaux fibro-vasculaires? 3. Comment croissent les tiges? Comment croissent-elles en longueur? Comment croissent-elles en grosseur? Que trouve-t-on dans la plante après la première année? — après la seconde? — après la troisième? Est-il possible de connaître l'âge d'un

____

(1) **Milne-Edwards et Achille Comte,** *Botanique.*

arbre? Qu'offrent de particulier ces couches ou zones annuelles? Quelle est l'épaisseur de ces couches? Quelle est la nature des couches récentes? 4. Comment croissent les racines? Quelle différence y a-t-il entre les racines et les tiges sous le rapport de leur croissance en longueur? Quelles sont les parties qui se développent les premières dans les feuilles? Comment croît le limbe de la feuille dans le sens de sa largeur? 5. Qu'appelle-t-on greffe? Qu'appelle-t-on sujet? Dans quelles conditions la greffe et le sujet doivent-ils être pour réussir? Quels sont les avantages de la greffe? 6. Quelle est la durée des végétaux? Est-elle plus considérable que celle des animaux? Quels sont les végétaux qui durent le plus longtemps? Citez parmi les arbres quelques exemples de longévité extraordinaire.

CHAPITRE VIII.

DE LA FLEUR.

1. DES MODES DE REPRODUCTION EN GÉNÉRAL. — En étudiant les organes de la nutrition et leurs fonctions, nous avons vu que les végétaux avaient divers moyens de se reproduire. Les boutures du saule, les marcottes de l'œillet, les greffes d'arbres, les yeux de la pomme de terre, les caïeux des bulbes sont autant de faits qui prouvent que, dans un certain nombre de plantes, les organes de la nutrition ont la faculté de suppléer les parties essentielles qui leur manquent et de perpétuer par là même l'espèce à laquelle ils appartiennent. Mais ce mode de reproduction peut être appelé artificiel. La reproduction naturelle ne s'opère point ainsi par division, par séparation ou par insertion. Les végétaux sont munis d'organes particuliers dont ils se servent pour se perpétuer. Ces organes sont : la fleur, le fruit et la graine. Nous allons les décrire, et nous ferons ensuite connaître leurs fonctions.

2. DÉFINITION DE LA FLEUR. — Vulgairement on appelle *fleur* l'enveloppe brillante qui frappe la vue par l'éclat de ses couleurs. Cette enveloppe, que les botanistes appellent *calice* ou *corolle*, n'est qu'une partie accessoire de la fleur. Plusieurs plantes ont une fleur sans avoir cette enveloppe brillante; tels sont le noyer, le chêne, le sapin, le saule, etc. Les parties essentielles qui constituent véritablement la fleur sont celles qui concourent à la reproduction de la plante; on leur a donné le nom d'*étamines* et de *pistil*. Quand une fleur manque de ces deux organes indispensables, elle reçoit le nom de fleur *neutre*, parce que, dans ce cas, le calice et la corolle ne sont qu'un développement inutile. Les fleurs pourvues d'étamines et de pistil, mais qui n'ont ni calice, ni corolle, sont appelées *achlamydées*, et si elles ont un calice sans corolle on les appelle *apétales*. Les fleurs *complètes* possèdent tout à la fois un *calice*, une *corolle*, des *étamines* et un *pistil*. Nous avons hâte d'expliquer tous ces termes, sans l'intelligence desquels on ne peut bien comprendre la nature de la fleur.

3. DU CALICE. — Le calice est l'enveloppe la plus intérieure de la fleur. Il peut être formé d'une ou de plusieurs pièces, que l'on appelle *sépales*. On lui donne le nom de *monosépale* quand il est composé d'une seule pièce, et celui de *polysépale* quand il est composé de plusieurs. La forme du calice varie infiniment. Il est appelé *tubuleux* quand il ressemble à un tube très-allongé, comme dans la primevère; *conique*, quand il a la forme d'un cône, comme dans le grenadier; *campanulé*, quand il représente une cloche; *cylindrique, prismatique, anguleux, sillonné*, etc., suivant qu'il affecte toutes les formes que ces mots indiquent. Quant à sa durée, on dit qu'il est *fugace* ou *passager* s'il tombe avant l'épanouissement de la fleur, comme dans le pavot; *caduc*, s'il ne tombe qu'avec la corolle après la fécondation, comme dans les renoncules; *persistant*, s'il reste attaché à la plante pendant que le fruit mûrit, comme dans les légumineuses, les violacées, etc. Quand la fleur a une corolle le calice est ordinairement vert, mais quand il n'y a pas de corolle il prend les teintes les plus brillantes et les plus variées, comme dans la tulipe.

4. DE LA COROLLE. — La corolle est la seconde enveloppe de la fleur. Elle est placée entre le calice et les étamines. Elle est composée d'une ou de plusieurs feuilles qu'on nomme *pétales*. Quand elle n'a qu'un pétale on l'appelle *monopétale*, et on dit qu'elle est *polypétale* lorsqu'elle en a plusieurs. Le tissu des pétales est plus délicat que celui des sépales, et leur face intérieure est toujours plus brillante que leur face extérieure. Ce sont d'ailleurs les corolles qui produisent ces doux parfums qui nous embaument et cette variété de couleurs qui nous ravit. Depuis le blanc le plus pur jusqu'au noir le plus foncé, il n'y a pas une seule teinte qu'elles n'affectent. Une même plante produit souvent des fleurs de différentes couleurs, et il arrive aussi que la même fleur varie pendant la journée. C'est ainsi que la fleur du glaïeul est brune le matin et blanche le soir, et que chaque jour elle renouvelle ces mêmes alternatives.

Sous le rapport de la forme la corolle présente toutes les variétés que nous avons observées à l'égard du calice et des feuilles. Elle peut être *tubulée,* comme dans le lis ; *campanulée,* comme dans le liseron ; *papilionacée* ou disposée en ailes de papillons, comme dans le pois ; *rosacée,* comme dans la rose simple ; *cruciforme* ou disposée en croix, comme dans le cresson ; *rotacée* ou en roue, comme dans le bouillon-blanc et la bourrache, etc. Sous le rapport de la durée, elle est appelée *fugace, caduque* ou *persistante* suivant le temps plus ou moins long qu'elle met à tomber.

Le calice et la corolle ne servent dans la fleur qu'à protéger le pistil et les étamines, et à favoriser ainsi leur action sur la graine. Les botanistes les comprennent sous le nom général de *périante* ou de *périgone* pour donner à entendre que ces parties ne sont qu'accessoires, et que si elles sont nécessaires à certaines fleurs, d'autres savent s'en passer. Les seuls organes essentiels sont les *étamines* et le *pistil.*

5. DES ÉTAMINES. — Les *étamines* sont placées entre la corolle et le pistil. Elles ont beaucoup d'analogie avec les pétales, et la culture les transforme facilement en ces derniers. C'est ce phénomène qui produit ce qu'on appelle les fleurs doubles. On distingue trois choses dans les étamines, l'*anthère,* le *pollen* et le *filet.*

L'*anthère* occupe le sommet ou la partie supérieure de l'étamine. Il ressemble assez au limbe d'une feuille étroite qu'on aurait reployée sur elle-même. Ordinairement l'anthère renferme deux cavités ou sachets facilement reconnaissables par leur proéminence de chaque côté du sillon qui les sépare. Ces petites cavités contiennent une poussière très-fine qui est le *pollen.* Considéré au microscope, le pollen paraît composé d'une foule de petits grains bien arrondis. Ces grains, arrivés à leur état de maturité, sont revêtus d'une double membrane, l'externe qui est plus épaisse et l'interne qui est plus transparente et plus élastique. Cette dernière renferme une matière fluide épaisse, de petits corpuscules souvent mêlés à des gouttelettes d'huile ou à des grains de fécule. Cette matière porte le nom de *faville*. C'est elle qui achève de former la graine.

Le *filet* est une espèce de pédicule qui porte l'anthère. Il a ordinairement la forme d'un petit cylindre effilé, mais cette partie n'est pas essentielle aux étamines. Quand elle manque, on dit que la fleur est *sessile*. Il remplit, comme on le voit, pour l'étamine le même office que le pétiole ou la queue pour la feuille.

6. Du PISTIL. — Le *pistil* occupe le centre de la fleur et se trouve par conséquent au milieu des étamines. Tantôt il est unique et tantôt il est multiple. Il se divise aussi en trois parties, l'*ovaire*, le *style* et le *stigmate*. L'ovaire est la partie inférieure du pistil. A sa surface interne sont attachés de petits corps qui ressemblent à de très-petits œufs et qui, pour ce motif, se nomment *ovules*. Ce sont ces petits corps qui sont destinés à devenir plus tard des graines. Le *style* est le prolongement mince et délié de l'ovaire. Il est creux à l'intérieur et forme ainsi un petit canal qu'on nomme *tissu conducteur*. Il est plus ou moins long, selon la nature des fleurs, et il prend différentes directions qui le font appeler vertical, arqué, réfléchi, etc. Le *stigmate* repose sur le style et n'est que l'épanouissement de son tissu conducteur. Il présente à sa surface des cellules plus ou moins allongées en raison de la hauteur du pistil. Ces cellules sont destinées à recevoir le pollen. Dans les fleurs qui n'ont pas de style, le stigmate repose immédiatement sur l'ovaire, et on dit qu'il est *sessile*.

Le pistil renferme les ovules, et l'étamine a la puissance de changer ces ovules en graines propres à produire une nouvelle plante. La ressemblance des ovules avec les œufs a porté à comparer le pistil à la femelle qui pond les œufs, et on appelé *fleurs femelles* celles qui ont seulement le pistil. En suivant la même comparaison on a appelé *fleurs mâles* celles qui ont seulement des étamines. Les plantes qui ont à la fois pistile et étamine s'appellent *hermaphrodites* : ce mot, tiré du grec, signifie *mâle et femelle*.

QUESTIONNAIRE. — 1. Comment les végétaux peuvent-ils se reproduire? Quels sont les divers modes de production artificielle? Quels sont leurs organes naturels de reproduction? 2. De quelles parties se compose la fleur? Qu'appelle-t-on fleur vulgairement? Quelles sont les parties accessoires de la fleur? Quelles sont ses parties essentielles? Qu'appelle-t-on fleurs achlamydées? — apétales? Qu'est-ce qu'une fleur neutre? Qu'est-ce qu'une fleur complète? 3. Qu'est-ce que le calice d'une fleur? Comment nomme-t-on les parties dont il se compose? Quelle variété peut-il offrir sous le rapport de la forme? Quels sont les divers noms par lesquels on exprime toutes ces variétés? Qu'appelle-t-on calice fugace? — caduc? — persistant? 4. Qu'est-ce que la corolle? Quelle différence y a-t-il entre le tissu de la corolle et celui du calice? Quelles couleurs reflète-t-elle? Quelles sont ses diverses formes? A quoi servent le calice et la corolle? Sous quel nom général les botanistes désignent-ils cette enveloppe protectrice de la fleur? 5. Qu'est-ce que les étamines? Combien de parties renferment-elles? Qu'est-ce que l'anthère? Qu'est-ce que le pollen? Où est la matière fécondante? En quoi consiste-t-elle? Qu'est-ce que le filet? Est-il essentiel? 6. Qu'est-ce que le pistil? En combien de parties se divise-t-il? Qu'est-ce que le style? Est-il essentiel? Qu'est-ce que le stigmate? Qu'offre-t-il à sa surface? Qu'appelle-t-on fleurs mâles? — femelles? — hermaphrodites?

CHAPITRE IX.

DE L'INSERTION, DE L'INFLORESCENCE ET DE LA FLORAISON.

1. DE L'INSERTION DES PARTIES DE LA FLEUR. —
On appelle *insertion* la position que les étamines
occupent par rapport au pistil et à la corolle ainsi
qu'au calice. De Jussieu a pris ce fait pour une des
bases de sa classification. Il distingue trois espèces
d'insertions. Si les étamines sont situées au-dessous
de l'ovaire, comme dans l'œillet, on dit qu'elles
sont *hypogynes*. Si elles semblent naître du calice,
qu'elles lui soient adhérentes autour du pistil,
comme dans le rosier, on les appelle *périgynes*.
Enfin, si elles s'insèrent sur le pistil même et
qu'elles naissent de l'ovaire, comme dans le nar-
cisse et le safran, on les nomme *épigynes*. Mais il
n'est pas toujours aisé de distinguer ces différents
modes d'insertion, et c'est ce qui rend ce moyen
de classification plus ou moins contestable dans
l'application.

2. DE L'INFLORESCENCE. — Nous entendons ici par
inflorescence la disposition des fleurs dans chaque
espèce de plante et leur arrangement sur l'axe qui
les porte. La fleur peut avoir un support particulier
de la même manière que la feuille. Le support prend
le nom de *pédoncule*, et s'appelle vulgairement la
queue de la fleur. Toutes les fleurs portées sur un
pédoncule sont dites *pédonculées* ; celles qui sont
placées immédiatement sur les branches et les ra-

meaux sans aucun soutien intermédiaire sont dites *sessiles.*

La disposition des fleurs sur leur axe offre les formes les plus variées. Si les axes secondaires sont peu développés et que les fleurs soient presque sessiles, on a un *épi*, comme dans la verveine, le blé, l'orge, etc. Si les axes secondaires sont assez développés, et qu'ils se ramifient d'une manière assez régulière autour de l'axe principal, on a une *grappe* comme dans la vigne. Si les ramifications des axes secondaires et tertiaires se disposent en pyramide, on obtient un *thyrse* comme dans le lilas et le marronnier d'Inde. Si les axes secondaires arrivent tous à la même hauteur, tout en partant de points différents, leur ensemble formera une espèce de parasol à branches inégales, et l'inflorescence sera un *corymbe*. Le corymbe est simple quand les axes secondaires ne se divisent pas, comme dans le poirier, et il est composé quand ils se divisent en axes tertiaires comme dans le mille-feuille et l'olivier des bois. Si les axes secondaires se développent seuls et qu'ils partent, comme autant de rayons, d'un même point, ils produisent ainsi un parasol à branches égales qu'on nomme *ombelle,* comme dans la carotte.

Toutes ces inflorescences sont appelées *indéfinies,* parce que les axes des végétaux ne portent point dans ces divers cas de fleurs à leur extrémité; ils peuvent s'allonger indéfiniment. Il n'en est pas de même des axes qui sont terminés par une fleur, leurs diverses inflorescences sont comprises sous le nom collectif de *cimes.* Une des plus remarquables dans nos contrées est celle du sureau.

3. DE LA FLORAISON. — Les fleurs sont d'abord

renfermées dans des bourgeons analogues à ceux des feuilles et qu'on nomme boutons. Dans certaines plantes la fleur reste longtemps sous cette enveloppe avant de se produire. La fleur du palmier reste ainsi cachée pendant une ou plusieurs années. Quand elle est arrivée au terme de sa croissance et que, sous l'influence de l'air, de la lumière et de la chaleur, elle étale ses couleurs au grand jour, ce phénomène est celui de la floraison. Toutes les plantes ne fleurissent pas au même âge. En général les herbes fleurissent dès la première année, quelques-unes cependant ne fleurissent qu'à la seconde. Les arbres sont moins précoces. Ils ne fleurissent qu'après deux, trois ou quatre ans.

La floraison dépend beaucoup des accidents de la température. Suivant qu'une saison est plus ou moins chaude, plus ou moins pluvieuse, la floraison peut être avancée ou retardée. Toutefois ces changements ne sont pas considérables, et on peut toujours assigner à chaque plante l'époque où elle fleurit. En tout temps il y a dans nos climats des plantes en fleurs. Les unes fleurissent en été, les autres en hiver, celles-ci au printemps, celles-là en automne. Mais c'est dans le mois de juin qu'il y en a un plus grand nombre.

4. Calendrier de Flore. — En observant l'époque à laquelle chaque plante fleurit dans nos contrées, on a composé un calendrier appelé *calendrier de Flore,* où l'on désigne les mois de l'année d'après les fleurs qu'ils voient naître. Nous reproduisons ici ce calendrier tel qu'il a été composé d'après le climat de Paris :

Janvier.	L'*ellébore noir*, le *perce-neige*, le *bois gentil*, le *peuplier blanc*.
Février.	Le *noisetier*, le *saule*, le *cresson*.
Mars.	L'*amandier*, le *pêcher*, l'*abricotier*, la *giroflée*, la *primevère*, l'*anémone*, le *groseillier épineux*, l'*if*, le *buis*.
Avril.	Le *prunier*, le *poirier*, le *charme*, le *bouleau*, l'*orme*, la *tulipe*, la *jacinthe*, la *pervenche*, le *pin*, le *frêne*, le *pissenlit*.
Mai.	Le *pommier*, le *cerisier*, le *fraisier*, le *marronnier*, le *chêne*, le *lilas*, le *muguet*, la *pivoine*.
Juin.	Le *tilleul*, la *vigne*, le *lin*, le *seigle*, le *froment*, l'*avoine*, le *coquelicot*, la *sauge*, la *ciguë*, le *pied-d'alouette*.
Juillet.	L'*œillet*, le *chanvre*, le *houblon*, la *laitue*, la *chicorée sauvage*, la *menthe*, la *carotte*.
Août.	Le *romarin*, le *sainfoin*, le *bluet*, la *scabieuse*, la *balsamine* des jardins, la *gratiole*, la plupart des *astres*.
Septembre.	Le *lierre*, le *safran*, l'*œillet d'Inde*, le *lis*, la *fève*, la *guimauve*, le *réséda*, le *haricot*.
Octobre.	L'*aunée*, la *bardane*, les *bruyères*, le *topinambour*.
Novembre.	La *tanaisie*, la *verveine*, la *véronique*.
Décembre.	Le *thlaspi*, les *lichens*, les *mousses*.

L'époque de la floraison dépend exclusivement du climat. Dans les pays plus chauds que les nôtres elle avance, et dans les pays plus froids elle retarde. Ainsi l'amandier, qui fleurit à Paris au mois de mai, ne fleurit en Allemagne qu'au mois d'avril, et en Suède ou à Christiania, dans les premiers jours de juin, tandis que dans le Midi, à Smyrne, par exemple, il est en fleurs dans la première quinzaine de février.

5. Horloge de Flore. — Les fleurs qui paraissent dans le même temps ne se développent souvent et ne se ferment pas toutes dans la journée à la même heure. Les unes s'ouvrent plus tôt, les autres plus tard. En observant chacune d'elles, Linnée a formé une horloge analogue au calendrier que nous venons de reproduire et l'a appelée pour le même motif *Horloge de Flore*. A Paris, cette horloge est ainsi distribuée :

HORLOGE DE FLORE.

A 4 h. du matin s'ouvre le		*liseron des haies.*
A 5 h.	—	la *crépide des toits.*
A 6 h.	—	la *scorzonère.*
A 7 h.	—	les *laitues*, les *nénuphars.*
A 8 h.	—	le *mouron des champs.*
A 9 h.	—	le *souci des champs.*
A 10 h.	—	la *glaciale.*
A 11 h.	—	le pourpier, l'ornithogale à ombelle, qu'on nomme pour ce tif la *dame d'onze heures.*
A midi.	—	la plupart des *ficoïdes.*
A 2 h. du soir	—	la *crépide rouge.*
A 6 h.	—	le *pavot à tige nue.*
A 7 h.	—	l'*hémérocalle safranée.*
A 8 h.	—	la *belle de nuit*, le *cierge grandiflore.*
A 10 h.	—	le *liseron à fleurs pourpres.*

6. DE L'UTILITÉ DES FLEURS. — Les fleurs n'étant que la préparation du fruit et de la graine, on peut dire qu'elles sont utiles à l'homme au même titre que les fruits et les graines dont elles sont la condition indispensable. Mais indépendamment de cet avantage général, elles ont encore une foule de vertus particulières : elles servent à la médecine et aux arts, comme les racines et les tiges, et si elles entrent rarement dans les aliments qui sont la base de la nourriture de l'homme, elles le récréent du moins par l'immense variété de leurs couleurs et la douceur de leurs parfums. Elles ont pour nous tant d'attraits que l'horticulture s'est toujours épuisée en soins aussi ingénieux qu'assidus pour en multiplier les espèces. Nous ne pouvons donc trop admirer la Providence, qui a su sous ce rapport ménager ses dons avec tant d'art et de sagesse, que non-seulement à toutes les époques de l'année nous avons le spectacle de quelques fleurs nouvelles, mais encore à toutes les heures du jour, dans la belle saison, nous les voyons successivement s'ouvrir pour étaler devant nous toutes leurs merveilles.

QUESTIONNAIRE. — 1. Qu'est-ce que l'insertion? Combien y a-t-il d'espèces d'insertions? Caractérisez chacune d'elles. A quoi sert-il de distinguer ainsi toutes ces différentes espèces d'insertion? 2. Qu'appelle-t-on inflorescence? Qu'est-ce que le pédoncule? Comment appelle-t-on les fleurs qui ont un pédoncule? Comment appelle-t-on celles qui n'en ont pas? Qu'est-ce qui forme l'épi? — la grappe? — le thyrse? — le corymbe? — l'ombelle? — Qu'appelle-t-on inflorescence indéfinie? Que produisent les inflorescences définies? Quelle est la plus remarquable cime dans nos contrées? 3. Qu'est-ce que la floraison? A quel âge les fleurs fleurissent-elles? Dans le même climat de quoi dépend l'époque plus ou moins avancée de la floraison? Avons-nous en tout temps des fleurs dans nos contrées? 4. Qu'est-ce que le calendrier de Flore? Faites-nous-le connaître tel qu'il a été composé pour Paris? Quelle influence a le climat sur la floraison? 5. Toutes les fleurs s'ouvrent-elles à la même heure dans la journée? Qu'est-ce que l'horloge de Flore? Par qui a-t-elle été composée pour Paris? Faites-nous-la connaître. 6. De quelle utilité sont les fleurs en général? Quelles sont leurs vertus particulières? Quels avantages en retire l'homme? Qu'y a-t-il d'admirable dans la dispensation que la Providence nous a faite de ces magnifiques présents?

CHAPITRE X.

DES FRUITS ET DE LA GRAINE.

1. Du fruit en général. — Vulgairement on appelle fruits les produits des arbres fruitiers, comme les poires, les pommes, les cerises, etc. Mais nous donnerons ici à ce mot un sens beaucoup plus étendu. Nous désignerons en général l'ovaire d'une fleur quelconque, arrivé à son état de perfection. Quand les étamines et le pistil ont rempli leurs fonctions, ils disparaissent. Les anthères et le stigmate se flétrissent d'abord, les filets et les stipes ne tardent pas à les suivre, vient ensuite le tour de la corolle. En général le calice est plus persistant, ses folioles ne tombent pas même quand il est adhérent à l'ovaire. Après avoir reçu la poussière du pollen, l'ovaire subit de grands changements. L'ovule qu'il renfermait devient apte à reproduire la plante et prend le nom de *graine*, et la partie qui enveloppait l'ovule reçoit le nom de *péricarpe*. Le fruit se compose de ces deux parties et constitue ainsi l'ensemble du péricarpe et des grains.

2. Description du péricarpe. — On distingue dans le *péricarpe* ou l'enveloppe de la graine trois parties : l'*épicarpe*, le *mésocarpe* et l'*endocarpe*.

L'*épicarpe* est la membrane la plus extérieure du fruit. C'est ce qu'on désigne vulgairement sous le nom de peau, dans les fruits comestibles, comme la cerise, l'abricot, la pêche. Quand le calice est adhérent à l'ovaire, son enveloppe s'ajoute à l'épicarpe et l'épaissit comme dans la poire et la pomme. L'épicarpe peut être unie, luisante comme dans la cerise, veloutée comme dans la pêche, velue comme dans le pivoine mâle, armée de pointes aiguës comme dans le marronnier d'Inde.

Le *mésocarpe* est la partie qu'on appelle chair dans la cerise, l'abricot et la pêche. Il est placé entre l'épicarpe et l'endocarpe. Dans certains fruits il est charnu, dans d'autres il est sec, fibreux, coriace. Telle est sa nature dans l'amande et la noix. Pour ces fruits, le mésocarpe est la partie verte qu'on désigne vulgairement sous le nom de brou. Dans l'orange le mésocarpe uni à l'épicarpe forme la peau; dans le melon c'est la partie qu'on mange.

L'*endocarpe* est la partie qui enveloppe la graine. Il est ordinairement mince et transparent. Quelquefois le ligneux vient accroître son épaisseur et s'attacher aux cellules du mésocarpe. Alors il forme un noyau dur et cassant comme dans la pêche, la prune, la cerise et l'abricot. Dans la noix, l'endocarpe est cette enveloppe dure et cassante qui protége la graine. Dans l'amande cette coque est plus mince. Dans la poire et la pomme, l'endocarpe est cette enveloppe écailleuse qui renferme les pepins. Dans l'orange, c'est la membrane très-fine qui recouvre tous les quartiers.

3. DESCRIPTION DE LA GRAINE. — La graine est la partie du fruit renfermée dans le péricarpe. C'est elle qui renferme le corps destiné à reproduire le végétal. On distingue dans la graine deux parties : l'une accessoire et l'autre essentielle. La partie accessoire est le *tégument* ou l'enveloppe qui sert à la protéger, et la partie essentielle est l'amande qui renferme le *germe* ou *embryon*.

Le *tégument* n'est que la peau qui recouvre l'amande, et on pourrait le comparer à la coquille qui enveloppe et protége l'œuf chez les animaux. Plusieurs graines n'ont pas d'autres parties accessoires, mais il y en a où l'on trouve entre l'embryon et l'écorce extérieure une matière intermédiaire, qui est quelquefois nutritive, comme dans le blé, ou grasse comme dans le ricin. On donne à cette matière accessoire le nom d'*albumen*.

L'*embryon*, ou la partie essentielle de la graine, est le rudiment de la plante nouvelle que la graine est destinée à produire. C'est une plante en miniature, et on y distingue trois parties principales : la *radicule*, la *plumule* et les *cotylédons*.

La *radicule* est la grande racine qui est toujours simple à la première époque de la génération, mais qui tend, comme la racine, à s'enfoncer en terre où elle ne tardera pas à se ramifier. La *plumule* est la jeune tige qui n'est que le prolongement de la radicule, mais qui tend à se développer en sens inverse. Elle s'élève pendant que la radicule descend. Les *cotylédons* sont des appendices latéraux qui représentent les premières feuilles. Ils paraissent destinés à fournir à la plante ses premiers aliments et varient en nombre.

Tantôt il n'y en a qu'un seul, et la plante est appelée *monocotylédone*; tantôt il y en a deux ou plusieurs, et on dit que la plante est *dicotylédone*. Pour les végétaux qui n'ont pas de graines, comme la mousse et les champignons, on les nomme *acotylédons*. De là s'est formée la grande division des végétaux en trois classes : les *monocotylédons*, les *dicotylédons* et les *acotylédons*.

4. Des différentes espèces de fruits. — Parmi

les principales espèces de fruits nous distinguerons la *capsule*, la *silique*, la *gousse*, le *fruit à noyau*, le *fruit à pepins*, la *baie* et le *cône*. — La *capsule* est un fruit dont l'enveloppe sèche et membraneuse renferme la graine, comme dans le pavot. — La *silique* est un fruit plus long que large, qui se compose de deux *valves* ou battants. A l'époque de la maturité, ces deux valves se détachent de bas en haut, et les graines se trouvent des deux côtés retenues par une mince cloison. C'est ce qu'on peut observer dans le chou et la giroflée. — La *gousse*, ou *légume*, est formée, comme la silique, de deux battants que vulgairement on appelle cosses. Elle varie beaucoup dans sa forme; elle est gonflée dans le pois chiche, gonflée et très-allongée dans les haricots et les fèves, tournée en spirale dans la luzerne, et elle affecte une foule d'autres modifications. — Le *fruit à noyau* a le péricarpe ordinairement formé d'une chair molle et succulente, comme la prune, la cerise, l'abricot, la pêche. — Le *fruit à pepins* est aussi très-facile à reconnaître. Sa chair est plus ou moins succulente, et en outre il renferme de petites cloisons membraneuses qui contiennent de petits grains qu'on appelle *pepins*. La pomme et la poire en sont des exemples familiers. — La *baie* est un fruit mou et charnu qui n'a pas de noyau et dont la graine ressemble à de petits pepins. On lui donne quelquefois le nom de *grain* quand elle est succulente et demi-liquide, comme dans le raisin et la groseille. — Le *cône* est un fruit qui a la forme pyramidale. Il se compose d'écailles appliquées les unes sur les autres et attachées par leur extrémité à un axe commun. Quand il naît sur le pin, on l'appelle *pomme de pin*.

5. DE L'UTILITÉ DES FRUITS ET DES GRAINES. —
Nous avons eu l'occasion de constater jusqu'à présent l'utilité des tiges et des racines, des feuilles des fleurs, en un mot de toutes les parties de la plante, mais c'est surtout sur les fruits et les grains que nous devons spécialement attirer l'attention ; car de tous les éléments qui constituent les végétaux, il n'en est point qui soient aussi avantageux à l'homme. Il se nourrit principalement de fruits et de graines, et il y a un très-grand nombre d'animaux servant à son agrément et à son utilité, qui n'ont point d'autres aliments. On a remarqué d'ailleurs que les fruits sont généralement en rapport avec les besoins de chaque contrée. Dans les pays chauds, où l'on est très-altéré, ils sont très-sucrés et très-rafraîchissants ; et dans les pays froids, où l'on a d'autres dispositions, ils sont plus âpres et moins attrayants. Les graines sont aussi employées à faire des boissons agréables, et elles fournissent à la médecine de précieux médicaments, à l'art et à l'industrie des produits très-variés.

QUESTIONNAIRE. — 1. Qu'est-ce qu'on appelle fruit vulgairement ? Que désigne-t-on par ce mot en botanique ? Que deviennent les diverses parties de la fleur après la fécondation ? Quel changement se fait dans l'ovaire ? Que devient son enveloppe ? De quelles parties se compose le fruit ? **2.** Que distingue-t-on dans le péricarpe ? Qu'est-ce que l'épicarpe ? Que présente-t-il à l'extérieur ? Qu'est-ce que le mésocarpe ? Quelles sont les variétés qu'il offre ? Qu'est-ce que l'endocarpe ? Quels phénomènes particuliers peut-il offrir ? **3.** Qu'est-ce que la graine ? Combien distingue-t-on de parties dans la graine ? Qu'appelle-t-on tégument ? Qu'est-ce que l'albumen ? Qu'est-ce que l'embryon ? De quelles parties se compose-t-il ? Qu'est-ce que la radicule ? — la plumule ? — les cotylédons ? Comment nomme-t-on les plantes qui n'ont qu'un cotylédon? Comment nomme-t-on celles qui en ont deux ou plusieurs? Comment nomme-t-on ceux qui n'en ont pas? 4. Quelles sont les principales espèces de fruits? Qu'est-ce que la capsule? — la silique? — la gousse? — le fruit à noyau? — le fruit à pepins? — la baie? — le cône? 5. Quelle est l'utilité des fruits et des graines? Quel usage en fait-on dans la médecine et dans les arts?

CHAPITRE XI.

DE LA FORMATION DES GRAINES ET DE LA GERMINATION.

1. DE LA REPRODUCTION PAR LES GRAINES. — Jusqu'à présent nous avons décrit; la fleur, les fruits et les graines. Il nous reste maintenant à faire connaître leurs fonctions. Une première observation à faire, c'est que ces organes ne respirent pas de la même manière que les organes de la nutrition. Ceux-ci absorbent par la respiration l'acide carbonique et émettent l'oxygène, tandis que la fleur, les fruits et les graines absorbent l'oxygène et exhalent l'acide carbonique. Ce phénomène ayant lieu surtout au moment de la formation de la graine, il est facile de comprendre pourquoi il est dangereux de garder des fleurs en très-grand nombre dans une pièce fermée. On a aussi remarqué qu'à cette même époque les fleurs émettent beaucoup de chaleur et de lumière. Quelques-unes d'entre elles, comme les fleurs de capucine, de souci, de soleil, d'œillet, produisent même des lueurs phosphorescentes. Mais ces divers effets ne sont que des accidents, et ce n'est point en cela que consiste le développement de la graine. Ces fonctions essentielles se réduisent à deux, la *formation* et la *germination*.

2. DE LA FORMATION DE LA GRAINE. — La formation de la graine résulte de l'action réciproque des pistils et des étamines. Quand la poussière des étamines ne tombe pas sur le pistil, la plante ne porte pas de graines. Ainsi les fleurs doubles qui n'ont pas d'étamines ne donnent jamais de semences. Pour la vigne, quand les brouillards ou les pluies viennent à entraîner le pollen, les ovules ne tournent pas en graines, et les vignerons disent que le raisin a *coulé*. Dans certaines plantes, les pistils étant sur un pied et les étamines sur un autre, les horticulteurs secouent sur les pistils d'une espèce, le pollen d'une autre espèce, et l'on obtient ainsi des semences qui donnent une plante nouvelle : on retrouve dans cette plante les caractères des deux espèces qui ont concouru à former la graine. Ces plantes s'appellent *hybrides*.

3. DE LA MATURATION. — Le temps qui s'écoule depuis la fécondation jusqu'au moment où les graines deviennent libres, comprend tous les changements nécessaires à la *maturation*. Dans le langage ordinaire, nous disons qu'un fruit est mûr quand il est bon à manger, ce qui ne se détermine pas toujours d'après les mêmes apparences. Car nous désirons que la nèfle soit blette ; et, si nous supportons la poire en cet état, nous rejetons la pomme parce qu'elle est déjà pourrie. Aux yeux de la science, la maturité n'est parfaite qu'autant que la graine est capable de produire une plante. Les fruits déhiscents commencent alors à s'entr'ouvrir pour la laisser échapper. Dans ceux qui ne sont pas déhiscents, cette époque est plus difficile à connaître. Tout ce qu'on peut dire, c'est qu'en général le péricarpe commence à changer de couleur et que le fruit est facile à détacher.

4. DE LA DISPERSION DES GRAINES APRÈS LA MATURATION. — Arrivées à leur maturité, les graines tombent pour la plupart à la surface du sol. Quand le fruit qui le renfermait s'ouvre pour les mettre en liberté, elles se trouvent dégagées de toute substance étrangère. Quand il ne s'ouvre pas, le péricarpe se sème avec la graine en totalité ou en partie. La Providence a employé les moyens les plus féconds et les plus variés pour assurer la dispersion de toutes les semences. Tantôt elle les a surmontées d'une aigrette qui donne prise au vent et les fait transporter au loin ; tantôt elle les a pourvues d'ailes ou de membranes légères pour qu'elles soient encore emportées à des distances plus considérables. C'est ce qu'on peut remarquer dans les graines de l'orme, de l'érable et de plusieurs autres végétaux. Quelques-unes sont armées de pointes ou hérissées de crochets pour qu'elles puissent s'attacher aux corps environnants ; d'autres sont revêtues d'une matière huileuse qui les conserve. L'eau des fleuves et de la mer peut, aussi bien que l'air, les transporter dans des contrées fort éloignées.

5. DE LA GERMINATION. — Quand la graine se trouve dans les conditions convenables, l'embryon qu'elle renfermait commence à se développer, et ce phénomène constitue la *germination*. Le premier effet de la germination est le gonflement de la graine et le ramollissement de ses enveloppes. La rupture se fait ensuite, et l'on voit dès ce moment la plumule se diriger vers la région de l'air et de la lumière, tandis que la radicule s'enfonce dans la terre pour y donner naissance à de petites ramifications qui doivent former la racine. Les cotylédons offrent d'abord une substance liquéfiée qui devient laiteuse et qui sert à l'alimentation de la plantule. A mesure que la radicule se développe et que la plumule s'élève, les cotylédons prennent de la consistance, se changent en petites feuilles, et dès lors la plante se trouve formée. La radicule devient racine, la plumule une tige qui verdit, et il n'y a plus aucun organe à former.

Le temps que dure la germination est variable en raison des différentes espèces de graines. Le cresson germe en deux jours, le navet et le haricot en trois jours, la laitue en quatre, le melon en cinq, la plupart des graminées en six ou sept jours, l'hysope en un mois, le pêcher en un an, le rosier en deux ans, etc.

6. DES CONDITIONS DE LA GERMINATION. — Pour que la graine germe sûrement, il faut d'abord qu'elle soit bien mûre, qu'elle renferme un embryon complet, et qu'elle ne soit pas trop vieille. Sous ce dernier rapport, on ne peut pas assigner de limites fixes, parce qu'il y a des semences qui perdent rapidement la faculté de germer et d'autres qui la conservent très-longtemps. Le café, par exemple, la perd en un temps fort court, tandis que le blé, les haricots la peuvent conserver près d'un siècle. Mais ce n'est pas assez que la graine soit bonne en elle-même, il faut encore qu'elle soit soumise à l'action de plusieurs agents extérieurs. Or, les agents indispensables sont l'*eau*, la *chaleur* et l'*air*.

L'*eau* pénètre dans la substance même de la graine, en ramollit les enveloppes, fait gonfler l'embryon et liquéfie les cotylédons, ce qui les rend propres à l'alimentation de la plante. La *chaleur* n'est pas moins nécessaire. Elle accélère le gonflement de la graine, entretient et excite la vie végétale. Sans elle la végétation resterait inactive, mais il ne faut pas non plus qu'elle soit trop élevée, parce qu'elle détruirait la force végétative. Zéro et cinquante degrés du thermomètre centigrade sont les deux limites extrêmes qu'on ne doit pas dépasser. L'*air* n'est pas moins essentiel aux plantes qu'aux animaux, puisqu'elles sont comme eux obligées de respirer.

7. DE LA FÉCONDITÉ DES PLANTES. — L'imagination est effrayée quand on réfléchit à la fécondité des plantes. On a compté plus de 200,000 graines sur un pied de tabac, et près de 700,000 sur un pied d'orme. Dans la plupart des végétaux le nombre des graines est si considérable que si chacune d'elles venait à germer, le produit d'un terrain de quelques kilomètres carrés équivaudrait, selon plusieurs calculs, à la végétation du globe entier. Heureusement cette prodigieuse fécondité est neutralisée par une foule de causes. Une grande partie de ces semences ne se trouve pas dans les conditions convenables pour réussir, et de plus l'homme et les animaux en consomment une quantité considérable pour leur nourriture. C'est pourquoi cette apparente prodigalité est une preuve nouvelle de la sagesse avec laquelle la Providence distribue ses dons.

QUESTIONNAIRE. — **1.** Quels sont dans la plante les organes reproducteurs? Respirent-ils de la même manière que les organes de nutrition? Quels phénomènes observe-t-on encore au moment de la fécondation? En quoi consiste la reproduction? **2.** En quoi consiste la fécondation? Pourquoi les fleurs doubles ne portent-elles pas de fruits? Qu'est-ce qui fait couler la vigne? Comment produit-on les plantes hybrides ? 3. Qu'entend-on par la maturation ? A quelle époque suppose-t-on vulgairement que le fruit est mûr ? Quelle est sa maturité véritable ? Comment la reconnaît-on ? 4. Que deviennent les graines après la maturité ? Quels sont les moyens que la Providence emploie pour les disperser ? Décrivez ces divers moyens et citez des exemples. 5. Qu'est-ce qui constitue la germination ? Quel est son premier effet ? Comment la plante se développe-t-elle ? Que devient la radicule ? — la plumule ? Comment se transforment les cotylédons ? Combien de temps la graine est-elle à germer ? 6. En quel état doit être la graine pour germer ? Si elle est vieille peut-elle réussir ? Quels sont les agents indispensables à la germination ? Quelle est l'action de l'eau ? — de la chaleur ? — de l'air ? 7. Donnez-nous une idée de la fécondité des plantes. Pourquoi la Providence a-t-elle ainsi multiplié les graines ?

CHAPITRE XII.

DE LA CLASSIFICATION DES PLANTES. MÉTHODES DE TOURNEFORT, DE LINNÉE ET DE JUSSIEU.

1. DES DIFFÉRENTES ESPÈCES DE CLASSIFICATIONS. — Après avoir parlé d'une manière générale de la vie des plantes, de leur nutrition et de leur reproduction, il nous reste à examiner leurs différentes espèces. Pour se reconnaître dans l'étude de cette multitude infinie de végétaux qui couvrent la terre. les savants ont eu recours à la classification. Les uns ont fait des classifications *artificielles* et les autres ont essayé une classification *naturelle*.

On appelle classification *artificielle* celle qui ne repose que sur un des caractères des objets que l'on a voulu classer. Ainsi, en botanique, on peut classer les plantes uniquement d'après la forme ou l'absence de leur corolle, ou d'après les étamines et les pistils, ou d'après toute autre partie de la plante exclusivement considérée.

La classification *naturelle* ne tient pas compte seulement d'un organe, mais elle les considère tous et groupe les objets d'après l'ensemble de leurs propriétés et de leurs caractères. Ainsi, en botanique, une classification naturelle doit avoir pour base toutes les propriétés des plantes, et présenter ainsi un tableau gradué et complet de tout le règne végétal.

Ces deux méthodes ont été suivies. Tournefort et Linnée ont suivi la méthode *artificielle*, et Jussieu la méthode *naturelle*.

2. Méthode de Tournefort. — Tournefort est un savant botaniste français qui vivait au XVIIe siècle, et qui voyagea longtemps pour perfectionner ses connaissances en botanique. Mécontent de toutes les classifications qu'on avait faites avant lui, il en imagina une nouvelle qui eut d'abord un grand succès. Elle fut longtemps suivie en France, et c'est d'après ses principes que fut ordonné d'abord le Jardin des plantes à Paris. Il prit la fleur pour le fondement de sa classification, divisa tous les végétaux en deux parties, les herbes et les arbres, et forma dans ces deux sections 22 classes qu'il distingua d'après la forme ou l'absence de la corolle. Cette classification est très-simple et très-facile à suivre, mais elle a le tort d'être beaucoup trop superficielle. Ainsi la première division des végétaux et des herbes n'a rien de scientifique, puisqu'une même espèce peut être ligneuse ou herbacée, suivant le climat, et que dans le même genre on trouve d'ailleurs des espèces ligneuses et des espèces herbacées. Aussi cette méthode est-elle aujourd'hui complétement abandonnée. On lui préfère celle de Linnée (1).

3. Méthode de Linnée. — Linnée est un botaniste suédois qui fleurit au XVIIIe siècle. Il est aussi auteur d'une classification artificielle. Son système a pour base les parties essentielles de la fleur, le pistil et les étamines, mais principalement ces dernières. Il divise tous les végétaux en deux sections : ceux dont les étamines et les pistils sont *visibles*, et ceux dont les étamines et les pistils sont *invisibles*. La première section renferme vingt-trois classes, et la seconde n'en renferme qu'une qui est la vingt-quatrième. Ces classes sont établies d'après le nombre des étamines et leurs rapports avec les pistils. Les vingt premières comprennent les plantes dont le pistil et les étamines sont réunis dans la même fleur, et les trois dernières celles où ils ne sont pas réunis. — Les ordres sont ensuite généralement déterminés par le pistil.

La classification de Linnée a l'avantage d'être très-simple et de faciliter la recherche des noms de tous les végétaux. Elle est plus profonde que celle de Tournefort, puisque la première ne reposait que sur les organes accessoires de la fleur, tandis que celle-ci a du moins pour base les organes essentiels. Elle n'est pas plus difficile à retenir, et c'est ce qui lui a mérité la préférence. Aujourd'hui elle est encore suivie en Angleterre, en Allemagne et en général dans tous les pays septentrionaux. Mais par là même qu'elle ne s'arrête qu'à un des caractères de la plante, elle doit nécessairement s'écarter de la nature, c'est-à-dire placer dans une même classe des

(1) Voyez à la fin du volume le tableau général de cette classification artificielle.

plantes disparates et distribuer au contraire dans des classes différentes des plantes qui se ressemblent. C'est pour ce motif que nous lui préférons la méthode actuelle de Jussieu (1).

4. Méthode de Jussieu. — Bernard de Jussieu est un botaniste français qui vécut au XVIIIe siècle. Il posa le premier les bases d'une classification naturelle, et son œuvre fut perfectionnée par Antoine-Laurent de Jussieu et par plusieurs botanistes de son école. Il divisa toutes les plantes en trois grandes sections dans lesquelles il renferma quinze classes ; dans chaque classe il distingua un certain nombre de familles, dans chaque famille un certain nombre de genres, et dans chaque genre un certain nombre d'espèces. L'absence ou l'existence de la fleur constituant la différence la plus importante qu'il puisse y avoir entre les végétaux, de Jussieu est parti de ce fait pour diviser d'abord toutes les plantes en deux groupes, celles qui sont privées de fleurs et celles qui en produisent. La première de ces divisions comprend les plantes *acotylédonées* ou *cryptogames*, et la seconde les plantes *cotylédonées* ou *phanérogames*. — Parmi les plantes cotylédonées, les unes n'ont dans leur graine qu'un seul cotylédon, les autres en ont deux ou plusieurs. De là deux autres groupes dont l'un comprend les plantes *monocotylédones* et l'autre les plantes *dicotylédones*.

Les plantes acotylédones étant peu nombreuses, on les renferme dans une seule classe. Les plantes monocotylédones en forment trois et les dicotylédones onze. Ces trois groupes donnent donc ensemble quinze classes. Ces classes sont distinguées entre

____

(1) Voyez à la fin du volume le tableau général de la classification de Linnée.

elles d'après l'absence ou l'existence de la corolle, d'après la distinction de celle-ci en corolle monopétale ou polypétale, d'après le mode d'insertion des étamines, etc., etc. Les classes se subdivisent à leur tour en familles naturelles qu'on distingue d'après la graine, le fruit, la fleur, etc.

Ce système est beaucoup plus compliqué que ceux de Linnée et de Tournefort, mais il a l'avantage de se rapprocher autant que possible de la nature, d'associer ensemble les plantes qui se ressemblent par leurs caractères et leurs propriétés, et de reproduire ainsi dans un tableau fidèle le règne végétal tout entier. C'est ce système que nous allons développer; mais, pour nous renfermer dans le cadre que nous nous sommes tracé, nous ne ferons qu'indiquer les classes et les plus importantes familles (1).

QUESTIONNAIRE. — 1. Quelle est l'utilité des classifications en général? Combien distingue-t-on de sortes de classifications? Qu'est-ce qu'une classification artificielle? Qu'est-ce qu'une classification naturelle? Quels sont les auteurs qui ont suivi la méthode artificielle? Quels sont ceux qui ont suivi la méthode naturelle? 2. Qu'était Tournefort? Qu'avait-il pris pour base de la classification? Quelle était sa grande division? Etait-elle fondée? Qu'est-ce qui a fait le succès de sa méthode? Est-elle encore suivie? Quelle lui a-t-on préféré? 3. Qu'était Linnée? Quelle base a-t-il donnée à sa classification? Quelle est sa grande division? Comment détermine-t-il ses classes? — ses ordres? Quels sont les avantages de cette classification? En quoi est-elle supérieure à la classification de Tournefort? Par qui est-elle encore suivie? Quelle est celle qu'on doit lui préférer? 4. Qu'était de Jussieu? Par qui sa méthode a-t-elle été perfectionnée? Quelles divisions a-t-il établies? Sur quoi repose sa division la plus générale? Comment

(1) Voyez page 174 le tableau de la classification naturelle de Jussieu.

distingue–t-il entre elles les classes et les familles ? Quel est l'avantage de cette méthode ?

CHAPITRE XIII.

DES PLANTES ACOTYLÉDONES OU CRYPTOGAMES.

Première classe.

1. **DIVISION DE CE GROUPE.** — Les plantes acotylédones sont celles qui n'ont pas de fleurs ou dont la fleur n'est pas connue. On leur a donné le nom d'*acotylédones*, parce qu'elles n'ont pas de cotylédons, et on les a appelées *cryptogames,* parce qu'elles ne se reproduisent pas d'une manière visible par le pistil et les étamines comme les autres fleurs. Ce groupe se subdivise en six familles naturelles dont les principales sont : les champignons, les algues, les mousses, les lichens et les fougères.

2. **DES CHAMPIGNONS.** — Les champignons sont des plantes parasites, de forme et de couleur très-variées, de consistance molle, le plus souvent pourvues d'un chapeau convexe dont la face intérieure est garnie de lames rayonnantes. Ce dernier caractère convient spécialement aux *champignons proprement dits.* Plusieurs d'entre eux sont des aliments très-estimés, mais il y en a aussi un très-grand nombre qui sont un poison violent. On doit rejeter ceux qui changent promptement de couleur après avoir été cueillis, ceux dont la chair et mollasse et aqueuse, ceux qui contiennent un suc laiteux et dont le goût est amer et astringent. Il faut se défier, en général, de ceux qui ont une teinte rouge et brillante, c'est ordinairement un indice de propriétés vénéneuses. Les plus recherchés comme comestibles sont : l'*agaric mousseron*, la *chanterelle*, la *morille*, le *ceps* ou le *bolet*.

Nous distinguerons encore parmi les nombreux genres de champignons les *truffes*, qui croissent à l'intérieur de la terre sans être fixées à aucun autre corps. Ce sont des végétaux de forme irrégulièrement arrondie, de couleur noire, d'une odeur et d'un goût exquis ; ce qui les fait rechercher avec soin par les gourmets. On les trouve principalement dans les forêts de charmes, de coudriers, de châtaigniers ou de chênes ; mais leur mode de croissance est si peu connu, qu'on n'a pu encore réussir à les multiplier par la culture.

3. DES ALGUES ET DES MOUSSES. — Les *algues* sont des plantes qui vivent dans l'eau et quelquefois dans l'air humide. Elles sont herbacées ou ligneuses, cartilagineuses, découpées en fronde ou filamenteuses. On donne le nom de *varechs* ou de *fucus* à celles qui couvrent la mer ou les rochers de nos côtes. On les brûle, et leurs cendres donnent de la soude qu'on emploie dans la fabrication du savon. Celles qui vivent en eau douce portent le nom de *conferves*. — Les *mousses* sont des plantes terrestres et parasites, dont la tige est petite et herbacée, et dont les feuilles sont éparses çà et là, comme de petites étoiles, tout le long des rameaux. Elles se fixent sur l'écorce des arbres, sur la pierre et sur la terre. On en a distingué un très-grand nombre d'espèces.

4. DES LICHENS ET DES FOUGÈRES. — Les *lichens* se composent d'écailles coriaces ou de croûtes endurcies et pulvérulentes. Elles croissent à la sur-

face de la terre, sur les rochers, mais particulièrement sur le tronc des arbres humides et mal soi-
gnés. — Les *fougères* sont des plantes herbacées
dans nos climats et des plantes ligneuses dans les
régions tropicales, où elles forment de véritables
arbres. Cette famille n'est pas encore très-connue.
Leurs feuilles sont ordinairement roulées en crosse
dans leur jeunesse ; c'est peut-être le signe le plus
caractéristique qu'on puisse donner pour aider à
les reconnaître. Quant à l'utilité de ces plantes,
nous dirons que les lichens, l'*orseille,* par exemple,
servent à la teinture et donnent une couleur violette. Il y a aussi une espèce de *lichen,* connue sous
le nom de *lichen d'Islande,* qui est employée en
médecine. Dans la famille des fougères on trouve la
capillaire, qui est un adoucissant, et la *fougère
mâle*, dont les propriétés sont très-renommées contre les vers intestinaux.

QUESTIONNAIRE. — 1. Quel est le caractère général des
plantes acotylédones ? En combien de familles les divise-t-on ?
Quelles sont les principales ? 2. Qu'est-ce qu'un champignon ?
Quel usage en peut-on faire ? A quels signes reconnait-on ceux
qui sont dangereux ? Quels sont les principaux champignons
comestibles ? Qu'est-ce que la truffe ? Où vient-elle ? Est-elle
estimée ? Sait-on la multiplier ? 3. Qu'appelle-t-on algues ?
Quel nom donne-t-on aux algues marines ? Qu'en fait-on ?
Quel nom donne-t-on aux algues d'eau douce ? 4. Qu'appelle-
t-on lichens ? Où naissent-ils ? Qu'est-ce que les fougères ?
Quels sont leurs caractères ? A quoi servent les lichens ? Quel
usage fait-on de certaines fougères ?

CHAPITRE XIV

DES PLANTES MONOCOTYLÉDONES.

1. Les plantes monocotylédones se divisent en trois classes, que de Jussieu a placées après les acotylédones, et qui occupent par conséquent dans sa classification générale le deuxième, le troisième et le quatrième rang.

Deuxième classe.

2. Les graines de cette classe ne renferment qu'un seul cotylédon; les étamines sont insérées sous le pistil. De Jussieu a exprimé ce double caractère par un seul mot, en les appelant *monohypogynes.*

Les principales familles de cette classe sont les *graminées* et les *typhinées* ou *massettes.*

Les *graminées* sont, pour la plupart, des plantes herbacées, à tige creuse et cylindrique, présentant de distance en distance des nœuds solides d'où partent des feuilles longues et minces, et formant ce qu'on appelle le *chaume.* La fleur est disposée en épis et cachée par de petites écailles qu'on désigne sous le nom de *glumes.* Les étamines sont ordinairement au nombre de trois. On distingue dans cette famille un très-grand nombre de genres, dont les principaux sont : le *froment* ou *blé,* qui sert de nourriture presque à tous les Occidentaux; le *riz,* qui nourrit les Orientaux ; le *seigle,* dont on fait aussi du pain, quoique d'une qualité inférieure au

pain de froment; l'*orge*, qui entre dans la fabrication de la bière; l'*avoine*, qu'on donne aux chevaux; la *canne à sucre*, qui donne le sucre et le
rhum, et qui est une source de richesses pour toutes les colonies où on la cultive; le *chiendent*, que
la médecine emploie comme un adoucissant; le *roseau*, dont les feuilles servent à couvrir les cabanes
et à faire de petits balais d'appartement, et le *bambou*, dont on fait des cannes quand il est jaune, et
qui rivalise avec le palmier pour l'élévation et la
grosseur quand il est arrivé à son parfait développement.

Les *typhinées* ou *massettes* sont des plantes dont
la tige est creuse et dont les feuilles servent à tres-
ser des nattes ou à empailler des chaises.

Troisième classe.

3. La graine des plantes qui appartiennent à
cette classe renferme un seul cotylédon; les étamines sont attachées au calice. C'est pour ce motif que
de Jussieu les désigne sous le nom de *monopérigynes*.

Les principales familles de cette classe sont : les
palmiers, les *liliacées,* les *asparaginées* et les *joncées.*

Les *palmiers* sont de grands arbres dont la tige,
simple et cylindrique, ressemble à une colonne, et
dont le sommet est terminé par un faisceau de
grandes feuilles déchirées en lanières ou étalées
en éventail. Presque tous les palmiers croissent
dans les pays chauds et se plaisent sous un ciel brûlant, dans des contrées sablonneuses qui ne peuvent produire aucun autre végétal. C'est ce qui les
rend très-précieux. Les principaux genres de cette

famille sont : le *dattier,* le *cocotier* et le *sagoutier.*
— Le *dattier* croît naturellement dans les Indes, en Arabie et en Amérique, et dans beaucoup de contrées. Ses fruits excellents sont la seule nourriture des peuples qui les habitent.—Le *cocotier* sert à une foule d'usages ; ses fruits ne sont pas moins délicieux que ceux du dattier ; sa tige, quand elle est ouverte par une entaille quelconque, laisse échapper un suc abondant et sucré, qui est susceptible de fermentation, et dont on fait une boisson connue sous le nom de *vin de palmier.* De son tronc on peut détacher des fibres flexibles pour en faire de solides cordages. Ses feuilles sont employées à couvrir les habitations, et de ses folioles on tresse de légers chapeaux très-convenables pour les grandes chaleurs. Enfin, la coque de l'amande peut être travaillée avec art, et convertie en vases et en ustensiles de toutes espèces. — Le *sagoutier* donne une fécule alimentaire.

Les *liliacées* sont des plantes herbacées, à racine fibreuse, à tige généralement nue, mais dont les fleurs sont très-remarquables par leur calice coloré. Le *lis blanc,* dont le calice est en cloche ; la *tulipe,* qui a la même forme, mais dont l'ovaire est dépourvu de style ; la *jacinthe,* dont le calice campanulé est découpé sur le bord ; la *tubéreuse,* qui répand une odeur forte et suave ; l'*hémérocalle,* qui se distingue du lis par l'irrégularité de son calice, la position de ses étamines et la forme de son stigmate. Toutes ces plantes font l'ornement de nos jardins. Nous citerons encore parmi les liliacées le *phormium tenax,* ou lis de la Nouvelle-Zélande, dont on se sert en guise de chanvre, et qu'on a cherché à naturaliser dans le midi et l'ouest de la France ;

l'*aloès*, dont les fleurs se disposent en épi, et qui naît dans les pays chauds ; enfin l'*ail,* que nous employons comme assaisonnement, ainsi que l'*échalotte,* l'*oignon* et le *poireau*, ses principales espèces. — Les *asparaginées,* que quelques botanistes réunissent aux liliacées, sont des plantes herbacées dont le fruit est une baie globuleuse de la grosseur d'un noyau de cerise. Les plus remarquables **sont** l'*asperge commune,* dont les fruits sont des baies rouges de la grosseur d'un pois. On mange les jeunes pousses que produit chaque année la racine de cette plante. La *salsepareille,* qu'on emploie en médecine ; le *muguet* aux fleurs pendantes et au calice urcéolé, qui répand une si douce odeur ; l'*igname,* qui a une racine charnue qu'on cultive de la même manière que la pomme de terre. Cette racine pèse quelquefois de 30 à 40 livres, et sert de nourriture aux habitants des régions équatoriales.—Les *joncées* se trouvent dans les lieux marécageux ; leur tige est molle et flexible, et on en fait des nattes et des tapis. Les principaux genres sont : les *joncs* proprement dits, la *parisette,* le *fluteau,* etc.

Quatrième classe.

4. La graine des plantes qui appartiennent à cette classe renferme un seul cotylédon ; les étamines sont attachées au pistil. De Jussieu lui a donné le nom de *monoépigyne.*

Les principales familles que cette classe renferme sont : les *iridées,* les *narcissées,* les *orchidées,* les *bananiers,* les *balisiers* et les *hydrocharidées.*

Les *iridées* sont des plantes herbacées dont la racine est tubéreuse et dont les feuilles enveloppent la tige. L'*iris germanique* a donné son nom à toute la famille, dont elle est d'ailleurs un des genres les plus remarquables. On trouve dans cette famille le *safran,* qui est très-employé en médecine, et dont les stigmates fournissent à l'industrie une couleur jaune rougeâtre connue sous ce nom dans le commerce ; le *glaïeul,* ainsi que beaucoup de plantes d'ornement. — Les *narcissées* diffèrent des iridées en ce que leur fleur porte six étamines au lieu de trois. Les principaux genres sont : les *narcisses,* plantes d'ornement ; l'*amaryllis,* ou *lis de Saint-Jacques* ; le *perce-neige,* fleur d'hiver ; les *agaves,* qui sont des plantes grasses originaires d'Amérique, et qui s'élèvent à une très-grande hauteur : leurs fibres servent à faire des toiles et des cordages ; l'*ananas,* qui croît dans les mêmes contrées, et dont le fruit a beaucoup d'arome et de saveur. Il a l'aspect d'un cône de pin. — Les *orchidées* sont des plantes herbacées dont les feuilles sont souvent alternes et sessiles et dont les fleurs affectent des formes bizarres. Par l'irrégularité de leur corolle, souvent elles ressemblent à une araignée, à une abeille ou à une grosse mouche. Les différentes espèces d'*orchis* sont de très-jolies plantes, dont les racines tubéreuses fournissent le *salep,* d'où l'on retire une fécule nourrissante. C'est dans cette famille que se trouve la *vanille,* dont la capsule renferme une liqueur très-rafraîchissante et très-parfumée. — Les *bananiers* sont des arbres magnifiques, originaires des Indes orientales. Les habitants de ces contrées se nourrissent de leurs fruits qui ressemblent assez à nos concombres, et emploient leurs larges feuilles, qui n'ont pas moins de deux mètres de longueur, à couvrir leurs demeures. — Le *balisier* est aussi originaire du même pays ; c'est lui qui fournit le *gingembre*, dont on faisait autrefois un si grand usage comme aromate. — Les *hydrocharidées* sont des plantes herbacées qui vivent presque toujours dans l'eau. Nous ne citerons que le *nénuphar*, dont la fleur est célèbre pour sa beauté.

QUESTIONNAIRE. — 1. En combien de classes divise-t-on les monocotylédones ? 2. Quels sont les caractères des végétaux de la seconde classe ? Quelles sont les principales familles que cette classe renferme ? Qu'est-ce que les graminées ? Citez les genres les plus importants. Quel usage fait-on du blé ? — du riz ? — du seigle ? — de l'orge ? — de l'avoine ? — de la canne à sucre ? — du chiendent ? — du roseau ? — du bambou ? Qu'est-ce que les typhinées ? 3. Quels sont les caractères des végétaux de la troisième classe ? Quelles sont les principales familles de cette classe ? Qu'est-ce qu'un palmier ? Quels sont ses divers genres ? Quel profit retire-t-on du dattier ? A quoi servent le fruit, la tige, le tronc, les feuilles, les folioles, et la coque du fruit du cocotier ? Que produit le sagoutier ? Qu'est-ce que les liliacées ? Quels sont leurs genres les plus remarquables ? Caractérisez les asparaginées et citez les genres les plus remarquables. Où naissent les joncées ? Quels sont leurs principaux genres ? 4. Quels sont les caractères des plantes de la quatrième classe ? Quelles sont les familles principales qu'on remarque dans cette classe ? Qu'appelle-t-on *iridées* ? Que fait-on du safran ? A quoi sert le glaïeul ? D'où est venu à cette famille son nom ? En quoi les narcissées diffèrent-elles des iridées ? Quels sont les principaux genres de cette famille ? Qu'offrent de remarquable les orchidées ? De quelle utilité sont les bananiers ? Que retire-t-on des balisiers ? Quel est le plus beau genre des hydrocharidées ?

CHAPITRE XV.

DES PLANTES DICOTYLÉDONES. DICOTYLÉDONES APÉTALES.

1. Les plantes dicotylédones sont celles dont la graine offre deux ou plusieurs cotylédons. Elles ont été divisées en onze classes. On les a partagées en quatre groupes distincts. Dans le premier on a compris toutes les fleurs qui n'ont point de corolle, et que, pour ce motif, on nomme *apétales;* dans le second, on a placé celles dont les fleurs ont une corolle composée d'une seule pièce, et qui sont par conséquent *monopétales;* dans la troisième on a renfermé celles dont les fleurs ont une corolle composée de plusieurs pétales séparés, et qu'on appelle pour cette raison *polypétales;* enfin la quatrième comprend les plantes dont les étamines et le pistil sont placés sur deux pieds différents, ce que Jussieu a exprimé en les appelant *déclines.* Dans ce chapitre nous ne parlerons que du premier groupe, c'est-à-dire des dicotylédones apétales. Elles forment trois classes qui occupent dans la classification générale le cinquième, le sixième et le septième rang.

Cinquième classe.

2. La graine des plantes de la cinquième classe renferme deux cotylédons; la fleur n'a point de pétales, les étamines sont attachées au pistil. On les distingue sous le nom général d'*épistaminées.*

Cette classe renferme la famille des *aristolo-*

chiées. On en cultive quelques espèces dans nos jardins. Les plus remarquables sont : la *clématite,* qui est commune aux environs de Paris, et le *syphon,* qui a de grandes feuilles découpées en cœur et des fleurs en forme de pipe:

Sixième classe.

3. La graine des plantes de la sixième classe renferme deux cotylédons ; la fleur n'a point de pétales, les étamines sont attachées au calice. Ce dernier caractère seul la distingue de la classe précédente. C'est ce qui a fait comprendre toutes les plantes de cette classe sous le nom général de *péristaminées.*

Les principales familles de cette classe sont les *laurinées,* les *polygonées* et les *arrochées.*

Les *laurinées* sont des arbres ou des arbrisseaux dont les feuilles sont lisses et persistantes, et dont le fruit est ordinairement une baie. Cette famille a pour type les *lauriers.* On distingue le *laurier commun,* qu'on nomme aussi le *laurier-sauce ;* le *muscadier,* dont les graines aromatiques sont connues sous le nom de *noix-muscades ;* le *camphrier,* dont on extrait la substance odorante connue dans le commerce et la médecine sous le nom de *camphre,* et le *cannellier,* dont la *cannelle* est l'écorce. Toutes ces substances sont aromatiques. — Les *polygonées* sont des plantes herbacées à feuilles alternes, dont le calice offre cinq ou six divisions profondes. On distingue dans cette famille trois genres principaux : celui des *rumex,* auquel appartiennent la *patience,* dont la racine est employée en médecine, et l'*oseille,* dont on mange les feuilles ; la *salsole,* dont les cendres fournissent la soude du commerce; celui des *renouées*, dans lequel entre le *blé noir*, ou *sarrasin*, qu'on cultive en France, et dont on peut à la rigueur faire du pain ; enfin celui des *rhubarbes*, auquel se rapporte la rhubarbe commune, originaire de Chine et très-employée en médecine. — Les *arrochées* ont ordinairement la tige herbacée, les feuilles alternes et un calice d'une pièce, découpé en plusieurs parties. Les principaux genres sont : l'*épinard*, plante alimentaire qui a toujours excité l'attention des agriculteurs ; la *bette* ou *poirée*, qui renferme deux variétés importantes : la *carde*, dont on mange les feuilles larges et charnues, et la *betterave*, dont la racine tubéreuse et pivotante a, quand elle est cuite, une saveur douce qui en fait un très-bon aliment. Mais elle est surtout remarquable par la quantité de sucre qu'elle renferme. En France il y a maintenant plusieurs établissements où l'on prépare en grand le sucre de betterave, et l'on sait que ce sucre est absolument semblable à celui qu'on extrait de la canne, dans les colonies. Cette famille doit son nom à l'*arroche* des jardins, que vulgairement on appelle *bonne-dame*.

Septième classe.

4. La graine des plantes de la septième classe renferme deux cotylédons ; la fleur n'a point de pétales ; les étamines sont insérées sous le pistil. C'est par ce dernier caractère que cette classe se distingue des deux classes précédentes. On a compris toutes les plantes qu'elle renferme sous le nom général d'*hypostaminées*.

Cette classe renferme la famille des *amarantacées*.

Ces plantes sont remarquables par un calice fortement coloré en rouge; les feuilles sont de la même
couleur, et les fleurs sont disposées en épi au sommet de la tige. Nous citerons la *queue-de-renard* qui
embellit nos jardins.

QUESTIONNAIRE. — 1. Qu'appelle-t-on plantes dicotylédones ? En combien de classes les a-t-on divisées ? Combien
ces classes forment-elles de groupes? Par quels signes ces
groupes sont-ils distingués ? Quels sont leurs divers noms ?
Combien de classes renferment les dicotylédones apétales ?
Quel rang occupent ces classes dans la classification générale ?
2. Quels sont les caractères de la graine des plantes de la
cinquième classe ? Quelle famille renferme cette classe ? Quelles
sont les espèces les plus remarquables? 3. Quels sont les caractères de la graine des plantes de la sixième classe ? En quoi
diffère-t-elle de la graine de la classe précédente ? Quelles
sont les principales familles de cette classe ? Qu'est-ce que
comprend la famille des laurinées ? Quel est son type ? De
quelle utilité sont le laurier commun, le muscadier, le camphrier, et le cannellier ? Par qui est distinguée la famille des
polygonées ? Quels sont ses principaux genres ? Citez les
plantes les plus remarquables dans chaque genre et faites
connaître leurs usages. Quels sont les principaux genres des
arrochées ? D'où cette famille tire-t-elle son nom ? Quelles sont
les plantes les plus importantes qu'elle renferme ? Que retire-
t-on de la betterave ? 4. Quels sont les caractères de la graine
des plantes de la septième classe ? Quelle famille est renfermée
dans cette classe ? Quels sont les caractères des amarantacées ?
Citez une des plantes les plus remarquables de cette famille.

CHAPITRE XVI.

SUITE DES PLANTES DICOTYLÉDONES. DICOTYLÉDONES MONOPÉTALES.

1. Les dicotylédones monopétales forment un
groupe beaucoup plus nombreux que le précédent.

Ce groupe est divisé en quatre classes d'après les divers rapports de la corolle au pistil et au calice et l'état des anthères. Ces quatre classes occupent dans la classification générale la huitième, la neuvième, la dixième et la onzième place. Nous allons les décrire successivement.

Huitième classe.

2. La graine des plantes de la huitième classe renferme deux cotylédons; la fleur n'a qu'un pétale, et la corolle est insérée sous le pistil. On les désigne sous le nom général de *hypocorollées*.

Les principales familles que cette classe renferme sont : les *solanées*, les *jasminées*, les *labiées*, les *lysimachies*, les *acanthes*, les *personnées*, les *borraginées*, les *convolvulacées* et les *apocynées*.

Les *solanées* sont des plantes herbacées, dont les feuilles sont ordinairement alternes et dont le fruit est une capsule ou baie. Plusieurs de ces plantes, comme la *stramoine* et la *mandragore*, sont des poisons très-violents. Mais il y en a d'autres qui, comme la *pomme de terre*, rendent les plus grands services en fournissant une substance nutritive et abondante. Cette plante, originaire d'Amérique, a été popularisée en France par le célèbre Parmentier, et a sauvé plus d'une fois les nations modernes de la disette. Dans cette famille nous citerons encore la *tomate*, le *piment* ou *poivre long*, dont le fruit s'emploie comme assaisonnement, le *bouillon blanc*, qu'on emploie comme émollient, la *morelle douce amère*, qui est une plante médicinale, et le *tabac*, originaire de Tabago, dans les petites Antilles, dont on fait une très-grande consommation, soit en poudre, soit en feuilles. — Les *jasminées* sont des arbres ou des arbrisseaux à feuilles ordinairement opposées, dont le fruit est tantôt une capsule s'ouvrant à deux valves, et tantôt une baie à noyau en axe. Les genres les plus curieux sont : l'*olivier*, dont le fruit donne une huile excellente ; le *jasmin*, qui orne nos jardins, et fournit un arome très-recherché ; le *frêne*, qui croît dans nos forêts, et dont la *manne* est employée en médecine comme purgatif ; le *lilas* et la *jonquille*, dont les fleurs sont si jolies, et le *troëne*, qu'on trouve dans les bois et les haies. — Les *labiées* sont presque toutes des plantes herbacées dont la tige est carrée et la corolle partagée en deux lèvres, l'une supérieure et l'autre inférieure. C'est de ce dernier caractère qu'elles tirent leur nom. Presque toutes les plantes qui appartiennent à cette famille sont plus ou moins aromatiques. Elles servent à la médecine ainsi qu'à la préparation des liqueurs et des eaux de senteur. Telles sont la *menthe*, la *mélisse*, la *lavande*, le *romarin*, la *sauge*, le *thym*, l'*hysope*, etc.— Les *lysimachies* renferment le *mouron*, la *primevère*, et l'*oreille d'ours* que nous cultivons dans nos jardins. — L'*acanthe* est une plante herbacée dont les feuilles sont opposées ainsi que les fleurs. En architecture, les chapiteaux d'ordre corinthien sont une imitation de la feuille et des fleurs de l'acanthe, et l'on prétend que c'est sur cette plante que les Grecs ont pris modèle. — Les *personnées*, ou *scrofulariées*, ont une corolle très-irrégulière. Les personnées ont un masque, c'est ce qui a fait donner par Tournefort ce nom à cette famille. Elles diffèrent des labiées par le fruit, qui a une capsule à deux loges. Les plus importantes sont les *digitales*, les *véroniques*, les *mufliers* ou *gueules de lion*, les *linaires*, etc. —

Les *borraginées* ont la tige cylindrique couverte ordinairement de poils, les feuilles alternes et ordinairement rudes au toucher. Dans cette famille on
distingue la *bourrache*, utile en médecine, l'*hélio-
trope*, plante d'ornement, originaire du Pérou, ainsi
nommée parce que ses fleurs se tournent toujours
du côté du soleil, le *myosotis* aux petites fleurs
bleues, la *vipérine*, le *cynoglosse*, la *pulmonaire*, etc.
— Les *convolvulacées* doivent leur nom au *convolvu-
lus* ou *liseron*, qui est le type de cette famille. Les
liserons sont des plantes herbacées à tige grimpante
dont les feuilles sont alternes et dont les fleurs s'arrondissent en cloche très-gracieusement. On distingue le *liseron des champs*, le *liseron des haies* et
le *liseron tricolore*, ou la *belle de jour*. Le *jalap* est
aussi une espèce particulière de liseron qui est un
purgatif très-violent. — Les *apocynées* doivent leur
nom à l'*apocin*, plante originaire de Syrie, portant
un fruit léger qui s'ouvre, et laisse échapper un
flocon soyeux qu'on emploie aux mêmes usages que
la ouate. Les plantes de cette famille sont ligneuses
ou herbacées ; leur corolle renferme régulièrement
cinq étamines. La *pervenche* et le *laurier-rose* sont
des genres d'apocinées, ainsi que le *strychnos* qui
donne la *noix vomique*.

Neuvième classe.

3. La graine des plantes de la neuvième classe
renferme deux cotylédons ; la fleur a une corolle
d'un seul pétale, et cette corolle est attachée au calice. On désigne toutes les plantes de cette famille
sous le nom général de *péricorollées*.
Les principales familles que cette classe renferme

sont : les *ébénacées,* les *éricinées* et les *campanulacées.*

Les *ébénacées* nous offrent des arbres magnifiques dont l'*ébénier* est le plus important. Dans cet arbre l'aubier est blanc et le cœur très-noir. Comme ce bois est très-dur et qu'il se polit parfaitement bien, l'industrie en tire un parti très-avantageux. — Les *éricinées* sont une famille qui renferme des arbrisseaux ou des arbustes d'une forme très-élégante et d'un aspect très-agréable. Parmi les genres dont cette famille se compose, on distingue les *bruyères,* dont les espèces sont très-variées; les *arbousiers,* dont le fruit rouge et charnu a la grosseur d'une cerise; l'*airelle*, les *rosages* et plusieurs autres arbrisseaux qui font l'ornement des régions élevées des Pyrénées. — Les *campanulacées* sont des plantes herbacées dont le suc est blanc et amer, les feuilles alternées et entières, et la fleur régulière affectant la forme d'une petite clochette. C'est de là que lui est venu son nom. Ces plantes ne servent guère qu'à l'ornement des jardins. On trouve pourtant dans cette famille la *raiponce*, dont on mange la racine en salade, et le *lobélia*, qui est un poison très-violent.

Dixième classe.

4. La graine des plantes de la dixième classe renferme deux cotylédons; la fleur a une corolle d'un seul pétale, et cette corolle est attachée au pistil sans que les anthères soient distinctes. On désigne toutes les plantes de cette famille sous le nom général de *épicorollées synanthérées.*

Les principales familles que cette classe renferme

sont : les *chicoracées*, les *cynarocéphales* et les *corym-bifères*.

Les *chicoracées* sont des herbes tendres et amères. La culture leur enlève cette amertume, et nous permet de les manger en salade. A cette famille appartiennent la *chicorée*, la *laitue*, le *pissenlit*, qui sont des espèces du même genre. Ces espèces renferment une foule de variétés dont les plus connues sont : la *chicorée sauvage*, la *chicorée frisée*, la *laitue romaine*, *pommée*, *crépue*, *escarolle*, etc. On comprend encore dans cette famille le *salsifis noir*, ou la *scorsonère*, dont on mange la racine. — Les *cynarocéphales* ou *carduacées* renferment la *centaurée* et l'*absinthe*, qu'on emploie en médecine, l'*artichaut*, dont on recueille les têtes avant l'épanouissement des fleurs, et dont on mange le réceptacle, le *cardon*, qui est aussi un excellent comestible, le *carthame*, dont les teinturiers retirent deux très-belles couleurs, l'une rouge et l'autre grise, le *bluet des champs*, le *chardon blanc*, etc. — Les *corymbifères* ou *radiées* sont en général des fleurs d'ornement, composées de fleurons au centre et de demi-fleurons à la circonférence. Telles sont : le *souci*, qui est d'un jaune orangé très-prononcé ; les *asters*, qui comprennent la *reine-marguerite*, originaire de la Chine ; les *dahlias*, qui nous sont venus du Mexique, et qui se propagent par leurs tubercules ; les *hélianthes*, parmi lesquels on distingue le *soleil des jardins* ; le *topinambour*, dont la racine rougeâtre et charnue sert d'aliment à l'homme et aux animaux ; l'*œillet d'Inde*, la *pâquerette* ou *petite marguerite* ; la *camomille*, qui fournit une huile très-onctueuse et avec laquelle on fait des tisanes,

Onzième classe.

5. La graine des plantes de la onzième classe renferme deux cotylédons; la fleur a une corolle d'un seul pétale; cette corolle est attachée au pistil, comme dans la classe précédente, mais les anthères sont distinctes au lieu d'être unies. On désigne toutes les plantes de cette classe sous le nom général de *épicorollées corisanthérées*.

Les principales familles que cette classe renferme sont : les *rubiacées*, les *caprifoliacées* et les *valérianées*.

Les *rubiacées* sont ainsi appelées parce qu'on extrait de leurs racines la teinture rouge. Cette famille comprend des plantes herbacées, des arbustes et des arbres. Ses principaux genres sont : le *bois de fer*, ainsi nommé parce qu'il est le plus dur de tous les arbres; la *garance*, que l'on cultive maintenant en France et dont la racine sert à teindre les draps en rouge; le *cinchona du Pérou*, dont l'écorce fournit le quinquina employé en médecine pour couper les fièvres; l'*ipécacuanha*, dont les racines fournissent une poudre purgative; le *caféier*, dont le fruit est une baie de la grosseur et de la couleur d'une petite merise, et qui contient deux graines plates d'un côté et convexes de l'autre. Cette plante est originaire de l'Arabie, a été ensuite transportée aux Indes, en Amérique et aux Antilles, et l'on sait qu'elle fait aujourd'hui la principale richesse de toutes les contrées où on la cultive. — Les *caprifoliacées* sont en général des arbrisseaux d'agrément à feuilles opposées dont le fruit est une baie. A cette famille appartiennent le *sureau*, la *viorne* dont une espèce cultivée dans les jardins prend le nom de *boule de neige*, le *chèvrefeuille*, le *lierre* et le *cornouiller*. — Les *valérianées* comprennent la *mâche ou doucette*, qu'on mange en salade, et la *valériane rouge*, qui est une plante d'ornement.

QUESTIONNAIRE. — 1. Comment divise-t-on les dicotylédones monopétales? Sur quoi repose cette division? Quel est le rang de chacune de ces classes dans la classification générale? 2. Quels sont les caractères des plantes de la huitième classe? Quelles sont les principales familles qu'elle renferme? Quelles sont les plantes les plus importantes qu'on remarque dans les solanées? Quel est le caractère des jasminées? Citez les genres les plus curieux de cette famille. D'où est venu aux labiées leur nom? Quelle est leur utilité? Quelles plantes renferment les lysimachies? A quoi ressemble l'acanthe? Quel est le caractère des personnées? Quelles plantes distingue-t-on dans la famille des boraginées? Quel est le type des convolvulacées? D'où est venu à la famille des apocynées son nom? Quel est le caractère de ces plantes? Faites connaître les principales. 3. Quel est le caractère des plantes de la neuvième classe? Quelles sont les principales familles qu'elle renferme? Quelles plantes distingue-t-on dans les ébénacées? — les bruyères? — les campanulacées? 4. Quel est le caractère des plantes de la dixième classe? Quelles sont les principales familles qu'elle renferme? Quel usage fait-on des chicoracées? — des cynarocéphales? A quoi servent les corymbifères? De quelle utilité est la camomille? 5. Quels sont les caractères des plantes de la onzième classe? Quelles sont les principales familles qu'elle renferme? D'où est venu aux rubiacées leur nom? Faites-nous connaître les plus importantes. Quel est le caractère des caprifoliacées? Quelles plantes comprennent les valérianées?

CHAPITRE XVII.

SUITE DES PLANTES DICOTYLÉDONES. DICOTYLÉDONES POLYPÉTALES ET DICOTYLÉDONES DÉCLINES.

1. Ces deux derniers goupes comprennent ensemble les quatre dernières classes naturelles des végétaux. Les plantes dicotylédones polypétales en comprennent trois, et les plantes dicotylédones déclines forment la dernière. Ces quatre divisions occupent dans la classification générale le 12ᵉ, le 13ᵉ, le 14ᵉ et le 15ᵉ rang. C'est par elles que nous terminerons la revue rapide que nous avons entreprise du règne végétal.

Douzième classe.

2. La graine des plantes de la douzième classe renferme deux cotylédons; la fleur a une corolle de plusieurs pétales, et les étamines sont attachées au pistil. On distingue toutes les plantes de cette classe sous le nom de *épipétalées*.

La famille la plus remarquable de cette classe est celle des *ombellifères*. Elle est surtout caractérisée par ses fleurs qui sont disposées en parasol ou en ombelle. La *ciguë* est un des genres les plus remarquables de cette famille; c'est un végétal dont l'action vénéneuse est très-puissante. Dans cette même famille nous distinguerons le *fenouil* et la *coriandre* dont les graines sont employées dans la cuisine; *l'angélique* dont la tige confite a un excellent parfum; l'*anis,* qui est une plante médicinale et économique; le *panais* et la *carotte,* et le *céleri* dont on mange les racines, le *cerfeuil* et le *persil* dont les feuilles servent d'assaisonnement. Il faut bien se garder de confondre avec ce dernier la ciguë des jardins qui lui ressemble beaucoup, mais qui est vénéneuse. On les distingue à leurs fleurs qui ont une couleur différente; la fleur du persil est jaune et d'une odeur agréable, celle de la ciguë est jaune et nauséabonde.

Treizième classe.

3. La graine des plantes de la troisième classe renferme deux cotylédons; la fleur a une corolle de plusieurs pétales, et les étamines sont insérées sous le pistil. On désigne toutes les plantes de cette classe sous le nom général de *hypopétalées.*

Cette classe renferme un très-grand nombre de familles. Les principales sont : les *renonculacées,* les *papavéracées,* les *crucifères,* les *capriers,* les *érables,* les *guttifères,* les *aurantiacées,* les *ampélidées* ou *vinifères,* les *géraniées,* les *malvacées,* les *tiliacées,* les *caryophyllées* et les *violariées.*

Les *renonculacées* sont des fleurs brillantes qu'on cultive pour l'ornement des jardins. Les principaux genres que cette famille renferme sont : la *renoncule* à fleurs jaunes ou blanches dont le *bouton d'or* de nos jardins est une belle variété; l'*anémone* et l'*adonis,* qui sont des plantes herbacées; la *clématite,* qui est un arbuste sarmenteux; l'*ellébore,* que les anciens vantaient beaucoup pour le traitement des maladies mentales; l'*aconit* dont la fleur est disposée en épine; la *dauphinelle,* dont le pied-d'alouette est une espèce; la *nigelle,* etc. Plusieurs de ces plantes sont très-dangereuses. Nous citerons en particulier la *clématite brûlante,* l'*aconit,* la *renoncule scélérate* et l'*ellébore.* — Les *papavéracées* sont des plantes herbacées qui contiennent un suc laiteux blanc ou jaunâtre. Les principaux genres de cette famille sont les *pavots.* Ils sont tous narcotiques. L'espèce la plus célèbre est le *pavot d'Orient* dont l'on retire l'opium, boisson enivrante que les médecins emploient comme un calmant, mais qui pourrait devenir un poison, si on la prenait avec excès. Le *coquelicot* des champs est aussi une espèce du même genre. A cette famille se rattachent encore la *chélidoine* à fleurs jaunes, que vulgairement on appelle *éclair,* et la *fumeterre* qui est une plante médicinale et d'ornement. — Les *crucifères* sont ainsi appelées parce que leurs pétales forment une croix. Cette famille est très-nombreuse. Ses principaux genres sont le *chou,* le *navet,* la *rave,* plantes alimentaires, le *colza* qui fournit une huile employée pour l'éclairage; la *moutarde* ou le *sénevé* dont la graine renferme une farine fréquemment employée soit comme assaisonnement, soit comme médicament; le *cresson* dont les feuilles servent d'aliments ou d'assaisonnements; le *pastel* qu'on emploie en peinture pour la couleur bleue; la *giroflée,* le *cochléaria,* la *corbeille d'or,* qui sont des fleurs d'ornement. — Les *capriers* ont beaucoup de rapports avec les crucifères. Les boutons des capriers confits dans le vinaigre portent le nom de câpres et servent d'assaisonnements. Cette famille comprend encore le *réséda,* dont l'espèce la plus remarquable est le *réséda odorant* qu'on cultive dans les jardins. — Les *érables* sont des arbres à feuilles opposées et simples dont les fleurs sont disposées en grappe ou thyrse. Les principales sont : *l'érable jaspé*, *l'érable à feuilles de frêne*, *l'érable sycomore*, *l'érable à sucre*. On range encore dans cette famille le *marronnier d'Inde*, qui est si remarquable par la beauté de ses fleurs, et dont le délicieux ombrage fait l'agrément de nos promenades et de nos jardins. — Les *guttifères* sont des arbres ou des arbrisseaux remplis d'un suc résineux ou gommeux dont on fait la *gomme-gutte*, substance employée dans la médecine et la peinture. — Les *aurantiacées* renferment l'*oranger*, le *citronnier*, *l'arbre à thé* et le *camélia* du Japon. Les *orangers* et les *citronniers* sont des arbres qui se plaisent dans les pays chauds. Leurs fleurs sont odoriférantes et leurs fruits excellents. L'*arbre à thé* est originaire de l'Asie, et il croît naturellement dans la Chine et au Japon. C'est un arbrisseau toujours vert, et ce sont les feuilles de cet arbre qui, desséchées, roulées et aromatisées, produisent le *thé* dont on fait universellement une si grande consommation. Le *camélia* est une plante d'ornement dont les fleurs rivalisent de beauté avec la rose. Il est toujours vert, et il sert à décorer les jardins et les arbres. — Les *ampélidées* ou *vinifères* sont des arbustes grimpants et sarmenteux. Ils produisent toutes les différentes espèces de raisins. La vigne est originaire de l'Asie. Son fruit fournit le vin, le vinaigre, et produit par la distillation l'*eau-de-vie* et l'*alcool*, qu'on appelle vulgairement *esprit-de-vin*. — Les *géraniacées* doivent leur nom au *géranium*, qui est le principal genre de cette famille. Ce genre renferme une foule d'espèces dont la variété fait l'ornement de nos jardins. La *capucine*, dont les fleurs servent à orner les salades, et la *balsamine,* qui est une plante d'ornement très-remarquable, sont aussi rangées dans cette même famille. — Les *malvacées* sont des herbes, des arbrisseaux et des arbres dont les diverses parties renferment une substance mucilagineuse, qui les fait employer en médecine, à cause de leurs propriétés émollientes. Les plus remarquables sont les *mauves* et les *gui-mauves,* qu'on distingue par les divisions de leur calice, et qu'on emploie comme médicaments ; le *cacaoyer* dont le fruit, le *cacao,* sert à faire le chocolat ; le *baobab* du Sénégal, le plus gros et le plus grand de tous les arbres connus, et le *co-tonnier,* qu'on cultive surtout en Egypte, dans les Indes orientales et en Amérique, et dont les graines sont enveloppées d'un duvet qu'on appelle *coton,* et qui est employé à faire une foule d'étoffes. — Les *tiliacées* forment une petite famille que l'on place près de celle des *malvacées.* Le tilleul est le genre principal de cette famille. On emploie les fleurs de cet arbre pour faire des infusions, et les fibres de l'écorce servent à fabriquer des toiles et des cordages.— Les *caryophyllées* sont des plantes herbacées à tiges noueuses et cylindriques. Les principaux genres sont les *œillets* et les *lychnis,* la *saponaire* et la *morgeline* ou le mouron des petits oiseaux et la *nielle des blés,* qui sont des plantes médicinales. On rattache encore à cette famille le *lin* dont l'écorce produit des fils qui servent à fabriquer les batistes, les dentelles et les toiles les plus fines. Sa graine est un émollient très-précieux que la médecine emploie souvent. Elle renferme une huile qui est bonne à manger quand elle est fraîche, mais qu'on emploie surtout pour l'éclairage et la

peinture. — Les *violariées* ont pour type la *violette*
dont une espèce, la violette tricolore est vulgairement connue sous le nom de *pensée*. La médecine
tire parti de cette plante pour provoquer les
sueurs.

Quatorzième classe.

4. La graine des plantes de la quatorzième classe
renferme deux cotylédons : la fleur a une corolle de
plusieurs pétales, et les étamines sont attachées au
calice. On désigne toutes les plantes de cette classe
sous le nom de *péripétalées.*

Les principales familles que cette classe renferme
sont : les *légumineuses*, les *rosacées*, les *cucurbita-*
cées, les *grossulariées*, les *myrtacées*, les *térébintha-*
cées, les *rhamnées* et les *cactiers.*

Les *légumineuses* forment une des familles les
plus nombreuses du règne végétal. Elle comprend
des plantes herbacées, des arbrisseaux et des arbres
élevés, et ses divers genres sont extrêmement utiles
à l'homme. Ainsi beaucoup d'arbres de cette famille
servent à la charpente et à l'ébénisterie, comme le
bois de palissandre ; d'autres sont employés à la
teinture, comme le *bois de campêche*, qui donne la
couleur rouge, l'*indigotier* la couleur bleue et le
genêt la couleur jaune. La médecine emploie la
casse, le *mélilot* et le *tamarin* de l'Inde, la *ré-*
glisse, etc. Nous cultivons le *pois*, le *haricot*, la *fève*,
la *lentille* dont la graine renferme une fécule très-
nourrissante, et ce genre renferme une multitude
de plantes potagères, qu'on désigne généralement
sous le nom de légumes. C'est même de là qu'est
venu à cette famille le nom qu'elle porte. Parmi les

plantes fourragères, on distingue la *luzerne*, la *vesce*, le *trèfle*, le *sainfoin*, la *févrole*, le *pois gris* ou *bisaille*. Il y a aussi dans cette même famille des plantes d'ornement, comme le *baguenaudier*, le *cytise* des Alpes, le *lotus*, le *faux acacia* dont les fleurs blanches sont disposées en grappes pendantes, et l'*acacia* véritable, qui fournit la gomme arabique. — Les *rosacées* forment une famille très-nombreuse dont les diverses tribus nous fournissent nos plus belles fleurs et nos meilleurs fruits. Telle est la *rose*, qui est avec toutes ses variétés la merveille de nos jardins. Les espèces les plus cultivées sont : le *rosier de Bengale*, qui fleurit presque toute l'année ; le *rosier des quatre saisons*, le *rosier blanc*, le *rosier de Provins*, etc. L'*églantier*, ou le rosier des haies appartient à cette famille. Parmi les arbres à fruits compris dans les rosacées, nous citerons particulièrement : le *pommier*, le *poirier*, qui servent à faire d'excellentes boissons ; le *cognassier*, le *prunier*, le *pêcher*, l'*abricotier* et le *cerisier* dont les fruits font de bonnes confitures ; le *néflier* dont le fruit globuleux renferme cinq loges osseuses qui contiennent chacune une graine. Presque tous ces arbres qui se plaisent parfaitement dans nos pays, sont cependant originaires d'autres contrées. Ainsi le premier nous vient de Damas ; le pêcher est un emprunt fait à la Perse ; l'*abricotier* a été transporté de l'Arménie ; et le *cerisier* est né primitivement dans le Pont, en Asie-Mineure. Le *merisier* est une espèce de *cerisier*. Il est très-commun dans les bois, et l'on sait que c'est avec les merises noires, qu'on fabrique le kirsch à Fouquelles, dans les Vosges. L'*amandier* est aussi de cette famille. On distingue les amandes douces et les amandes amères. Ces dernières contiennent un poison très-violent; mais les premières servent à faire le sirop d'orgeat, et on les présente sur nos tables. Elles nous viennent de l'Algérie et du midi de la France. Le *fraisier* et la *ronce*, qui sont des plantes rampantes, forment la première tribu de cette famille, qu'on appelle la tribu des *fragariées*. Le *framboisier* est une des espèces de ce genre. On sait que la framboise est un fruit excellent et qu'on en fait des confitures aussi bien qu'avec la prune, l'abricot et la groseille. — Les *cucurbitacées*, qu'on a d'abord rangés dans la classe suivante, sont des plantes herbacées grimpantes. Tels sont les *melons* et les *pastèques* ou *melons d'eau* dont les fruits sont sucrés et rafraîchissants, les *concombres* dont on fait les *cornichons*; les *potirons*, les *courges* et les *citrouilles* qui sont des plantes alimentaires; la *coloquinte* et la *bryone*, qui sont amères et purgatives. — Les *grossulariées* renferment les différentes espèces de groseilliers dont les baies sont si connues. — Aux *myrtacées* appartiennent les *myrtes* qu'on cultive à cause de la beauté de leurs fleurs et de leurs tiges, le *grenadier* commun, le *séringat* odorant et le *giroflier* dont on emploie comme aromates les boutons qu'on appelle *clous de girofle*. — Les *térébinthacées* renferment un très-grand nombre de substances balsamiques et résineuses. Ce sont des arbres ou des arbrisseaux, qui sont presque tous étrangers à nos contrées. Les principaux genres de cette famille sont les *térébinthes* ou *pistachiers*, qui produisent les amandes vertes ou *pistaches*; l'*acajou*, qui est un arbre d'Amérique, dont le tronc fournit le bois si beau et si connu qui sert à faire des meubles; les *baumiers* ou *balsamines*, qui donnent le baume, la myrrhe et l'encens; le *sumac*, qui sert à tanner les cuirs, et le *manganier*, qui vient dans les Indes où il produit des fruits délicieux. On rattache encore aux térébinthacées le *noyer* dont l'écorce sert à la teinture, le bois à l'ébénisterie, et dont le fruit est un excellent comestible, que l'on désigne sous le nom de *noix*. L'écorce de la noix ou le *brou* est employée à faire une liqueur qui porte ce nom. — Les *rhamnées* sont des végétaux ligneux qui forment une famille voisine des légumineuses. Les principaux genres sont le *nerprun* ou *rhamnus*, qui est une plante médicinale très-commune dans nos forêts; le *jujubier*, dont le fruit est de la grosseur d'une olive; il se mange frais, et entre dans la composition de la pâte pectorale; le *houx*, qui est un arbre vert dont les feuilles sont épineuses, les fleurs rouges, et qui sert à préparer la glu; le *fusain* dont le charbon sert pour le dessin et la fabrication de la poudre à canon. — Les *cactiers* comprennent tous les *cactus* ou *cierges*, plantes à la tige grasse et épaisse. Un des plus remarquables est le *nopal* ou *figuier d'Inde* sur lequel on recueille la cochenille, espèce d'insecte qui sert à la préparation de la couleur écarlate. On distingue encore le *cierge du Pérou*, le *serpentin*, le *melon épineux*.

Quinzième classe.

5. La graine des plantes de la troisième classe renferme deux cotylédons; la fleur n'a point de pétales; les étamines sont séparées du pistil. C'est ce dernier caractère qui a fait désigner toutes les plantes de cette famille sous le nom de *déclines*.

Cette classe a déjà subi des modifications nombreuses, parce que la distinction sur laquelle elle repose n'est pas assez naturelle. Nous en avons détaché la famille des cucurbitacées, que Jussieu y a comprises. Plusieurs autres changements y seront sans doute encore apportés, à mesure que la science se développera. C'est pourquoi nous n'indiquerons ici, parmi les principales familles de cette classe, que les *euphorbiacées*, les *urticées*, les *amentacées* et les *conifères*.

Les *euphorbiacées* produisent un fruit à deux, trois ou plusieurs coques. Nous citerons le *buis*, qui donne au tourneur et au graveur un bois précieux par son tissu serré et homogène; le *ricin*, dont la graine fournit une huile purgative; le *croton*, qui produit la teinture de tournesol; l'*hévé* de la Guyane, dont une espèce donne la gomme élastique, appelée *caoutchouc*; le *manioc*, dont la racine, après une certaine préparation, donne une fécule alimentaire qu'on nomme *tapioka*. Mais plusieurs des plantes de cette famille sont des poisons violents; tel est le *mancenillier*, qui ne le cède, sous ce rapport, à aucun des végétaux. — Les *urticées* sont des plantes herbacées ou de petits arbustes dont l'écorce est généralement propre à faire du fil et du papier. Cette famille doit son nom aux *orties* dont la tige et la feuille sont recouvertes de poils dont la piqûre cause des douleurs cuisantes. Ses principaux genres sont : la *pariétaire*, qui croît dans les fentes des vieux murs; le *houblon*, qu'on emploie pour faire la bière; et le *chanvre*, dont l'écorce, comme celle du lin, sert à fabriquer du fil, de la toile et des cordes; la graine, connue sous le nom de *chènevis*, donne une huile grasse et épaisse, bonne surtout pour l'éclairage. — Les *antocarpées* sont des plantes ligneuses qui forment une des tribus de cette famille. On distingue dans cette tribu : le *jaquier* ou l'arbre à pain dont les fruits globuleux font la principale nourriture des habitants de la mer du Sud ; *l'arbre de la vache*, qu'on trouve en Amérique dans les Cordilières, et dont le suc abondant a le goût et la couleur du lait ; le *mûrier*, qui se plaît dans les pays chauds, et dont les feuilles servent de nourriture aux vers à soie ; le *figuier* dont les fruits sont si connus, et le *poivre,* qui croît dans l'Inde et dont les baies réduites en poudre servent aux assaisonnements. Le *bétel*, que mâchent les Orientaux, est une des espèces de ce genre. — Les *amentacées* se divisent en plusieurs groupes, parmi lesquels nous distinguerons l'*orme,* le *saule*, le *peuplier, le platane,* le *hêtre* et le *châtaignier*, le *charme*, le *bouleau* et le *chêne*. On voit que cette famille comprend les plus beaux arbres de nos contrées. Le *charme* est un bois très-dur, employé pour le charronnage et le chauffage ; le *hêtre* est plus tendre, mais il n'en est pas moins précieux ; le *châtaignier* produit des fruits excellents qui, dans certaines contrées, sont presque la nourriture exclusive des habitants. Les *châtaignes* se distinguent des *marrons* en ce qu'elles renferment plus d'une graine. Le marron n'en renferme qu'une, qui est par conséquent plus grosse. Notre *chêne commun* est le plus beau, le plus vigoureux de tous nos arbres ; on l'emploie pour ce motif, comme bois de charpente, dans la construction des maisons et des vaisseaux. Dans la partie méridionale de l'Europe on remarque l'*yeuse*, ou *chêne vert*, dont les feuilles dentelées se conservent pendant l'hiver. Cet arbre fournit la *noix de galle*, qui est une excroissance charnue qui se développe sur ses feuilles. On trouve en Espagne et au midi de la France le *chêne-liège*, dont la couche subéreuse de l'écorce forme le liège, comme nous avons déjà eu occasion de le dire. — Les *conifères* sont désignés généralement sous le nom d'*arbres verts* et d'*arbres résineux*. On leur donne ce nom, parce que leur fruit est ordinairement un cône écailleux. Les *pins* et les *sapins* sont les types de cette famille. On les distingue spécialement par la disposition de leurs feuilles, qui sont solitaires chez les sapins, et réunies en faisceaux de deux à cinq chez les pins. Ils forment l'un et l'autre des arbres magnifiques, et de plusieurs espèces on extrait un suc résineux appelé *térébenthine, goudron, colophane, poix de Bourgogne*, etc. On remarque encore dans cette famille le *cèdre du Liban*, un des arbres les plus grands et les plus majestueux du règne végétal ; les *mélèzes* dont les cônes sont composés d'écailles non épaisses au sommet ; les *ifs* dont les baies vénéneuses ont la rougeur de la cerise ; les *cyprès*, les *genévriers* dont le fruit globuleux et charnu sert à aromatiser les liqueurs.

6. Telles sont les classes naturelles établies par Jussieu et par les botanistes célèbres de son école. Pour qu'on puisse se faire une idée juste et nette des caractères particuliers de chacune d'elles, de leur ressemblance et de leur différence, nous allons les reproduire sous forme de tableau, de telle sorte que d'un coup d'œil on puisse se rappeler les divisions que nous avons indiquées et les phénomènes sur lesquels elles reposent.

TABLEAU GÉNÉRAL DE LA CLASSIFICATION NATURELLE DE JUSSIEU.

ACOTYLÉDONES. . . . . 1. *Acotylédones.*

MONOCOTYLÉDONES. Etamines. . hypogynes. . . . . . . 2. *Monohypogynes.*

périgynes . . . . 3. *Monopérigynes.*

épigynes. . . . . 4. *Monoépigynes.*

apétales. . . épigynes. . . . . 5. *Epistamiales.*

périgynes . . . . 6. *Péristaminées.*

hypogynes. . . . . . . 7. *Hypostaminées.*

Fleurs hermaphrodites ou monoïques. monopétales hypogynes. . . . . . . 8. *Hypocorollées.*

périgynes . . . . 9. *Péricorollées.*

épigynes { soudées ensemble. 10. *Epicorollées synanthérées.*

anthères { distinctes. . . . 11. *Epicorollées corissanthérées.*

polypétales. épigynes. . . . . 12. *Epipétalées.*

hypogynes. . . . . . . 13. *Hypopétalées.*

périgynes . . . . 14. *Péripétalées.*

DYCOTYLÉDONES.

Fleurs dioïques. . . . . 15. *Déclines.*

Questionnaire. — 1. En combien de classes divise-t-on les plantes dicotylédones polypétales ? Par quelle espèce de plantes est formée la dernière classe ? Quel rang occupent les quatre dernières classes dans la classification générale ? 2. A quels caractères reconnaît-on les plantes de la douzième classe? Quelle est la plus remarquable des familles qu'elle renfeme ? Par quoi cette famille est-elle spécialement caractérisée? Citez les principaux genres qu'elle renferme. 3. A quels caractères reconnaît-on les plantes de la treizième classe ? Quelles sont les principales familles qu'elle renferme ? De quelle utilité sont les renonculées ? Quels en sont les principaux genres ? Quelle est l'espèce la plus utile des papavéracées ? D'où est venu à la famille des crucifères son nom ? Quels sont ses principaux genres ? Quels sont les arbres remarquables qui appartiennent à la famille des érables? Quel usage fait-on des guttifères? Quels sont les principaux aurantiacées ? Quel est le fruit des ampélisées ? Faites-nous connaître le type des géraniacées. Quels genres comprend-on dans la famille des malvacées ? De quelle utilité sont le cacaoyer et le cotonnier? A quelle famille appartient le tilleul ? Quels sont les genres les plus remarquables des caryophillées ? Quel profit tire-t-on du lin ? A quelle fin la médecine emploie-t-elle les violariées? 4. Quels sont les caractères des plantes de la quatorzième classe ? Citez-en les principales familles. Quels sont les principaux genres que comprennent les légumineuses ? A quels divers usages les fait-on servir ? Qu'y a-t-il de remarquable dans la famille des rosacées ? Quels sont les meilleurs fruits que les diverses tribus de cette famille produisent? Quel est le caractère des cucurbitacées ? Citez les meilleurs genres. Que comprennent les grossulariées ? — les myrtacées? Quels avantages retire-t-on de cette dernière famille ? Quel est le caractère des térébinthacées? Faites-nous connaître les plus importantes avec leurs divers usages. Qu'offrent de particulier les cactiers? Quel est le genre le plus remarquable ? 5. A quels caractères reconnaît-on les plantes de la quinzième classe? Quelles sont les principales familles qu'elle renferme ? Quel est le caractère des euphorbiacées? Citez les genres les plus importants de cette famille. Quelles plantes comprennent les urticées? Quel usage fait-on de ces plantes? Quels sont les arbres les plus remarquables de la famille des amentacées? Quelles sont les différentes espèces de chêne? Qu'est-ce qui caractérise les conifères? De quelle manière distingue-t-on les pins des sapins? Quels sont les principaux genres que renferme cette famille? 6. Faites le tableau général de la classification naturelle des végétaux d'après le système de Jussieu.

CHAPITRE XVIII.

GÉOGRAPHIE BOTANIQUE.

1. NOTIONS GÉNÉRALES. — La géographie botanique a pour objet l'étude de la distribution des végétaux sur le globe. Parmi les végétaux que nous avons décrits, les uns se plaisent dans les sables, les autres dans les forêts, les marais, la terre fertile ou la mer. Le milieu qui convient à la plante, d'après sa nature, se nomme *station*. Par là même que les plantes ont des besoins divers, et qu'il faut aux unes un climat très-ardent et un sol aride, et aux autres un climat très-modéré et des pluies abondantes, le même lieu ne peut être apte à produire toute espèce de végétaux. On en trouve en France qui ne pourraient naître et se développer dans les régions tropicales, et il y en a dans les régions tropicales qui ne pourraient réussir parmi nous. L'endroit qui convient à une plante, pour se nourrir et se reproduire, se nomme son *habitation*. La nature n'a pas déterminé l'habitation de chaque plante d'une manière tellement fixe et invariable que chacune d'elles ne puisse être cultivée avec succès que dans le lieu où elle est née. Il est facile, au contraire, de transporter une plante d'un lieu à un autre, pourvu qu'elle trouve dans ce dernier un sol analogue à celui qui l'a produite primitivement et qu'il n'y ait pas une trop grande différence entre le climat des deux contrées. C'est ainsi qu'on a transporté souvent avec avantage une foule de plantes d'Asie ou d'Amérique en Europe, et d'Europe en Asie et en Amérique.

2. La géographie botanique pourrait se faire, par conséquent, à deux points de vue. On pourrait indiquer les contrées qu'habite actuellement chaque plante et qu'elle a habitées. La science, considérée sous cet aspect, aurait un côté historique, puisqu'il y a eu réellement transplantation de la même plante d'un lieu à un autre, et que, ces transplantations ayant eu lieu à diverses époques, elles constituent dans leur ensemble des migrations analogues à celles des animaux. Il y aurait sans doute un grand intérêt à suivre dans le détail tous ces changements, mais ils ne constituent cependant pas le côté pratique et utile de la science. Ce qu'il y aurait d'éminemment avantageux, ce serait de connaître toutes les contrées que chaque plante peut habiter avec prospérité. Cette connaissance guiderait l'agriculteur dans ses travaux et l'aiderait à tirer de toutes les parties du sol tout le profit possible. C'est bien dans ce sens que la science a dirigé jusqu'alors ses observations et ses richesses, mais elle n'est pas encore arrivée à des résultats assez complets pour qu'on puisse assigner aux différents végétaux tous les lieux qui peuvent être respectivement habitables. Nous sommes obligés de nous en tenir à des généralités.

3. Divisions générales de la géographie botanique. — Nous ferons donc seulement remarquer que des pôles à l'équateur les espèces se multiplient progressivement. Dans les sables brûlants des déserts et dans les plages glacées des pôles, c'est-à-dire là où la température est extrême, il n'y a aucune trace de végétation; dans toutes les autres contrées et à toutes les latitudes on trouve des plantes. Mais à mesure qu'on avance vers les pays froids, les individus s'appauvrissent et les espèces diminuent. Vers le nord, on ne trouve plus que des mousses et des lichens; tandis que dans la zone tempérée la végétation est riche, variée et abondante. Mais nulle part la nature ne déploie dans le règne végétal autant de luxe et de majesté qu'entre les tropiques. C'est là qu'on trouve ces immenses forêts qui couvrent des terrains d'une étendue infinie et qui sont peuplées d'arbres d'une colossale grosseur. Les fougères, si faibles, si rachitiques dans nos contrées, s'élèvent dans ces pays privilégiés à la hauteur de nos pins et de nos peupliers.

4. DE LA VÉGÉTATION SUR LES MONTAGNES. — On peut se rendre compte de la variété que la différence de température introduit dans le règne végétal, en examinant l'état de la végétation à divers degrés d'élévation sur une montagne. Par là même qu'en s'élevant on change sans cesse de température, et pour ainsi dire de climat, on voit l'aspect des végétaux varier à chaque instant. Qu'on monte, par exemple, les Alpes; au pied on remarquera d'abord les plantes des champs; viennent ensuite les noyers et les châtaigniers et tous les arbres à feuilles caduques; on trouve des chênes jusqu'à 800 mètres, des hêtres jusqu'à 1,000 mètres, des bouleaux jusqu'à ce qu'on rencontre des arbres verts; le sapin, le pin, le mélèze, qui s'élèvent à 1,800 mètres. Le bouleau les accompagne et les dépasse pour atteindre à 2,000 mètres. Au delà on ne trouve plus que d'humbles taillis, et enfin la verdure devient plus rare, et les lichens seuls couvrent les rochers, qui n'offrent à leur sommet que des neiges éternelles. Ce tableau est l'image fidèle de la progression décroissante que suit la végétation de l'équateur aux pôles.

5. DES CONTRÉES PROPICES AUX PLANTES UTILES A L'HOMME. — Toutes les contrées de la terre ne sont pas habitables pour l'homme ni pour les plantes qui doivent servir à sa nourriture. Il est à remarquer que celles-ci se plaisent précisément dans les climats qui nous environnent le mieux, et en général leur domaine est étendu proportionnellement à leur utilité. Ainsi les *céréales* s'étendent à une haute latitude ; et là où le blé manque il est suppléé par la pomme de terre dans les régions du Nord, par le riz en Orient, par le châtaignier dans les régions montueuses du Midi, par le dattier dans les sables brûlants de l'Afrique. La vigne ne va pas dans le Nord au delà d'une ligne qu'on mènerait de Nantes à Paris, de Paris à Metz et à Strasbourg en remontant vers la Moselle et le Rhin, et qui descendrait ensuite en Silésie pour aller de là en Hongrie, en Crimée et au nord de la mer Caspienne. Au midi elle s'arrête aux Canaries, suit le littoral barbaresque, l'Egypte et passe en Perse ; mais elle ne mûrit pas dans des régions plus orientales. Nous avons vu d'ailleurs qu'on supplée au vin qu'elle produit par le cidre, le poiré, la bière dans le Nord, et que dans le Midi il y a plusieurs plantes qui donnent une boisson tout à la fois agréable et rafraîchissante. A la vue de cette prodigieuse fécondité de la nature, soyons donc pénétrés d'amour pour son auteur, et gardons-nous de jouir de tous ces biens sans lui en témoigner fréquemment notre vive reconnaissance.

QUESTIONNAIRE. — 1. Quel est l'objet de la géographie botanique? Qu'appelle-t-on la station d'une plante? Qu'entend-on par son habitation? L'habitation est-elle quelque chose d'invariable? 2. Sous combien de points de vue peut-on envisager la géographie botanique? Quel serait le caractère du premier de ces points de vue? En quel sens pourrait-on le dire historique? Quel est le caractère du second? Pourquoi le préfère-t-on au premier? 3. Quel est le caractère général de la végétation des pôles à l'équateur? Que remarque-t-on dans le Nord? — dans la zone tempérée? Quels phénomènes présente la végétation dans les régions tropicales? 4. Quels phénomènes présente la végétation sur les montagnes? Décrivez successivement tous ces phénomènes. Quelle image nous offre cette variété? 5. Trouve-t-on dans toutes les contrées de la terre les plantes utiles à l'homme? Par quelles plantes le blé est-il remplacé dans le Nord? — dans l'Orient? — dans le Midi? — dans les contrées sablonneuses de l'Afrique? Tracez les limites des contrées où l'on cultive la vigne. Par quelle boisson remplace-t-on le vin dans les pays où l'on ne récolte pas de raisins? Quels doivent être nos sentiments envers Dieu à la vue de tous les bienfaits dont il nous a comblés?

ZOOLOGIE.

CHAPITRE I.

NOTIONS GÉNÉRALES.

1. DÉFINITION DE LA ZOOLOGIE. — La zoologie est
la partie de l'histoire naturelle qui a pour objet l'é-
tude des animaux. Nous avons dit à propos de la
botanique que ce qui établissait une différence entre les animaux et les plantes, c'est que celles-ci
n'avaient ni la faculté de se mouvoir, ni de sentir,
tandis que les animaux sont nécessairement doués
de cette double propriété.

2. DES ORGANES. — Les parties solides qui renferment dans les animaux les parties liquides, et
qui forment ainsi des tissus de natures diverses,
constituent l'ensemble de leur *organisation*. On
donne le nom d'*organes* aux parties du corps par
lesquelles le jeu de la vie s'exerce. Ces organes sont
autant d'instruments appropriés à des fins particulières. Ainsi les uns, qu'on appelle *muscles*, servent
aux animaux à se mouvoir; les autres, comme les
sens, leur donnent la faculté de sentir, et leur servent dans les relations qu'ils doivent avoir avec tous
les êtres qui les environnent. Lorsque plusieurs organes concourent à la production d'un seul et même
phénomène, on donne à leur ensemble le nom

d'*appareil*. On dit, par exemple, l'*appareil de la digestion* pour désigner tous les organes qui aident l'animal à digérer les aliments. L'action de chaque organe ou de chaque appareil est désignée sous le nom de *fonction*. Ainsi on dit les *fonctions de l'estomac*, les *fonctions des intestins*, les *fonctions des dents*, etc.

3. DES FONCTIONS DE NUTRITION. — Les fonctions des animaux sont très-variées; mais on peut les réduire à deux principales, les fonctions de *nutrition* et les fonctions de *relation*. Les fonctions de *nutrition* sont celles qui servent à nourrir l'animal, c'est-à-dire à assurer le maintien de son corps et à en favoriser l'accroissement. Ces fonctions consistent essentiellement dans la *digestion*, l'*absorption*, la *circulation*, la *respiration*, l'*assimilation*, l'*exhalation* et les *sécrétions*. Par la digestion l'animal prépare les matières organiques qu'il a puisées au dehors, et les rend propres à pénétrer ses organes; par l'absorption il pompe les substances qui l'environnent, ou qui sont déposées dans l'intérieur de son corps pour les faire pénétrer dans ses humeurs; par la circulation il distribue au moyen du sang le fluide nourricier dans toutes les parties de son corps; par la respiration il renouvelle le sang lui-même; par l'assimilation il s'identifie les nouveaux matériaux que le fluide nourricier lui fournit, et par l'exhalation et les sécrétions il se délivre de toutes les matières qui doivent être expulsées de l'économie animale.

4. DES FONCTIONS DE RELATION. — Les fonctions de *relation* sont celles qui mettent l'animal en rapport avec tous les autres êtres qui l'environnent. Elles se réduisent spécialement à deux facultés la faculté de *sentir* et celle de se *mouvoir*, et sont le résultat de deux appareils, l'appareil des sensations et l'appareil des mouvements.

L'appareil des *sensations* se compose de deux choses : le *système nerveux* et les sens, qui sont le *toucher*, le *goût*, l'*odorat*, l'*ouïe* et la *vue*.

L'appareil des *mouvements* se compose aussi de deux sortes d'organes; les uns qui sont *actifs* et les autres *passifs*. Les organes actifs agissent et produisent le mouvement, ce sont les *muscles*. Les organes passifs subissent au contraire l'action ; elle s'exerce sur eux; ce sont les *os* et toutes les parties qui en tiennent lieu.

5. Étendue de la zoologie en général. — Pour étudier la zoologie dans toute son étendue il faudrait approfondir trois choses : la structure intérieure du corps de tous les animaux ; le jeu de leurs organes et la manière dont la vie s'entretient, se développe et se produit en eux; enfin le caractère particulier de chacun d'eux, leurs mœurs, leurs habitudes et leurs propriétés. La première partie de cet immense travail constituerait ce qu'on appelle l'*anatomie*, la seconde la *physiologie*, et la troisième l'étude *historique et descriptive* de tout le règne animal. Si chacune de ces parties était complètement connue, la science zoologique serait faite. Mais quand on réfléchit à la multitude infinie d'animaux qui ont peuplé et qui peuplent le globe, on désespère de voir jamais la science humaine arriver à la connaissance de toutes les merveilles que la Providence a répandues dans cette partie de ses œuvres. Et quand on serait encore parvenu à étudier sous le triple rapport que nous avons déterminé tous les êtres vivants qui frappent nos yeux, il suffirait de s'armer d'un microscope pour découvrir tout à coup un monde nouveau, non moins riche, non moins varié que celui qui est l'objet accoutumé de notre admiration et de notre étonnement.

6. Division générale de cet ouvrage. — Dans ce petit ouvrage nous nous bornerons aux notions les plus générales et les plus essentielles. Nous nous attacherons surtout à l'intelligence et à l'explication des phénomènes les plus vulgaires. Ainsi nous emprunterons à l'anatomie les notions nécessaires pour comprendre les fonctions de nutrition et les fonctions de relation qui constituent la vie animale. La physiologie nous éclairera dans l'étude de ces deux grandes fonctions, puisqu'elles entrent tout spécialement dans son domaine. Après avoir ainsi parlé en général de la vie animale, nous arriverons à la classification des animaux. L'étude de cette classification nous orientera dans les notions de zoologie descriptive qui feront la dernière partie de ce traité. Ce plan est absolument analogue à celui que nous avons suivi pour la botanique; et, indépendamment de sa simplicité, il aura encore l'avantage de faire ressortir les nombreux rapports qui se trouvent entre ces deux sciences.

Questionnaire. — 1. Quel est l'objet de la zoologie? En quoi les animaux diffèrent-ils des plantes? 2. Qu'est-ce qui compose l'organisation dans les animaux? Qu'appelle-t-on organe? Qu'est-ce qu'un appareil? Qu'entend-on par fonction? 3. Quelles sont les principales fonctions dans la vie animale? Qu'appelle-t-on fonctions de nutrition? En quoi consistent-elles? Énumérez toutes les fonctions particulières qui constituent toutes les fonctions de nutrition. 4. Qu'est-ce que les fonctions de relation? En quoi consistent-elles? De quoi se compose l'appareil des sensations? De quoi se compose l'appareil des mouvements? **5.** Quels sont les divers effets de la zoologie en général? Quel nom donne-t-on à chacune de ces sciences? Est-il possible à l'homme de les embrasser toutes et de les approfondir? **6.** Quelle sera la marche suivie dans ce traité? Qu'étudierons-nous d'abord? Quel rapport y a-t-il entre ce plan et celui que nous avons suivi pour la botanique?

CHAPITRE II.

DES FONCTIONS DE NUTRITION. DE LA DIGESTION ET DE L'ABSORPTION.

1. DE LA DIGESTION EN GÉNÉRAL. — La digestion est cette fonction qui a pour objet chez les animaux de séparer des aliments les parties nutritives et deles transformer en un liquide propre à se mêler au sang. Ce liquide prend le nom de *chyle*. Le travail de la digestion se fait à l'intérieur du corps dans une cavité qui prend le nom d'*estomac*. L'appareil digestif se compose de la *bouche*, destinée à recevoir les aliments; des *dents*, qui divisent et broient les aliments reçus; du *pharynx* ou *arrière-bouche*, et de l'*œsophage*, qui servent à introduire les aliments dans l'estomac après qu'ils ont été broyés; de l'*estomac*, qui conserve pendant un temps la nourriture reçue pour la transformer; de certaines glandes, telles que le *foie* et les *glandes salivaires*, dont les humeurs aident à la transformation des aliments; de l'*intestin grêle*, qui reçoit de l'estomac l'aliment déjà transformé, et qui lui fait subir encore une nouvelle transformation; enfin du *gros intestin*, qui sert à l'excrétion des matières inutiles.

2. DES PRINCIPAUX PHÉNOMÈNES DE LA DIGESTION.

— Les actes principaux qu'accomplissent tous les organes de l'appareil digestif sont : la *préhension des aliments*, la *mastication*, l'*insalivation*, la *déglutition*, la *chymification*, la *chylification*, l'*expulsion* des matières non nutritives et l'*absorption* des matières nutritives.

La *préhension des aliments* se fait directement par la bouche chez la plupart des animaux. Quelques-uns ont recours à d'autres organes pour exécuter ce mouvement. L'éléphant se sert de sa trompe, le perroquet de sa patte, et le singe de sa main à l'imitation de l'homme.

La *mastication* s'opère par les dents. On distingue trois sortes de dents : les *incisives*, les *canines* et les *molaires*. Les *incisives* sont minces et tranchantes et occupent le devant de la bouche ; les *canines* sont longues et pointues, et sont placées de chaque côté ; les *molaires* sont très-larges et se trouvent en arrière. La dentition varie beaucoup chez les animaux en raison des divers genres d'aliments dont ils se nourrissent.

L'*insalivation* a lieu en même temps que la mastication. La salive se mêle aux aliments pour en rendre la déglutition et la digestion plus faciles. La salive est produite par six glandes, dont les deux plus grosses sont placées sous la peau de chaque côté de la face, entre l'oreille et la mâchoire. On les appelle glandes *parotides*. Les autres sont sous la langue et derrière la mâchoire inférieure, et on leur donne, en raison de leur position, les noms de *sub-linguales* et de *sous-maxillaires*.

La *déglutition* fait passer les aliments de la bouche dans l'estomac. Pendant ce trajet, ils traversent le *pharynx*, ou l'*arrière-bouche*, qui se trouve entre la base du crâne et le devant du cou. Par sa partie supérieure, le pharynx communique avec les narines, et sa partie inférieure présente deux ouvertures. Par l'une il communique avec le larynx et la trachée-artère, c'est la *glotte;* par l'autre il communique avec l'*œsophage.* Quand on avale de travers, les aliments pénètrent dans le larynx et déterminent une toux désagréable. — L'*œsophage* n'est que la continuation du pharynx. C'est un long tube qui descend du cou dans l'estomac en passant derrière le cœur et les poumons. Il remplit l'office d'un canal qui conduirait les aliments dans l'estomac.

La *chymification* est la digestion stomacale. L'estomac est une poche placée en travers au-dessus du ventre. Cette poche a deux ouvertures, l'une à gauche par laquelle elle communique avec l'œsophage, et l'autre à droite par laquelle elle communique avec les intestins. Aussitôt que les aliments sont arrivés à l'estomac, ces deux ouvertures se contractent, et les aliments sont forcés de rester ainsi enfermés pendant quelque temps. Alors ils s'imbibent d'un suc particulier qu'on appelle *suc gastrique,* et qui est produit par les parois de l'estomac. Sous l'action de ce suc ils se ramollissent et se transforment en une espèce de bouillie épaisse et grisâtre à laquelle on donne le nom de *chyme.* C'est ce travail qui constitue la *chymification.*

Lorque le chyme est formé, l'estomac opère divers mouvements qui poussent cette substance vers son ouverture de droite, pour la faire passer de là dans l'intestin grêle où elle subit une nouvelle modification qui la transforme en *chyle.* Cette nouvelle transformation est due à l'action de la *bile* et du *suc pancréatique* sur le chyme. La *bile* est un liquide verdâtre, très-amer, sécrété par le foie. On lui donne aussi le nom de *fiel*. Cette liqueur s'amasse dans une poche membraneuse qu'on nomme la *vésicule du fiel*, et de là elle est versée dans l'intestin grêle par un canal étroit appelé *conduit cholédoque*. Le *suc pancréatique* arrive au même endroit par un canal analogue. Il se forme dans une glande qui est située derrière l'estomac et qu'on appelle *pancréas*.

Le chyme, soumis à l'action de ces deux liqueurs, est promené dans tout l'intérieur de l'intestin grêle, et pendant le trajet il se décompose en deux parties. L'une, qu'on appelle le *chyle*, s'attache à ses parois pour être ensuite absorbée ; l'autre, qui se compose des parties non nutritives, continue sa route et arrive dans le gros intestin, d'où elle doit être rejetée au dehors. C'est ce qu'on nomme l'expulsion.

3. DE L'ABSORPTION. — Le chyle qui s'attache aux parois du canal alimentaire n'y doit pas rester. Pour qu'il contribue réellement à l'entretien de la vie, il faut que sa substance nutritive soit répandue dans toutes les parties du corps. C'est là précisément ce qu'opère le phénomène de l'*absorption*. Le corps des animaux est formé de tissus qui ont le pouvoir d'absorber toutes les matières fluides qui sont en contact avec leur substance. Cette faculté s'exerce soit au dedans sur les fluides qui se trouvent déposés dans l'intérieur du corps, soit au dehors sur les substances qui les environnent. C'est cette attraction constante et perpétuelle qui sert à l'entretien de la vie animale et qui en favorise le développement.

QUESTIONNAIRE. — **1**. En quoi consiste la digestion ? Où la digestion se fait-elle ? De quels organes se compose l'appareil digestif ? Indiquez les fonctions de chacun de ces organes. **2**. Quels sont les principaux phénomènes de la digestion ?

Comment se fait la préhension des aliments ? Comment s'opère la mastication ? Combien distingue-t-on de sortes de dents ? Comment se fait l'insalivation ? D'où provient la salive ? Comment se fait la déglutition ? Par quels organes passent les aliments pour arriver à l'estomac ? Décrivez le pharynx et l'œsophage. En quoi consiste la chymification ? Décrivez l'estomac. Par quelle liqueur les aliments sont-ils transformés pendant qu'ils séjournent dans l'estomac ? Où se rendent-ils ensuite ? Par quels liquides sont-ils attaqués dans l'intestin grêle ? D'où proviennent ces liquides ? Qu'est-ce que le chyle ? Que deviennent les matières non nutritives ? Que devient le chyle ? 3. Qu'est-ce que l'absorption ? Comment s'opère-t-elle ? Quel en est le résultat ?

CHAPITRE III.

DE LA CIRCULATION ET DE LA RESPIRATION.

1. Du sang. — Par suite de l'absorption, le chyle se mêle au sang pour en augmenter la masse et en réparer les pertes. Le sang est la source de toutes les humeurs du corps, la salive, les larmes, la bile et l'urine ; c'est ce liquide qui entretient la vie dans les organes et leur fournit les matériaux dont ils se composent. On distingue dans le sang deux choses : le *sérum* et les *globules du sang*. Le *sérum* est un liquide jaunâtre et transparent ; les *globules du sang* sont des particules solides d'une petitesse extrême qui nagent dans le sérum. Lorsque le sang est extrait et qu'on le laisse se coaguler dans un vase, la fibrine entraîne avec elle les globules, de manière à former un *caillot*, et elle laisse en liberté le sérum. Les globules sont la partie vivifiante du sang ; le sérum, par lui-même, n'a pas plus de vertu que l'eau.

On peut s'en convaincre par l'opération de la *trans-fusion*. Cette opération consiste à injecter dans les veines d'un animal qu'on vient de saigner à blanc du sang analogue à celui qu'il a perdu. A mesure que ce sang arrive dans ses veines on voit ce cadavre, éteint auparavant, se ranimer insensiblement et revenir à la vie. Si, au lieu d'injecter du sang dans ses veines, on y injectait seulement du sérum, on n'obtiendrait aucun résultat.

2. DE LA CIRCULATION. — Le sang ne reste pas en repos dans l'intérieur du corps. Sans cesse il va du cœur aux extrémités du corps et des extrémités du corps au cœur. Il tourne par conséquent dans une sorte de cercle. Quand il est poussé du cœur vers tous les organes, il est alors très-riche en globules et par là même très-propre à l'entretien de la vie. Pendant ce trajet il distribue à toutes les parties du corps les parties nutritives qu'il possède, et, arrivé aux extrémités, il se trouve appauvri. Alors de là il retourne au cœur, traverse l'appareil de la respiration, où l'air lui rend ce qu'il avait perdu, et après s'être ainsi renouvelé, il repart vers les organes du corps pour les vivifier de nouveau. Ce mouvement se continue pendant toute la durée de la vie, et constitue le phénomène de la *circulation*.

3. DE L'APPAREIL DE LA CIRCULATION. — L'appareil de la circulation se compose de deux choses : des *canaux*, dans lesquels le sang coule ; et du *cœur*, qui sert à le mettre en mouvement.

Les *canaux* dans lesquels le sang coule sont de deux sortes : les *artères* et les *veines*. Les *artères* servent à porter le sang du cœur dans toutes les parties du corps ; le sang qui les remplit prend le nom de *sang artériel*. Il est d'un rouge vermeil ; se coagule

facilement et contient une très-grande quantité de
globules. C'est le sang artériel qui entretient la vie.
Les *veines* servent à ramener le sang de toutes les
parties du corps dans le cœur, le sang qui les remplit
est appelé *sang veineux*. Il suit un mouvement inverse au sang artériel ; il est d'un rouge noirâtre,
se coagule moins facilement que le sang artériel, et
il est moins riche. Il n'est pas propre comme lui à
entretenir la vie, mais au contact de l'air il reprend
ses qualités vivifiantes.

Le *cœur* est un muscle creux situé entre les deux
poumons, à gauche de la poitrine ; il a la forme d'un
cône renversé, la pointe en bas. Une grande cloison
verticale le sépare en deux moitiés, qui offrent chacune deux cavités : un *ventricule* et une *oreillette*. Les
ventricules sont dans la partie inférieure du cœur et
s'ouvrent chacun dans l'oreillette qui est placée au-
dessus. Les cavités du côté gauche du cœur contiennent le sang artériel, et les cavités du côté droit le
sang veineux. Ces cavités se resserrent et s'agrandis-
sent alternativement, et ce double mouvement entretient la circulation. Ce qu'on appelle le *pouls* n'est
que le mouvement occasionné sur les parois des artères à chaque fois que le cœur se contracte. On voit
que le pouls varie suivant les dispositions où l'on se
trouve, et le médecin tire de cet indice de nombreuses inductions.

4. DE LA RESPIRATION. — La respiration a pour
but de transformer le sang veineux en sang artériel,
et elle est pour ce motif une des conditions essentielles de la vie. Tous les animaux respirent. Ceux qui
n'ont pas d'organes affectés particulièrement à cette
fonction respirent par la peau. Les poissons, qui vivent au fond de l'eau, ont eux-mêmes besoin d'une

certaine quantité d'air pour vivre. On peut s'en convaincre en privant absolument d'air l'eau dans laquelle ils sont plongés. Immédiatement après cette opération, on les verra périr comme des oiseaux ou des mammifères qu'on aurait asphyxiés en les privant de l'air atmosphérique.

5. De l'appareil de la respiration. — L'appareil de la respiration se compose des *poumons*, des canaux qui introduisent l'air du dehors dans les poumons et du *thorax*.

Les *poumons* sont des organes très-élastiques qui augmentent de volume quand l'air les remplit et qui diminuent quand ils se vident. Ils se remplissent dans l'*inspiration* et se vident dans l'*expiration*.

L'air extérieur, pour arriver dans les poumons, passe par le nez et par la bouche, s'introduit par la glotte ou l'ouverture du pharynx dans le *larynx*, passe du larynx dans la *trachée-artère*, pour être ensuite distribué dans les cellules pulmonaires par les *bronches*. Nous avons déjà décrit le pharynx à propos de la digestion. Le *larynx* est un tuyau large et court qui sert à la production de la voix. La *trachée-artère* est une continuation du larynx. Elle descend le long du cou et se prolonge jusqu'aux poumons. A son extrémité inférieure elle se divise en deux parties qui se rendent chacune à l'un des deux poumons, et qu'on appelle *bronches*.

Le *thorax* est l'organe qui fait entrer l'air dans les poumons et qui l'en expulse. Son mécanisme ressemble exactement au jeu d'un soufflet, avec cette différence toutefois que, dans les animaux, l'air pénètre dans les poumons et s'en échappe par le même conduit, ce qui n'a pas lieu dans un soufflet.

6. De la chaleur animale. — L'air atmosphérique qui pénètre dans les poumons se compose d'azote et d'oxygène, 79 parties d'azote et 21 parties d'oxygène. Par la respiration l'oxygène ou l'air vital se mêle au sang, et est remplacé par un autre fluide nommé *gaz acide carbonique.* Cet air vicié n'étant plus propre à entretenir la vie, nous éprouvons le besoin de le renouveler. C'est ce que nous faisons par des mouvements alternatifs d'inspiration et d'expiration. Ces mouvements sont plus ou moins rapides, en raison de la constitution plus ou moins forte de l'animal. Dans l'homme, on compte environ vingt mouvements d'inspiration par minute.

L'oxygène que les organes de la respiration absorbent se combine avec l'hydrogène et le carbone qu'il rencontre dans les matières organiques, auxquelles il se mêle par le moyen du sang. En se combinant avec l'hydrogène il produit de l'eau, et en se combinant avec le carbone il produit du gaz acide carbonique. Cette double combinaison est une sorte de combustion qui dégage une chaleur analogue à celle du charbon qu'on aurait mis en combustion à l'aide de l'oxygène de l'atmosphère. Cette chaleur existe chez tous les animaux, mais non au même degré. On appelle *animaux à sang froid* ceux qui ne produisent pas assez de chaleur pour avoir une température propre. Les *animaux à sang chaud* conservent à peu près la même température. Ainsi un thermomètre placé dans le corps d'un chien ou d'un oiseau marquera 36 ou 40 degrés centigrades, tandis qu'il indiquera toujours dans le corps d'un poisson, par exemple, une température qui ne diffère pas sensiblement de la température de l'air. La température des animaux à sang chaud est à peu près indépendante de la température du milieu ambiant, tandis

que celle des animaux à sang froid participe à toutes les variations de température du milieu dans lequel ils se trouvent

QUESTIONNAIRE. — 1. Qu'est-ce qui régénère le sang?
Quelle est la fonction du sang? De quoi se compose-t-il?
Qu'est-ce que le sérum? Quelle est sa vertu? Qu'appelle-t-on
globules du sang? Par quelle expérience peut-on s'assurer de
leur vertu? 2. Quel est le mouvement du sang? En quoi
consiste la circulation? 3. De quelles parties se compose l'appareil de la circulation? Qu'est-ce que les artères? Quelle
est la couleur et quelles sont les propriétés du sang artériel?
Qu'est-ce que les veines? Quelle est la couleur et quelles
sont les propriétés du sang veineux? Où est placé le cœur?
Quelle est sa structure? Quelle fonction remplit-il? Qu'est-
ce qui produit le pouls? 4. Quel est le but de la respiration?
Tous les animaux respirent-ils? Comment pourrait-on s'assurer de la nécessité de la respiration pour les poissons? 5.
En quoi consiste l'appareil de la respiration? Qu'est-ce que
les poumons? Par quels organes communiquent-ils avec l'air
extérieur? Décrivez le larynx. Quelle est la fonction du thorax? Comment l'accomplit-il? 6. De quels gaz se compose
l'air atmosphérique? Dans quelle proportion sont ces gaz?
Que produit la respiration? Pourquoi sommes-nous obligés
d'aspirer et d'inspirer alternativement? Comment la respiration produit-elle la chaleur animale? Cette chaleur est-elle
sensible chez tous les animaux? Comment appelle-t-on ceux
qui n'ont pas de chaleur sensible? Comment appelle-t-on les
autres? Quels sont les animaux qui ont le sang chaud?

CHAPITRE IV.

DE L'ASSIMILATION ET DE TOUTES LES AUTRES
FONCTIONS DE LA NUTRITION.

1. DE L'ASSIMILATION. — *L'assimilation* est cette
fonction par laquelle la substance nutritive des ali-

ments devient partie constituante des tissus du corps de l'animal et participe aux propriétés vitales dont ils sont doués. Dans la combustion produite par le mélange de l'oxygène du sang avec toutes les parties de l'économie animale, la substance de ces organes éprouve nécessairement une perte. Cette perte a besoin d'être réparée, et c'est ce que fait le sang en fournissant à toutes les parties du corps de nouveaux matériaux qu'elles s'assimilent. Quand l'animal est à son premier âge de croissance, il gagne beaucoup plus qu'il ne perd, et c'est ce qui augmente le volume de son corps. Lorsqu'il est arrivé à sa grosseur naturelle et que les produits du sang sont supérieurs à la déperdition qu'il fait, alors il engraisse. Si la déperdition l'emporte au contraire sur l'appropriation, il maigrit. Dans le cas où il y a équilibre entre l'une et l'autre, il reste stationnaire.

2. DE L'EXHALATION. — Toutes les parties que le sang contient ne sont pas destinées à nourrir le corps ; il y en a même d'inutiles ou de nuisibles dont il est nécessaire qu'il se dégage. Cette excrétion se fait par *exhalation* ou par *sécrétion*. L'*exhalation* s'effectue en partie par la peau, et principalement par la surface de l'appareil respiratoire, sous la forme de vapeur d'eau et d'acide carbonique. Elle dégage la partie la plus aqueuse et la fait filtrer en quelque sorte par les parois des vaisseaux. Les liquides exhalés ressemblent assez au sérum, avec cette seule différence qu'ils contiennent beaucoup d'eau. Il s'amassent dans les cavités intérieures du corps ou se portent à sa surface ; les poumons en font exhaler une très-grande quantité sous forme de vapeur d'eau, et la peau les dégage également en excitant par ses tissus cellulaires une évaporation continuelle.

3. DE LA SÉCRÉTION. — La *sécrétion* a pour objet de débarrasser le sang de toutes les matières inutiles ou nuisibles qu'il renferme, et de produire des liquides utiles à certaines fonctions, telles que la salive, la bile, les larmes, etc. La sécrétion se fait ou par des *giandes* ou par des *follicules*. Les *follicules* sont de petites poches disséminées dans l'intérieur des membranes et s'ouvrant à leur surface par de petits pores. Ce sont les follicules de la peau qui sécrètent la sueur. Les *glandes* sont des organes plus volumineux, d'une masse compacte, renfermant de petites granulations qui communiquent ordinairement avec le dehors. Elles sont le siége de la sécrétion, et attirent les fluides qu'elles produisent à peu près de la même manière que les racines pompent dans la terre les sucs qui doivent nourrir la plante.

Nous avons déjà indiqué les glandes qui sécrètent la salive, et nous avons dit que le foie sécrétait la bile. Ce sont aussi des glandes, appelées pour ce motif glandes lacrymales, qui sécrètent les larmes. Mais la sécrétion la plus importante est celle qui se fait dans les *reins*. C'est là que le sang se dégage de tous les matériaux vieillis, inutiles ou nuisibles qui se sont mêlés à lui par l'absorption. Ils s'évacuent ainsi par les urines.

4. RAPPORT DES PLANTES ET DES ANIMAUX. — Telles sont dans les animaux toutes les fonctions de nutrition. On voit qu'elles sont absolument analogues aux fonctions de nutrition des végétaux. Il n'y a dans les animaux qu'un phénomène de plus que dans les plantes, c'est celui de la digestion. Les plantes empruntent à la terre, par leurs racines, les éléments qui doivent les nourrir, et ces matières se mêlent au cambium ou liquide nourricier sans avoir subi aucune préparation. Dans l'animal, les aliments ont besoin d'être transformés dans l'estomac et l'intestin grêle avant de s'unir au sang, pour être ensuite distribués dans toutes les parties du corps. Encore ne pourrait-on pas assimiler l'élaboration du fluide ligneux et son changement dans le système cortical à l'élaboration du chyme et du chyle, et trouver ainsi entre la formation de la séve et celle du sang une analogie parfaite? Ce point admis, la vie s'entretiendrait et se développerait dans les plantes absolument de la même manière que dans les animaux, puisque nous avons constaté qu'il y avait en elles absorption, circulation, respiration, assimilation, sécrétion et excrétion, et tous les êtres organiques se trouveraient soumis pour leur constitution propre à la même loi, sans qu'il soit possible d'admettre entre eux d'autres différences accidentelles. Cette unité admirable fait merveilleusement ressortir l'intelligence et la sagesse infinie du Créateur, qui a atteint par les voies les plus simples les fins les plus diverses et qui rattache ainsi à une même cause les effets les plus variés.

QUESTIONNAIRE. — 1. En quoi consiste l'assimilation? Quelle déperdition se fait dans les organes? Comment est-elle réparée? Qu'arrive-t-il dans les animaux au premier âge de leur croissance? Quelle est la cause de la maigreur ou de l'embonpoint? 2. Le sang a-t-il besoin d'être purifié par excrétion? Comment s'effectue l'exhalation? Quelle est la partie du sang qu'elle dégage? Par quelles voies se fait-elle? 3. Quel est l'objet de la sécrétion? Par quels organes s'opère-t-elle? Qu'est-ce que les follicules? Qu'est-ce que les glandes? Où se fait principalement la sécrétion? Quelle est la fonction des urines? 4. Quelle différence établit-on entre la nutrition des plantes et celle des animaux? Cette différence est-elle fondée? Quelle similitude pourrait-on trouver même sous le rapport de la digestion entre les plantes et les animaux? N'y a-t-il pas unité de loi pour l'entretien de la vie dans tous les êtres organiques?

CHAPITRE V.

DES FONCTIONS DE RELATION. DES SENSATIONS.

1. DE L'APPAREIL DES SENSATIONS. — Les fonctions de relation, comme nous l'avons dit, sont celles qui mettent l'animal en rapport avec tous les êtres qui l'environnent. Elles se réduisent à deux facultés : la faculté de *sentir* et la faculté de *se mouvoir.* Ces deux facultés sont le résultat de deux appareils : *l'appareil des sensations* et *l'appareil des mouvements.* L'appareil des sensations se compose de deux choses : du *système nerveux* et des *organes des sens.* Nous le ferons connaître en décrivant successivement chacune de ses parties.

2. DU SYSTÈME NERVEUX. — Le *système nerveux* est le siége de la sensibilité ; le cerveau et la moelle épinière en sont les parties les plus importantes. Le *cerveau* est un viscère volumineux, de forme ovalaire et d'une texture très-molle qui remplit la plus grande partie du crâne. Il est divisé en deux parties, qu'on nomme les *hémisphères du cerveau.* Chacun de ces hémisphères est subdivisé en trois lobes, et présente à sa surface un très-grand nombre de sillons ou de saillies qu'on nomme les *circonvolutions du cerveau.* Au-dessous du cerveau et en arrière se trouve le *cervelet*, qui occupe également une des cavités du crâne. La *moelle épinière* sort du cerveau et du cervelet, et suit la colonne vertébrale ou l'échine dans toute sa longueur, c'est-à-dire tout le long du dos jusqu'à l'extrémité postérieure du tronc, ou jusqu'à l'extrémité de la queue dans les animaux qui en ont une. Elle est blanchâtre et ressemble à une grosse corde. Du cerveau et de la moelle épinière partent tous les *nerfs* qui donnent aux diverses parties du corps la sensibilité ou les rendent susceptibles de mouvements. On en compte dans l'homme quarante-trois paires, dont les treize premières sortent du crâne et viennent du cerveau ou de la partie supérieure de la moelle épinière qu'on appelle *moelle allongée*, et les trente autres sortent du canal vertébral et viennent de la moelle épinière elle-même. Parmi ces nerfs, les uns transmettent les sensations ; si on les coupe, l'animal perd toute sensibilité ; les autres servent aux mouvements, au point que si on en prive l'animal il continue à éprouver des sensations, mais il ne peut plus se mouvoir.

3. DES SENS. — Les sens aboutissent à des organes destinés à transmettre au cerveau l'impression que le corps reçoit des objets qui l'environnent. Ces organes sont appelés les organes des sens. Ils sont, dans l'homme, au nombre de cinq : le *toucher*, le *goût*, l'*odorat*, l'*ouïe* et la *vue*.

Le *toucher* est une faculté répandue dans toutes les parties du corps et qui réside dans la peau. Cette faculté nous fait connaître le degré de consistance des corps qui sont en contact avec nous, la nature de leur surface douce, unie, ou âpre et raboteuse, leur température, leur forme plus ou

moins variée. Dans l'homme, cette faculté est surtout développée dans la main, qui est l'organe spécialement adapté à l'exercice de cette fonction.

Le *goût* est la faculté de discerner les saveurs.
Cette faculté réside sur la langue et au palais. Elle
nous sert pour nous avertir de la qualité des aliments que nous prenons et nous engager ainsi à
rejeter ceux qui nous seraient nuisibles.

L'*odorat* est la faculté de sentir et d'apprécier les
odeurs. Les odeurs proviennent de particules très-
ténues qui s'échappent des corps odorants et s'exhalent dans les airs sous forme de vapeurs. Ces particules pouvant être entraînées par le mouvement
de l'air à une certaine distance, on peut sentir de
loin les odeurs qui s'exhalent d'un lieu quelconque.
Le nez est l'organe qui perçoit les odeurs. Les
nerfs qui se trouvent dans les fosses nasales, et qui
transmettent au cerveau la perception des odeurs,
se nomment *nerfs olfactifs*.

L'*ouïe* est la faculté de percevoir les sons. Le *son*
résulte d'un mouvement de va et vient dans les
corps. Ce mouvement se communique aux molécules d'air environnantes et se propage de proche en
proche en rayonnant, à la façon des ondulations
que l'on remarque à la surface de l'eau après qu'on
y a jeté une pierre. Les vibrations de l'air frappent
le tympan de l'oreille et ébranlent l'extrémité du
nerf destiné à transmettre au cerveau la sensation
du son. Les nerfs qui remplissent cette fonction
sont appelés *nerfs acoustiques*.

La *vue* est la faculté de percevoir la couleur et la
forme des objets. L'œil est l'organe de la vue. Cet
organe étant très-curieux à observer, nous en ferons une description particulière.

4. **Description de l'oeil.** — L'œil est ainsi formé. Les rayons de lumière, en allant du dehors au dedans, traversent d'abord une membrane transparente qu'on appelle *cornée*. Derrière la cornée, à une petite distance, se trouve une cloison verticale qu'on appelle l'*iris*, à cause de la variété de ses couleurs, qui s'aperçoivent à travers la cornée. L'espace compris entre la cornée et l'iris se nomme *chambre antérieure de l'œil*, et est occupé par un liquide connu sous le nom d'*humeur aqueuse*. L'iris est percé à son centre d'un trou qu'on nomme la *pupille*. Cette pupille a la faculté de se rétrécir ou de se dilater à volonté. Elle se rétrécit quand la lumière est trop vive, et se dilate dans l'obscurité pour laisser passer une plus grande quantité de rayons.

Immédiatement derrière l'iris se trouve le *cristallin*, qui est une petite lentille transparente et de forme circulaire. Au sortir du cristallin, la lumière pénètre dans un grand espace rempli par une masse diaphane, molle comme de la gelée, et qu'on appelle l'*humeur vitrée*. Cet espace est tapissé par une membrane nerveuse qui vient du cerveau et qui constitue le nerf optique. On lui donne le nom de *rétine*. La rétine repose sur une couche de matière noire, destinée à éteindre les rayons qui, sans cela, se réfléchiraient dans l'œil et y produiraient une grande confusion. Cette matière est recouverte par une membrane appelée la *choroïde*. Enfin, toutes ces humeurs et toutes ces membranes sont renfermées dans une dernière enveloppe, la *sclérotique*, qui vient s'unir à la cornée et qui, avec elle, forme le tour de l'œil. La sclérotique est blanche et tout à fait opaque. C'est elle qu'on désigne vulgairement sous le nom de *blanc de l'œil.*

Il y a vision lorsque la lumière pénètre jusqu'à la rétine et y forme l'image de l'objet. Toutes les différentes parties dont l'œil se compose sont disposées de manière à concentrer tous les rayons sur ce même point. Mais c'est principalement le cristallin qui remplit cette fonction. Quand il est trop arrondi, l'œil réfracte trop les rayons lumineux, et les images des objets se forment en avant de la rétine. On dit alors qu'on a la vue *myope*, c'est-à-dire qu'on ne distingue les objets qu'à condition qu'ils soient très-rapprochés des yeux. Si au contraire le cristallin est trop aplati, l'œil ne brise pas assez les rayons de lumière, et les images des objets vont se former au delà de la rétine. On a dans ce cas une vue *presbyte*, c'est-à-dire une vue de vieillard, et pour distinguer les objets on est obligé de les placer à une certaine distance des yeux. Pour corriger ce défaut on a recours aux lunettes. Les myopes font usage de lunettes à verres divergents qui écartent les rayons, et les presbytes de lunettes à verres convergents qui concentrent la lumière.

QUESTIONNAIRE. — 1. En quoi consistent les fonctions de relation ? A combien de facultés se réduisent-elles ? De quoi se compose l'appareil des sensations ? 2. Où est le siége de la sensibilité? Quelles sont les parties les plus importantes du système nerveux ? Décrivez le cerveau. D'où sort la moelle épinière? Qu'est-ce qui produit la sensibilité dans tout le corps? Quelles sont les fonctions des nerfs? 3. Qu'appelle-t-on organes des sens ? Combien y en a-t-il ? Où réside le toucher? Quel est le but de cette faculté? Qu'est-ce que le goût? Où réside-t-il ? Qu'est-ce que l'odorat? Par quelle cause les odeurs sont-elles produites ? Comment se nomment les nerfs qui les perçoivent ? Qu'est-ce que l'ouïe ? Comment le son se propage-t-il ? Comment se nomment les nerfs qui le perçoivent ? Qu'est-ce que la vue ? Quel en est l'organe ? 4. Décrivez l'œil en allant du dehors au dedans. Quelle est la propriété particulière de la pupille ? Qu'est-ce que la rétine ? Sur quoi repose-t-elle ? Qu'est-ce que la sclérotique ? Comment l'appelle-t-on vulgairement ? A quoi sert le cristallin ? Qu'appelle-t-on vue myope ? Qu'appelle-t-on vue presbyte ? D'où proviennent ces défauts ? Comment les corrige-t-on ?

CHAPITRE VI.

DE L'APPAREIL DES MOUVEMENTS. DES MUSCLES ET DES OS.

1. DE L'APPAREIL DES MOUVEMENTS. — Indépendamment de la faculté de sentir, les animaux ont encore la faculté de se mouvoir. Les organes destinés à l'exercice de cette faculté forment un ensemble qui constitue ce qu'on a appelé l'appareil des mouvements. Cet appareil se compose de deux sortes d'organes, les uns qui sont actifs, c'est-à-dire qui produisent la force motrice, les autres qui sont passifs, c'est-à-dire qui subissent l'action. Les organes actifs sont les *muscles*, et les organes passifs les *os*.

2. DU SYSTÈME OSSEUX. — Les *os* sont formés d'une matière pierreuse unie à une sorte de cartilage. Quand on les brûle, cette matière pierreuse reste seule et se réduit en poussière. Quand on les fait tremper dans l'acide chlorhydrique, cette matière pierreuse se dissout, et il ne reste plus qu'un cartilage très-flexible. Les os sont d'abord cartilagineux. La seconde substance qu'ils renferment ne les pénètre qu'avec le temps, et c'est ce qui fait que dans les jeunes animaux ils sont toujours très-tendres.

Les os sont unis entre eux par des *articulations*. Quand l'articulation qui les unit leur permet d'exécuter des mouvements les uns sur les autres, on dit qu'elle est *mobile*. Lorsqu'elle a au contraire pour objet d'assurer leur résistance et leur solidité, on la dit *immobile*. Les extrémités des os qui doivent former l'articulation se correspondent par des surfaces dont la configuration est réciproque. En général, les unes sont convexes et les autres concaves. Pour faciliter le jeu des articulations, l'extrémité des os est enduite d'une humeur visqueuse qu'on appelle *synovie*. La suppression de cette liqueur cause des douleurs insupportables, et produit dans l'homme ce qu'on appelle les accès de *goutte*.

On peut encore distinguer dans le système osseux les *os longs*, les *os courts* et les *os larges*. Les *os longs* sont creux à l'intérieur et remplis d'une matière grasse qu'on appelle *moelle*. Les *os courts* et les *os plats* n'ont pas ce caractère. Les os longs constituent presque toute la charpente du corps. Les os plats sont destinés à protéger les organes intérieurs; les côtes, par exemple, protégent l'estomac. L'ensemble de tout le système osseux constitue le *squelette*.

3. Des muscles. — Les *muscles* sont les organes moteurs. Ce sont des espèces de cordes charnues composées de fibres réunies par faisceaux, ayant la propriété de s'allonger et de se raccourcir. Les extrémités des muscles sont fixées solidement aux os et aux autres parties qu'ils doivent mettre en mouvement. C'est en se contractant qu'ils communiquent le mouvement à ces parties. Cette contraction est due au système nerveux, et chaque muscle reçoit un nerf qui se ramifie dans sa substance. Ainsi la faculté de sentir et la faculté de se mouvoir reviennent en dernière analyse au même principe, au système nerveux.

Dans les sensations, il y en a qui sont indépendantes de notre volonté et d'autres que nous pouvons librement obtenir ou éviter. Il en est de même des mouvements produits par les muscles. Les uns sont l'effet de la volonté, les autres ne dépendent pas de son empire. Les mouvements involontaires sont des phénomènes obligés de la vie animale ; tels sont les mouvements du cœur. Les mouvements volontaires sont ceux qui ont spécialement rapport aux relations que l'on peut établir entre soi et les autres objets. Ainsi on peut aller visiter un lieu intéressant, examiner un monument célèbre, s'attacher à une lecture agréable, etc. Tous les mouvements que ces différents objets exigent sont le résultat direct de la volonté.

4. DE LA NATURE DES FONCTIONS DE RELATION. — La faculté de sentir et la faculté de se mouvoir, qui constituent dans les animaux les fonctions de relation, sont les seules facultés qui établissent, comme nous l'avons fait remarquer, une différence réelle entre le règne animal et le règne végétal. Cependant ces facultés sont loin d'être essentielles aux animaux. On conçoit qu'ils les perdent, et qu'ils ne cessent cependant pas de vivre. D'abord pour la faculté de se mouvoir plusieurs d'entre eux ne l'ont pas. Il y a des mollusques qui, comme l'huître, restent à jamais attachés au rocher qui les a vus naître. Quant à la sensibilité on peut la ravir à l'animal sans que le mouvement cesse, c'est-à-dire sans que la vie soit détruite, ce qui prouve que cette faculté n'est qu'accessoire. De plus, nous trouverons les zoophytes, privés d'yeux, de cerveau, de moelle, d'intestins, se propageant par division ou par séparation comme la plante qu'on coupe en plusieurs parties, et qui se reproduit par chacune de ces parcelles, et nous ne serons pas embarrassés pour constater en eux une sensibilité qui ne se trouve pas dans certains végétaux. Ainsi plus on réfléchit aux rapports qui existent entre le règne végétal et le règne animal, et plus on est frappé de leur unité. La faculté de sentir et de se mouvoir n'établit point entre l'un et l'autre une division aussi profonde qu'on aurait pu le croire au premier aspect.

QUESTIONNAIRE. — 1. Qu'est-ce qui constitue l'appareil des mouvements? De quels organes se compose-t-il? Quels sont les organes actifs? Quels sont les organes passifs? 2. De quelles substances les os sont-ils composés? Comment peut-on dégager le cartilage? Comment dégage-t-on la matière pierreuse? Laquelle de ces deux substances se forme la première? Qu'appelle-t-on articulation? Qu'est-ce qu'une articulation mobile? — immobile? Qu'est-ce qui facilite le jeu de l'articulation? Combien distingue-t-on de sortes d'os? Quel est le caractère des os longs? Quelles sont leurs fonctions? A quoi servent les os plats? Comment nomme-t-on l'ensemble du système osseux? 3. Qu'est-ce que les muscles? Comment servent-ils à mouvoir le corps? A quelles parties sont-ils unis? Quel est leur rapport avec le système nerveux? Combien distingue-t-on de sortes de mouvements? Quels sont les mouvements involontaires? 4. La faculté de sentir et celle de se mouvoir sont-elles essentielles aux animaux? Y a-t-il des animaux qui n'aient pas la faculté de se mouvoir? Y en a-t-il chez lesquels la faculté de sentir soit peu remarquable? Quelle conséquence peut-on tirer de ces réflexions?

CHAPITRE VII.

DE LA CLASSIFICATION DES ANIMAUX.

1. DE LA CLASSIFICATION EN GÉNÉRAL. — Pour faciliter l'étude du nombre immense de végétaux qui couvrent le globe, nous avons vu qu'on avait eu soin de les classer, c'est-à-dire de rapprocher tous ceux qui offraient les mêmes caractères, et d'en composer des classes, des familles, des genres et des espèces, et de présenter ainsi sous une forme générale le tableau de toutes les plantes que les botanistes ont connues et étudiées. On a suivi la même méthode par rapport aux animaux. Linnée, dont nous avons fait connaître le système botanique, avait aussi établi une classification zoologique. Il avait divisé tous les animaux en six classes : les mammifères, les oiseaux, les amphibies, les poissons, les insectes et les vers. Mais la science ayant fait depuis de très-grands progrès, cette classification n'est plus aujourd'hui suivie. Cuvier en a donné une autre beaucoup plus complète, et qui a d'ailleurs l'avantage d'être conçue d'après une méthode naturelle.

2. CLASSIFICATION DE CUVIER. — Il a divisé tout le règne animal en séries ou *embranchements*, les embranchements en *classes*, les classes en *ordres*, les ordres en *familles*, les familles en *tribus*, les tribus en *genres*, les genres en *espèces* et les espèces en *individus*. Les séries ou embranchements sont au nombre de quatre : les animaux *vertébrés*, les *annelés*, les *mollusques*, les *rayonnés* ou *zoophytes.* Les *vertébrés* ont un squelette intérieur généralement osseux, un sang rouge, cinq sens et en général deux paires de membres pour se mouvoir. Ils comprennent les *mammifères*, les *oiseaux*, les *reptiles* et les *poissons*. Les *annelés* n'ont point de squelette intérieur. Leur corps est divisé en anneaux, et ils ont ordinairement un très-grand nombre de membres pour se mouvoir. Cette série comprend les *insectes*, les *arachnides*, les *myriapodes*, les *crustacés*, les *annélides*. Les *mollusques* ont un corps mou, sans divisions annulaires. Il est en général protégé par une coquille, et ils n'ont point ordinairement de membres locomoteurs. Les *zoophytes* ont un corps d'une structure très-simple. Leur sang est blanc, ils n'ont pas de cœur, et le système nerveux est nul. Le plus souvent les organes des sens manquent complétement, ainsi que l'appareil des mouvements.

3. DE L'INSTINCT DES ANIMAUX. — On appelle instinct dans les animaux les facultés plus ou moins développées dont ils sont doués. Il est à remarquer que ces facultés sont d'autant plus complètes et perfectionnées que l'organisation est elle-même plus compliquée. Ainsi dans les zoophytes, dont le corps n'a rien de symétrique, on ne trouve ni les organes des sens, ni ceux des mouvements. L'animal reste attaché au lieu où il est né, et se distingue difficilement de la plante. Si on le coupe en plusieurs parties, chacune d'elles devient un zoophyte complet de la même manière qu'on peut reproduire comme certaines plantes par bouture ou par division. Le mollusque a de plus que le zoophyte une bouche, un estomac, un cœur, en un mot, un appareil circulatoire en général complet. Il a sur lui l'avantage d'être doux, d'une sensibilité plus grande, et l'on ne peut mettre en doute chez lui l'existence des sensations. Mais ces sensations se bornent au toucher, et sont par conséquent aussi simplifiées que possible.

Les annelés sont supérieurs aux mollusques en ce qu'ils ont non-seulement les organes des sens, mais qu'ils sont encore pourvus d'un appareil destiné à la locomotion. La famille la plus inférieure de cette série, le ver, n'a guère d'autres sensations que le mollusque. Par le mouvement de ses anneaux il peut changer de place, mais, comme il est privé d'oreilles, d'yeux et de pieds, son instinct se borne à rechercher dans le sol la terre et l'humidité qui lui conviennent, et à éviter dans ses mouvements ce qui peut lui faire obstacle. Le *crustacé,* qui forme une autre famille, a des yeux pour la vision et des pattes pour le mouvement. Son corps est, comme dans l'écrevisse, revêtu d'une cuirasse protectrice, et sa tête est armée d'antennes. Son organisation est bien plus complète que celle des annélides, et il y a aussi en lui des facultés beaucoup plus développées. Cependant son instinct se borne à chercher sa nourriture et à fuir le danger. Ce défaut de développement tient à ce que le crustacé vit dans l'eau ; car il est à remarquer que les animaux qui ne vivent pas dans le même milieu sont bien inférieurs aux animaux de la même série qui, comme nous, vivent dans l'air.

Au-dessus des crustacés on trouve dans l'embranchement des annelés les *myriapodes*, les *arachnides* et les *insectes*. Les myriapodes et les arachnides sont déjà très-remarquables par les travaux qu'ils exécutent. Qui n'a pas admiré le piége que l'araignée tend aux insectes ? Quelle finesse, quelle régularité et quelle grâce dans ce tissu ! On sait que l'araignée peut s'apprivoiser, et que Pélisson avait trouvé le moyen de se distraire des ennuis de sa prison en vivant avec un de ces petits animaux apprivoisés. Les *insectes* proprement dits nous offrent des merveilles plus grandes encore. On passerait des journées entières à considérer le travail intelligent de la fourmi. Non contentes d'amasser elles-mêmes pendant la belle saison pour avoir de quoi vivre pendant l'hiver, elles s'attaquent encore aux pucerons, les réduisent en esclavage après la victoire, et les emploient à leur service comme des animaux domestiques. L'abeille forme une sorte de république qui a ses lois, sa constitution, ses chefs. Tantôt elle est en paix, et tantôt elle est en guerre. Elle s'excite contre la belette et contre tout ennemi étranger, et, dans le cas de péril, chacun se dévoue pour la communauté. Quand la ruche ne peut plus suffire à ses habitants, une partie se dispose à émigrer. Cette colonie est ce que nous appelons un essaim. Quelquefois les mauvaises passions pénètrent dans l'intérieur de la république. L'avidité les porte à se piller mutuellement, ou la jalousie de deux reines peut exciter dans leur sein une guerre civile. Dans l'un et l'autre cas, le combat est toujours violent, mais aussitôt que les motifs de guerre ont cessé, tout rentre dans l'ordre.

Les animaux vertébrés, qui se rapprochent de l'homme par leur organisation, sont aussi les plus extraordinaires par leur instinct. Toutefois nous ferons une exception pour ceux qui vivent dans l'eau, comme les poissons. Quoiqu'ils aient une

tructure plus complète que les insectes, pour la
aison que nous avons donnée à propos des in-
ectes leur instinct est très-grossier. Celui des rep-
iles est déjà très-développé. Chez eux, la vue est
xcellente, et quand on étudie en détail leurs
mœurs et leurs aptitudes, on leur trouve des fa-
ultés supérieures à celles qu'on leur aurait d'abord
upposées. Mais, parmi les vertébrés, les deux
lasses dont l'organisation est la plus complète, les
iseaux et les mammifères, sont vraiment surpre-
antes. L'oiseau aperçoit de très-loin, il a l'ouïe
rès-délicate, et pressent merveilleusement le dan-
er. Lorsque le moment de se multiplier est arrivé,
 construit son nid avec beaucoup d'art, le dissimule
vec une grande habileté, et contre le péril il sait
rotéger ses petits avec un dévouement, un courage
dmirables. Souvent il supplée dans ce cas à la force
ar la ruse. Voyez la perdrix, lorsque ses petits sont
oursuivis par le laboureur. Elle voltige autour de
ii, cherche à le distraire en s'offrant d'elle-même,
omme une proie facile à saisir, et ne cesse cette
actique que quand elle sent sa famille à l'abri de
out danger.

Le *mammifère* ou l'animal à mamelles, qui a une
rganisation analogue à celle de l'homme, nous
ffre un instinct si développé, qu'on y retrouve des
races ou des indices d'intelligence. Étudiez les
mœurs d'un des plus beaux de nos animaux domes-
iques, le chien ; n'est-il pas admirable par la docilité
vec laquelle il exécute tout ce que son maître lui
ommande. Il a l'intelligence de ses caresses, et
listingue de suite ce qu'il y a de sévère ou de gron-
leur dans les paroles qu'on lui adresse. S'il a
nanqué à l'une de ses habitudes et qu'on l'ait cor-

rigé, il conserve le souvenir de la correction. Que dire du singe si curieux dans ses imitations? On croirait voir une sorte de contrefaçon de la nature humaine. Mais quelles que soient les aptitudes des animaux, il y a toujours entre eux et l'homme une différence essentielle et radicale. Leur instinct n'est rien, à côté de notre intelligence, qui connaît Dieu, et qui distingue le bien du mal. Pour faire ressortir complétement cette différence, nous parlerons de l'homme, avant de nous occuper des animaux.

Questionnaire. — 1. Pourquoi a-t-on classé les animaux? Quel système de classification avait établi Linnée? Quel est le naturaliste dont on suit aujourd'hui la méthode? 2. Quelles sont les divisions faites par Cuvier? Combien distingue-t-il de séries ou d'embranchements? Quelles sont ces séries? Quel est le caractère des mammifères? Quel est le caractère des annelés? Quelles sont les familles qu'ils renferment? Quel est le caractère des mollusques? Quel est celui des zoophytes? 3. Qu'appelle-t-on instinct dans les animaux? Y a-t-il quelque rapport entre le développement de l'instinct et celui de l'organisation? Quelle différence y a-t-il sous le rapport de la sensibilité entre les zoophytes et les mollusques? Quel est l'état des sensations dans les mollusques? Que remarque-t-on de plus dans le ver? Le crustacé est-il en progrès sur le ver? Pourquoi ce progrès n'est-il pas plus sensible? Qu'y a-t-il de remarquable dans les arachnides? Décrivez les merveilles qu'on remarque dans les abeilles et les fourmis. Les vertébrés sont-ils encore plus distingués que les annelés? Quelles sont les familles inférieures de cette série? Quel est l'instinct des oiseaux? Signalez celui de la perdrix. Quelle est la famille qui occupe le premier rang parmi les animaux? Citez quelques-uns des mammifères dont l'instinct est le plus développé? En quoi les animaux diffèrent-ils de l'homme?

CHAPITRE VIII.

DE L'HOMME.

1. DE L'HOMME EN GÉNÉRAL. — L'homme est le roi de la création. Il doit ce titre spécialement à sa raison, qui lui permet de connaître et d'admirer son auteur, et qui fait de lui un être moral, capable de bien et de mal. Chez tous les hommes, on trouve cette faculté, mais elle n'est pas dans tous également développée. Sous le rapport des lumières, de la moralité et de tout ce qui constitue la civilisation, le genre humain peut être divisé en trois grandes classes : les *sauvages*, les *barbares* et les *civilisés*. Les sauvages sont ceux qui n'ont presque point d'habitudes sociales. Ils vivent sans loi et connaissent à peine les arts nécessaires à la vie. On les nomme *ichthyophages* quand ils se nourrissent de poissons ; *troglodytes*, s'ils habitent des antres ; *anthropophages*, s'ils dévorent leurs semblables, etc.

Les *barbares* ou *demi-civilisés* vivent en société, mais leurs lois sont très-imparfaites. Les lettres et les sciences sont presque entièrement négligées parmi eux, et leurs mœurs sont par là même brutales et cruelles.

Les peuples *civilisés* sont ceux qui cultivent les lettres, les sciences et les beaux-arts. Leurs rapports mutuels sont réglés par des lois qui constituent le droit des gens.

2. DES DIFFÉRENTES RACES HUMAINES. — Cette variété de civilisation, l'influence du climat et plusieurs autres accidents ont fait naître dans la forme et la couleur des hommes qui couvrent le globe, des différences sensibles qui ont divisé le genre humain, malgré son unité originelle, en plusieurs *races* ou *variétés physiques*. On en a distingué cinq principales : la race *Caucasienne*, la race *Malaise*, la race *Mongolique*, la race *Américaine* et la race *Nègre*.

La race *Caucasienne* a la peau blanche, la chevelure flexible, flottante, modérément épaisse et douce au toucher. Elle comprend toutes les nations de l'Europe, excepté les Lapons, les Finlandais ou Finnois et les Hongrois; les habitants de l'Asie occidentale, en y comprenant l'Arabie, la Perse et en remontant aussi haut que l'Oby, la mer Caspienne et le Gange; et les habitants du nord de l'Afrique.

La race *Malaise* a le teint basané et comprend en général tous les habitants de l'Océanie. On peut la regarder comme une variété de la race Caucasienne.

La race *Mongolique* ou *Tartare* est aussi appelée la race *jaune*, parce qu'elle a le teint jaune ou olive. Elle embrasse toutes les nations de l'Asie et de l'Europe qui n'ont pas été comprises dans les variétés caucasiennes, ainsi que les Esquimaux de l'Amérique septentrionale.

La race *Américaine* a le teint cuivré et renferme tous les Aborigènes du nouveau monde à l'exception des Esquimaux.

Enfin la race *Nègre*, qui est noire et dont les cheveux sont courts, épais, laineux et crépus, est répandue dans presque toute l'Afrique (1).

(1) Voyez Wiseman, *Des rapports des sciences*, etc., 3e discours.

3. De l'excellence de l'homme sous le rapport physique. — Quand on considère l'homme à sa naissance, on est frappé de son dénuement et de sa faiblesse. L'enfant qui naît, dit Buffon, a besoin de secours de toute espèce : c'est une image de misère et de douleur ; il est dans ces premiers temps plus faible qu'aucun des animaux ; il ne peut ni se soutenir, ni se mouvoir ; à peine a-t-il la force nécessaire pour exister et pour annoncer par des gémissements les souffrances qu'il éprouve : comme si la nature voulait l'avertir qu'il ne vient prendre place dans l'espèce humaine que pour en partager les infirmités et les peines. Mais aussitôt qu'il est développé, toutes les parties de son corps annoncent sa grandeur et sa noblesse. Il n'a pas la rapidité du cerf, parce qu'il n'a pas besoin de chercher comme lui sa sécurité dans la fuite ; il n'a pas l'œil perçant de l'aigle, parce qu'il ne lui est pas nécessaire de découvrir de loin sa proie ; il n'a pas non plus la force physique du lion, mais il y supplée par l'industrie, et sait ainsi par son intelligence s'assujettir non-seulement le plus redoutable des animaux, mais encore toutes les forces de la nature, et opérer par leur moyen les plus grands prodiges. Son port majestueux, dit encore Buffon, sa démarche ferme et hardie annoncent sa noblesse et son rang. Sa tête regarde le ciel et présente une face auguste sur laquelle est imprimé le caractère de sa dignité. Sa constitution lui permet de se nourrir indifféremment de chair et de végétaux, et il peut habiter tous les climats. On le trouve dans les plages glaciales de l'Amérique du Nord, aussi bien que dans les sables brûlants de l'Afrique ; on sent que la terre entière est son empire. Il est d'ailleurs doué d'un organe particulier, qui ne se trouve chez aucun animal au même degré de perfection; c'est l'organe de la voix qui lui permet d'exprimer ses sentiments et ses pensées, et de les communiquer à ses semblables par la parole.

4. DE SON EXCELLENCE SOUS LE RAPPORT INTELLECTUEL ET MORAL. — Sous le rapport intellectuel et moral comme sous le rapport physique, l'homme naît dans le plus grand état de faiblesse et de misère. Ses sens sont obtus, et il ne se rend nullement compte de ses perfections. Mais ce qui établit entre lui et les animaux une différence fondamentale, c'est que par sa nature il est perfectible, tandis que les animaux ne le sont pas. Leur instinct est une impulsion qui les pousse toujours à agir d'une manière déterminée, sans que l'expérience ou l'imitation modifie jamais en rien leur mode d'action. Ainsi observez les mœurs de certains animaux, tels que le castor, l'abeille ou la fourmi, vous serez sans doute frappés de leur industrie; mais vous remarquerez qu'ils sont tous assujettis aux mêmes habitudes et qu'ils sont absolument invariables dans toute leur conduite. L'abeille d'aujourd'hui est la même que l'abeille que Virgile a décrite si admirablement sous le règne d'Auguste; nous ne voyons pas qu'il y ait eu en elles ni progrès ni décadence.

Par là même qu'il est doué d'intelligence, l'homme raisonne et juge. Il compare ses idées entre elles, les résume et applique son esprit à l'étude de tous les êtres qui l'environnent. Il a l'idée de Dieu et des devoirs qu'il a à remplir à son égard. Il connaît aussi toutes les obligations que la loi morale lui impose envers ses semblables, et le respect qu'il a pour toutes ses prescriptions constitue sa grandeur

et sa dignité. La nature n'est point pour lui un livre
fermé. Il en peut étudier les merveilles et s'expliquer les principaux phénomènes dont elle est le
théâtre. Ces diverses connaissances lui permettent
d'exercer une véritable souveraineté sur les éléments et de les faire servir à son profit. C'est à ce
titre qu'il est réellement le roi de la nature, et,
quand il sait en rapporter à Dieu toute la gloire, il
en devient le prêtre. Cette double prérogative brille
dans les nations en raison de leurs lumières et de
leur moralité. Quand un peuple marche sous ces
deux rapports, on dit qu'il est en progrès; quand
il rétrograde on dit, au contraire, qu'il tombe en
décadence.

QUESTIONNAIRE. — 1. A quoi l'homme doit-il sa supériorité? La raison est-elle également développée chez tous les
peuples? En combien de classes divise-t-on le genre humain,
sous ce rapport? Qu'appelle-t-on peuples sauvages? Comment
vivent-ils? Qu'est-ce qui caractérise les barbares? Qu'appelle-t-on peuples civilisés? 2. Qu'est-ce qui a établi des variétés physiques entre les hommes? Combien distingue-t-on
de races? Quels sont les caractères de la race Caucasienne?
Où habite-t-elle? Caractérisez la race Malaise, la race Mongolique, la race Américaine et la race Nègre. En quelles contrées habite chacune de ces races? 3. Quel est l'état physique
de l'homme à sa naissance? Quel est le caractère de sa constitution? Par quels moyens supplée-t-il à ce qui lui manque
du côté de la force ou de l'agilité? N'a-t-il pas un organe
qu'on ne trouve point chez les animaux? Quel usage fait-il de
cet organe? 4. Qu'est-ce qui établit une différence fondamentale entre l'intelligence de l'homme et l'instinct des animaux? Les animaux sont-ils perfectibles? Leur industrie est-
elle susceptible de progrès et de décadence? Quel usage
l'homme fait-il de son intelligence? Comment est-il le roi
de la nature? De quelle manière en peut-il être le prêtre?
Qu'est-ce qui constitue dans une nation le progrès? Qu'est-
ce qui amène la décadence?

CHAPITRE IX.

PREMIER EMBRANCHEMENT. DES ANIMAUX VERTÉBRÉS. DE LA CLASSE DES MAMMIFÈRES EN GÉNÉRAL.

1. DIVISION GÉNÉRALE DES ANIMAUX VERTÉBRÉS. — Les animaux vertébrés ont un squelette intérieur généralement osseux. La partie la plus importante de ce squelette est la colonne vertébrale, et c'est pour ce motif qu'on leur a donné le nom d'*animaux vertébrés*. Quoiqu'ils se ressemblent tous sous ce rapport essentiel et qu'ils aient généralement un sang rouge, un cœur à deux ou plusieurs cavités et cinq sens, néanmoins la nature a varié indéfiniment leur structure, et c'est cette variété qui a porté les naturalistes à les diviser en quatre classes : les *mammifères*, les *oiseaux*, les *reptiles* et les *poissons*. Nous décrirons successivement chacune de ces classes, en commençant par celle des mammifères.

2. DES MAMMIFÈRES EN GÉNÉRAL. — Les mammifères sont des animaux vertébrés pourvus de mamelles. Ce sont les animaux dont l'organisation est la plus complète et dont les instincts sont le plus développés. Tous ces animaux sont vivipares et allaitent leurs petits. Ils ont tous le plus grand soin de leur progéniture, et la baleine qui vit sous les flots n'a pas moins de sollicitude pour sa jeune famille que la lionne qui se cache dans les forêts, au fond des déserts. Le nombre des mamelles est ordinairement en rapport avec le nombre des petits dont se compose chaque portée. Ainsi on en compte deux chez le singe, l'éléphant et le cheval; quatre chez la vache, le cerf et le lion; huit chez le chat; dix chez le cochon et le lapin, etc.

La plupart des mammifères ont la peau couverte de poils. On les appelle *piquants*, lorsqu'ils sont très-gros, très-raides et pointus, comme dans le porc-épic; *soies*, lorsqu'ils sont moins gros, moins pointus, mais très-raides, comme dans le sanglier; *crins*, lorsqu'ils ont plus de souplesse et moins de grosseur, comme sur le cou du cheval; *laine*, quand ils sont très-fins et contournés ensemble; *duvet*, quand ils sont d'une finesse et d'une mollesse extrêmes. Leur couleur varie beaucoup. Elle dépend d'une liqueur grasse qui se trouve dans l'intérieur du poil et qui lui donne la couleur qu'elle a elle-même. Ainsi, dans les cheveux blancs, cette liqueur est blanche; dans les cheveux roux, elle est rougeâtre, etc.

3. Variété des mammifères. — On désigne quelquefois les mammifères sous le nom de *quadrupèdes*, mais cette expression n'est pas assez générale pour comprendre tous les animaux dont cette classe se compose; car elle ne renferme pas seulement les animaux à quatre pieds qui marchent sur la terre. On trouve encore des mammifères qui s'élèvent dans l'air, comme la chauve-souris, et il y en a qui vivent sous les eaux, comme la baleine. On conçoit que, leur mode d'existence étant si divers, il y ait nécessairement une grande variété dans la structure de leur corps. La conformation de leurs membres doit changer suivant les usages auxquels ils sont destinés. Ainsi l'animal qui doit fouir la terre doit avoir d'autres membres que celui qui doit nager, et celui qui doit nager ne pas ressembler à celui qui doit voler.

Il y a aussi entre les mammifères une très-grande différence sous le rapport de l'instinct. On a remarqué que ceux qui ont le cerveau le plus volumineux et le front le plus droit et le plus élevé sont aussi ceux dont les facultés sont les plus développées. Leur dentition varie selon le régime alimentaire qu'ils suivent. Ainsi ceux qui se nourrissent de chair ont les dents tranchantes, et leurs mâchoires ressemblent au jeu d'une paire de ciseaux; ceux qui vivent d'insectes ont les dents hérissées de pointes coniques et disposées de manière que les unes s'emboîtent dans l'intervalle que laissent les autres; ceux qui rongent leurs aliments ont à l'extrémité des mâchoires deux dents incisives et tranchantes; ceux qui vivent de substances végétales plus ou moins dures ont les dents terminées par une surface rude et aplatie qui leur permet de remplir l'office d'un moulin.

4. Division de la classe des mammifères. — D'après tous ces divers caractères on a divisé la classe des mammifères en plusieurs ordres : les *quadrumanes*, les *carnassiers*, les *rongeurs*, les *édentés*, les *pachydermes*, les *ruminants* et les *cétacés*. Les *quadrumanes* sont pourvus de mains aux quatre extrémités; les *carnassiers* se nourrissent de chair; les *rongeurs* ont l'habitude de ronger leurs aliments; les *édentés* n'ont pas de dents; les *pachydermes* ont une peau très-épaisse peu fournie de poils; les *ruminants* mâchent plusieurs fois leurs aliments; les *cétacés* vivent sous l'eau.

Questionnaire. — 1. D'où est venu aux animaux vertébrés leur nom ? Quels sont leurs principaux caractères ? En combien de classes les divise-t-on ? 2. Qu'appelle-t-on mammifères ? Ont-ils un grand soin de leurs petits ? Quel est le nombre de leurs mamelles ? Quelle variété offrent les poils dont ils sont revêtus ? Qu'est-ce que les piquants ? — les soies ? — les crins ? — la laine ? — le duvet ? 3. Pourrait-on désigner les mammifères sous le nom de quadrupèdes ? Comment vivent les mammifères ? Quelle variété remarque-t-on dans leur conformation ? — dans leur instinct ? — dans leur dentition ? 4. En combien d'ordres les a-t-on divisés ? Quel est le carcatère des quadrumanes ? De quoi vivent les carnassiers ? D'où est venu aux rongeurs et aux édentés leur nom ? Qu'est-ce que les pachydermes ? — les ruminants ? Où vivent les cétacés ?

CHAPITRE X.

DES DIFFÉRENTS ORDRES DE MAMMIFÈRES. ORDRES DES QUADRUMANES ET DES CARNASSIERS.

1. DE LEUR CARACTÈRE EN GÉNÉRAL. — Les quadrumanes sont, de tous les mammifères, ceux qui ressemblent le plus à l'homme. Ils imitent ses allures, ses mouvements et ses gestes ; mais, au lieu de n'avoir que deux mains comme l'homme, ils en ont quatre, et c'est de là que leur est venu le nom de *quadrumanes*. Ils appartiennent presque tous à la famille des *singes*. Les singes habitent la partie méridionale de l'ancien et du nouveau monde ; il n'y en a qu'une seule espèce en Europe ; elle se trouve sur les rochers de Gibraltar. Les singes sont frugivores ; leur dentition ressemble à la nôtre, à l'exception des dents canines qui sont beaucoup plus longues. Leur tête, surtout quand ils sont très-jeunes, a beaucoup de ressemblance avec la tête d'un nègre ;

mais, à mesure qu'ils vieillissent, leur museau s'allonge, et le crâne s'arrondit et se rejette en arrière. La longueur et la souplesse de leurs membres, leur force musculaire, la disposition de leurs mains à chaque extrémité, les rendent très-aptes à grimper de branche en branche et à sauter d'un arbre à un autre. Le plus souvent ils sont aussi pourvus d'une longue queue qui se roule autour des objets et qui leur sert d'une cinquième main pour se suspendre aux branches. Par là même qu'ils sont nés imitateurs, on les dresse facilement à toutes sortes de tours. Mais ils ne conservent cette docilité que pendant leur jeunesse. En vieillissant, ils retournent à leur caractère qui est naturellement méchant et ils deviennent très-dangereux.

2. Des différentes espèces de quadrumanes. — La famille des singes est très-nombreuse et très-variée. On les divise en deux tribus bien distinctes : les *singes proprement dits*, qui habitent l'ancien continent et les singes de l'Amérique auxquels on donne en général le nom de *sapajous*. Les *sapajous* ont la tête plate, le museau court, la queue mobile et prenante, c'est-à-dire susceptible d'entourer des corps et de les saisir comme avec la main. Ceux dont la queue n'a point cette faculté s'appellent *sagouins* et sont remarquables par la beauté de leur pelage. Parmi les singes d'Amérique on distingue les *alonates* ou singes hurleurs. A l'approche de l'orage ils poussent des hurlements affreux qui se font entendre à plus d'une demi-lieue à la ronde. Ils sont très-connus dans les forêts de la Guyane et du Brésil.

Les *singes proprement dits* se trouvent surtout dans l'Asie méridionale et en Afrique. Parmi les

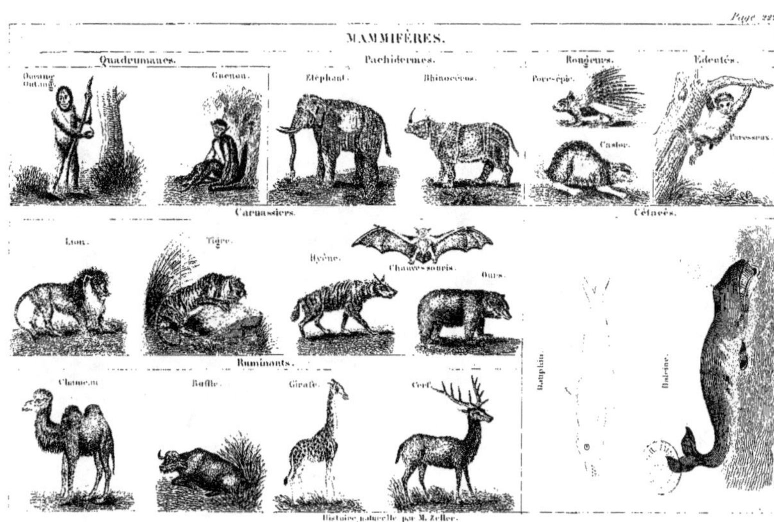
MAMMIFÈRES.
Quadrumanes.
Pachidermes.
Rongeurs.
Édentés.
Ourang-Outang.
Guenon.
Éléphant.
Rhinocéros.
Porc-épic.
Castor.
Paresseux.
Carnassiers.
Cétacés.
Lion.
Tigre.
Hyène.
Chauve-souris.
Ours.
Dauphin.
Baleine.
Ruminants.
Chameau.
Buffle.
Girafe.
Cerf.
Histoire naturelle par M. Zeller.

singes d'Afrique nous citerons les *germons* et les *cynocéphales*. Les *germons* vivent en troupes, et commettent beaucoup de dégâts dans les jardins et les lieux cultivés. C'est l'espèce la plus facile à apprivoiser. Les *cynocéphales*, ainsi appelés parce qu'ils ont la tête faite comme celle d'un chien, sont d'une férocité indomptable. Ils sont d'ailleurs très-grands et très-robustes.

Les *magots* forment l'espèce qui s'est naturalisée en Europe. Comme tous les autres singes ils vivent de pillage. Rien n'est plus curieux que l'instinct qu'ils déploient lorsqu'ils entreprennent quelques expéditions. Ils se réunissent en troupes; les plus âgés, et par conséquent ceux qui ont le plus d'expérience, se placent à l'avant et à l'arrière-garde pour faire sentinelle. Les autres s'échelonnent sur les arbres et se passent de main en main les objets qu'ils dérobent. Au moindre danger tout le monde est averti et s'enfuit. Mais le singe le plus remarquable est l'orang-outang, qui se trouve dans l'Océanie, à Bornéo et dans les îles voisines. Il peut se tenir debout et marcher à deux pieds comme l'homme, mais cette attitude ne lui est pas naturelle. Pour se maintenir il est obligé de s'appuyer sur une branche d'arbre. A l'état sauvage, il est très-farouche; mais on peut l'apprivoiser et développer ses instincts d'une façon très-remarquable. Il offre même, sous ce rapport, des ressources qu'on ne trouve chez aucun autre animal. On a vu des orangs-outangs remplir à bord d'un navire les fonctions d'un domestique et s'en acquitter avec une merveilleuse adresse. Mais ils reviennent, en vieillissant, à leur caractère farouche et cruel, et on a eu souvent à se repentir d'avoir voulu vivre familièrement avec eux.

Indépendamment des singes, on compte encore parmi les quadrumanes les *ouistitis*, qui vivent comme les écureuils, et les *makis* ou *lémurins*, dont une espèce, les *loris*, a reçu le nom de *singes paresseux*, à cause de la lenteur de ses mouvements.

Ordre des carnassiers.

3. **DES CARNIVORES.** — On divise l'ordre des carnassiers en plusieurs familles, dont les plus remarquables sont : les *carnivores*, les *insectivores* et les *chéiroptères*. Les carnivores se nourrissent de chair, les insectivores d'insectes, et les chéiroptères ont les mains changées en ailes.

Les *carnivores* ont les mâchoires très-fortes et armées de muscles très-volumineux pour qu'ils puissent aisément saisir et dompter les autres animaux qui doivent être leur proie. Leur dentition est aussi parfaitément en rapport avec leur genre de vie. Les incisives sont petites, les dents canines grosses, longues et écartées entre elles, et les molaires très-tranchantes. Les deux mâchoires sont fixées par une articulation transversale, qui ne leur permet aucun mouvement latéral; elles s'ouvrent et se ferment comme des branches de ciseaux. Leurs pattes sont aussi armées d'ongles crochus, qui leur servent à déchirer leur proie. Les principaux genres que cette famille renferme sont : les *chats*, les *hyènes*, les *putois*, les *martes*, les *loutres*, les *chiens*, les *blaireaux* et les *ours*, auxquels on peut ajouter les *amphibies*.

Le *chat ordinaire* a les ongles crochus et tranchants, grimpe rapidement, et son poil varie beaucoup, sous le rapport de la longueur, de la finesse et de la couleur. A l'état sauvage, il est gris brun, la queue annelée de noir, et tout le corps enrichi d'ondes transversales très-foncées. Les naturalistes comprennent dans le genre chat, non-seulement le chat ordinaire, mais encore tous les carnivores, qui ont une tête arrondie, les mâchoires courtes et fortes, les ongles rétractiles et crochus, une langue rude, un odorat très-fin et délicat. Leur pelage est en général doux et fin, leur peau d'une sensibilité extrême. Leur vue n'a pas une longue portée, mais leur prunelle se dilate et se resserre avec beaucoup de facilité, et ils voient de nuit aussi bien que de jour. Les espèces les plus remarquables de ce genre sont : le *lion*, le *tigre*, la *panthère*, le *léopard*, le *jaguar* et le *lynx*.

Le *lion* est le plus fort des animaux carnassiers. Du museau à la queue, il a cinq ou six pieds de long. Son poil est fauve, et forme chez le mâle une magnifique crinière qui flotte sur son cou et sur ses épaules. Il habite en Afrique et dans quelques parties voisines de l'Asie. Sa force est telle que d'un coup de queue il terrasse l'homme le plus robuste et d'un seul coup de patte il brise les reins d'un cheval. Il traîne les plus gros bœufs à de grandes distances, et peut franchir d'un seul bond un espace de trente pieds. Ordinairement, il ne poursuit pas sa proie : il l'attend au passage, fond sur elle et la saisit. La lionne prend un grand soin de ses petits. Si elle les voit attaqués, elle les défend jusqu'à la mort. — Le *tigre* a à peu près la même taille que le lion. Il a presque sa force, mais il est plus redoutable parce qu'il est plus cruel. Sa peau est rayée de bandes noires et transversales, mais l reste de son poil est ras et jaune. Sa tête ressemble absolument à celle d'un chat. Ses moustaches sont aussi très-rudes et très-allongées et paraissent très-sensibles à la moindre impression ; l'espèce n'en est pas nombreuse et se trouve dans l'Inde orientale. — La *panthère* est remarquable par la beauté de son pelage fauve et moucheté. Elle a la férocité du tigre. Elle est répandue en Afrique, et comme ce dernier, dans les contrées les plus chaudes de l'Asie. — Le *léopard* ressemble beaucoup à la panthère ; il a les mêmes mœurs et les mêmes habitudes. — Le *jaguar* ressemble pour la fourrure à la panthère, et les fourreurs le désignent sous le nom de *grande panthère*. Il est presque aussi grand que le tigre royal, et n'est pas moins cruel. Il habite l'Amérique, et on le nomme quelquefois *tigre d'Amérique*. On trouve encore dans le Nouveau-Monde une autre espèce du genre chat qu'on nomme *lion d'Amérique*. C'est le *conguar,* qui ressemble au lion comme le jaguar au tigre. — Le *lynx* est remarquable par sa vue pénétrante qui est proverbiale. Il est indigène de l'Europe tempérée, mais on ne le trouve que dans les Pyrénées et dans les montagnes du royaume de Naples et en Afrique.

Les *hyènes* ont les pattes de devant plus longues que les pattes de derrière, leurs ongles ne sont pas tranchants comme ceux du genre chat ; ils sont plus propres à fouir qu'à déchirer, et ils ne se relèvent pas pendant la marche. Ces animaux habitent dans les Indes, dans la Turquie d'Asie et dans quelques contrées de l'Afrique. Ils sont d'un naturel très-féroce et s'apprivoisent difficilement. Ils ne manquent pas de force, ils peuvent briser les os des plus fortes proies, mais ils ne sont pas courageux.

Ils habitent les cavernes des montagnes et les fentes des rochers. Lorsqu'ils ne trouvent ni bestiaux, ni autres animaux à dévorer, ils creusent avec leurs pattes, et cherchent leur nourriture jusque dans les tombeaux.

Les *putois*, les *martes* et les *loutres* forment parmi les carnivores une tribu particulière, qu'on appelle *digitigrades*, parce que ces animaux marchent sur le bout des doigts, et non sur la plante des pieds. Le *putois commun* a la tête arrondie et le cou très-court. Il doit son nom à l'odeur infecte qu'il répand. Il est d'une petite taille, mais très-sanguinaire. Il pénètre dans les poulaillers et les garennes, égorge les volailles et les lapins, et monte sur les arbres pour manger les œufs d'oiseaux dont il est aussi très-friand. Ce genre comprend : le *furet*, dont on se sert pour chasser les lapins et les faire sortir de leur terrier. On ne le trouve en France qu'à l'état domestique, et on le croit originaire de Barbarie. — La *belette*, qui a les mêmes habitudes que le putois, et qu'on trouve dans les greniers et les granges où elle fait la chasse aux souris et aux rats, et dans les buissons où elle guette les oiseaux et cherche à découvrir leurs œufs pour les dévorer. — L'*hermine* qui est rousse en été et blanche en hiver. Elle se trouve dans le nord de l'ancien et du nouveau continent, et sa fourrure est très-recherchée. — Les *martes* diffèrent très-peu du putois. Les principales espèces sont : la *fouine*, la terreur de nos basses-cours, et la *zibeline* qui est brune avec quelques taches blanchâtres à la tête. Elle vit dans les forêts des régions septentrionales ; on recherche beaucoup sa fourrure. — Les *loutres* ont la tête large et les doigts palmés, c'est-à-dire réunis par une forte

membrane. C'est ce qui leur donne la faculté de nager. Ces animaux habitent les bords des eaux, et
vivent principalement de poissons. Ils chassent seulement pendant la nuit ; de jour il restent cachés
dans un trou recouvert de mousse et tapissé d'herbes sèches. Leur pelage est très-épais, et il est formé
de poils soyeux et luisants et de poils laineux et
courts qui donnent une fourrure douce et épaisse.
On distingue la *loutre commune* qui est brune en
dessus et blanchâtre en dessous, et la *loutre de mer*
qui est beaucoup plus grande et dont le pelage noir
a l'éclat du velours.

Le *chien* forme un genre particulier dans lequel
on comprend le *chien proprement dit*, le *loup* et le
renard. Ces animaux ont la vue excellente, l'ouïe
et l'odorat très-subtils. Leurs pieds de devant ont
cinq doigts et ceux de derrière quatre ; leurs ongles
sont propres à fouir, et ils se nourrissent de chair
et de végétaux. — Le *chien domestique*, dont la vigi-
lance, l'attachement et le courage sont célèbres à
si juste titre, nous offre un très-grand nombre de
variétés. Ainsi il y a le *chien de berger* qu'on dresse
pour la garde des bestiaux, le *chien courant* qui
poursuit le gibier en donnant de la voix, le *chien de
plaine* ou *d'arrêt* qui arrête le gibier au gîte et qui
le rapporte au chasseur lorsqu'il est tué ; le *lévrier*
qui a les jambes longues et la taille élancée et qui
prend les lièvres à la course, le *basset* qui a les
pieds courts et les oreilles traînantes, le *barbet* ou
caniche dont le poil est frisé, le *dogue*, le *mâtin*,
les petits chiens d'appartement tels que le *bichon*,
le *roquet*, le *chien de Terre-Neuve* qui se fait remarquer par la facilité avec laquelle il nage et
qu'on peut dresser pour sauver les hommes qui

sont en danger de se noyer. Dans quelques îles désertes, ou parmi des peuples peu civilisés, tels que les habitants de la Nouvelle-Hollande, on trouve des *chiens sauvages*. Ils ont les oreilles droites et ressemblent pour la forme à notre chien de berger. — Le *loup* se rapproche du chien sauvage; il a comme lui les oreilles droites et le poil d'un gris fauve. Mais il se distingue des chiens domestiques par sa queue, qui est droite au lieu d'être relevée. Le loup est fort, agile, très-adroit pour surprendre sa proie. Cependant il est naturellement lâche et lent, et ce n'est que quand il est pressé par la faim qu'il brave le danger. Il quitte alors le bois où il vit presque toujours solitaire et vient attaquer les brebis et les chiens. Quelquefois il se réunit en troupe avec ceux de son espèce, et se jette sur l'homme même s'il ne trouve point une autre proie. Dans les Indes et en Afrique habite le *loup doré* ou *chacal*, qui est beaucoup plus petit que le loup et qui ressemble par ses mœurs et sa conformation au chien domestique. Il se plaît dans les ruines et en général dans les endroits déserts, et il pousse des hurlements aigus et sinistres. — Le *renard* a la tête plus large que le chien et le loup, le museau plus pointu, la queue plus longue et plus touffue. Il est très-rusé et manque rarement sa proie. Il habite dans des terriers à la lisière des bois, attaque les volailles dans les basses-cours des hameaux, chasse les lièvres et les perdrix et est très-gourmand de raisins et de fromage. On en trouve des espèces dans toutes les parties du monde; dans les pays froids sa fourrure est très-recherchée.

Le *blaireau* et l'*ours* marchent sur la plante des pieds et forment dans la famille des carnivores une tribu particulière qu'on a désignée, pour ce motif, sous le nom de *plantigrades*. — Les *ours* sont de très-grands animaux à membres épais, à corps trapu et à queue extrêmement courte. Ils grimpent avec beaucoup de facilité, mais ils ne sont pas aptes à la course. Quelques-uns nagent très-bien, grâce à la quantité de graisse dont leur corps est chargé. Ils habitent les profondeurs des forêts ou le sommet des montagnes. Ils se nourrissent également de substances animales et de substances végétales, mais le plus souvent ils vivent de racines et de fruits. Ils sont très-gourmands de miel, et ils ne craignent pas de l'aller chercher dans la ruche même, parce que l'épaisseur de leur peau les défend contre l'aiguillon des abeilles. On les enivre en leur donnant du miel mêlé d'eau-de-vie, et on les prend facilement lorsqu'on les a enivrés. L'espèce d'ours la plus commune dans nos climats est l'*ours brun*, mais la plus remarquable est l'*ours blanc*, qui habite les régions polaires, et qui se nourrit de phoques et de poissons. — Le *blaireau* a la taille d'un chien ordinaire, mais les jambes beaucoup plus courtes. Il passe la plus grande partie de sa vie dans des terrains profonds et sinueux, et se nourrit de lapins, d'insectes et de fruits. Il a à peu près les mêmes habitudes que les ours. Il a le ventre noir, le dos grisâtre, le poil rude, les ongles très-allongés, et il marche en rampant. Il a sous la queue une poche d'où suinte une humeur grasse et fétide.

Nous citerons encore le *raton* et le *glouton* qui appartiennent à la même tribu. Le *raton* est un animal d'Amérique qui ressemble extérieurement beaucoup à l'ours. Il n'en diffère que par sa queue qui est plus longue. Le *glouton* doit son nom à sa voracité extrême. Il habite dans le nord des deux continents. Il s'attaque aux plus grands animaux dont il se rend maître en se cachant sur les arbres et en sautant sur eux au passage.

Les *amphibies* forment une tribu particulière, qui se compose de tous les animaux carnassiers qui vivent sur la terre et dans la mer. Ces animaux ont quatre pieds palmés en forme de nageoires. Ils se partagent en deux petites familles, les *phoques* ou *veaux marins* et les *morses* ou *vaches marines*. Le corps des *phoques* se termine en pointe comme celui des poissons. Leur tête a la forme de celle d'un chien, mais ils n'ont pas d'oreilles ; leur museau est garni de moustaches comme celui des chats ; ils marchent difficilement quand ils sont à terre et deviennent aisément la proie des chasseurs qui les recherchent pour leur graisse et leur peau. Ils sont doux, intelligents et s'apprivoisent très-facilement. On en trouve beaucoup sur nos côtes, mais leur taille ne dépasse pas un mètre et demi. La *vache marine* a le même port que le phoque, mais elle est beaucoup plus grande. Elle atteint jusqu'à 6 ou 7 mètres de longueur ; son poil est jaunâtre et ras, et elle porte de longues défenses qu'on emploie comme l'ivoire. Ces animaux habitent les mers glaciales et fournissent par leur graisse à l'industrie et au commerce les plus beaux produits.

4. DES INSECTIVORES. — Les *insectivores* sont les animaux carnassiers qui se nourrissent d'insectes. Cette famille comprend les *hérissons*, les *musaraignes* et les *taupes*. — Les *hérissons* ont le corps couvert de piquants. Ils n'ont pas bonne vue, mais l'ouïe est fine et l'odorat assez bon. Ils se nourrissent de fruits et d'insectes et vivent dans les forêts

Pendant le jour ils se tiennent cachés entre les racines des vieux arbres ou sous les pierres. Ils ne sortent de leurs trous ordinairement que de nuit, et marchent le nez au vent, pour être avertis de l'approche de leur ennemi. Aussitôt qu'ils se croient en danger, ils s'arrondissent en boule, et présentent de toutes parts leurs piquants à l'animal qui voudrait les attaquer. — Les *musaraignes* se tiennent dans des trous qu'elles creusent en terre ou dans de vieux murs, et se nourrissent de vers et d'insectes. Elles ont le museau très-effilé et ressemblent aux souris par le poil et les pattes. Elles vivent dans les sables et dans les terres faciles à remuer. La *musette*, qui est si connue dans nos campagnes, est la *musaraigne* ordinaire. C'est le plus petit de tous les mammifères connus. On distingue encore la musaraigne d'eau qu'on trouve au bord des fontaines ou dans les prairies humides. — Les *taupes* ont le corps trapu, les yeux petits, le museau allongé et terminé par un boutoir mobile qui leur sert à percer la terre et à se creuser des galeries souterraines qu'elles se plaisent à multiplier pour se procurer leur substance. Elles aiment un sol doux, peuplé de racines succulentes, où il y ait des vers et des insectes en abondance. La *taupe commune* de nos campagnes est d'un beau noir, et se trouve dans toutes les contrées fertiles de l'Europe. Elles font un grand tort à la culture en bouleversant sans cesse la terre.

5. DES CHÉIROPTÈRES.— Les *chéiroptères* sont des animaux carnassiers dont les mains sont changées en ailes. Ils ont une membrane entre leurs quatre pieds et leurs doigts qui leur permet de voler. Ainsi ces animaux bizarres tiennent des oiseaux par leur vol et des animaux carnassiers par leur organisation. Car ils ont des dents, des mamelles et un corps formé comme ces derniers. Ils sont nocturnes et quittent le soir leur retraite pour se mettre à la recherche des fruits et surtout des insectes dont ils font leur nourriture. Les principales tribus de cette famille sont les *galéopithèques*, les *chauve-souris* et les *vampires*. Les *galéopithèques* ou chats-volants ne volent pas. Leur membrane leur sert seulement de parachute quand ils voltigent d'un arbre à un autre. Ils vivent ainsi sur les arbres où ils font la chasse aux insectes et aux oiseaux. On les trouve dans l'archipel des Indes. Les *chauve-souris* sont très-communes dans nos contrées. Leur membrane est très-étendue et ressemble absolument aux ailes d'un oiseau. Elles ont des yeux très-petits, des oreilles très-grandes, et se nourrissent d'insectes qu'elles saisissent au vol à la façon des hirondelles. Elles ne voyagent que de nuit. Pendant le jour elles se retirent dans des souterrains ou des greniers et s'attachent aux voûtes par les ongles de leur pied de derrière. Elles restent ainsi suspendues la tête en bas, le corps enveloppé de leur membrane comme d'un manteau. Elles se laissent tomber de l'endroit où elles sont suspendues pour prendre leur vol. Autrement elles ne pourraient s'envoler. Pendant l'hiver elles dorment d'un sommeil léthargique qui dure pendant toute la saison. Le *vampire* est une espèce de chauve-souris qui vit en Amérique et qui suce le sang des animaux, et même celui de l'homme, pendant qu'ils sont endormis.

6. DES MARSUPIAUX. — Les *marsupiaux* sont des mammifères ainsi nommés parce qu'ils reçoivent leurs petits dans une poche ou bourse où ils les allaitent. Cette poche est formée sous le ventre par un repli de la peau. Ils sont presque tous de la Nouvelle-Hollande ou de l'Amérique méridionale. Les tribus les plus importantes de cette famille sont la *sarigue*, le *phalanger* et le *kanguroo*. La *sarigue* est un animal de la grosseur d'un chat dont la queue est écailleuse et prenante. Il se sert de ses pieds de derrière comme de mains pour saisir les objets et grimper sur les arbres. Il se nourrit de fruits et de racines, mais il préfère les insectes et les cirons, et il se cache sur les arbres pour leur faire la guerre. — Les *phalangers* se trouvent aux îles Moluques et se nourrissent d'insectes, de fruits et de feuilles. On distingue les *phalangers volants* qui ont entre les jambes une membrane qui leur sert de parachute et leur permet de se soutenir en l'air quand ils sautent d'un arbre à un autre. — Le *kanguroo* se rapproche de l'ordre des rongeurs; il est herbivore. Ses pieds de devant sont très-courts, ceux de derrière très-longs; ils s'appuient sur leurs membres postérieurs ainsi que sur leur queue qui leur sert de troisième pied, et ils marchent en s'élançant par bonds. Ils sont d'ailleurs très-doux.

QUESTIONNAIRE. — 1. Quel est le caractère des quadrumanes? D'où leur est venu ce nom? Quelle est la principale famille des quadrumanes? Décrivez le singe d'une manière générale. Peut-on l'apprivoiser facilement? 2. La famille des singes est-elle nombreuse? Quelles sont les principales espèces qu'on distingue? Quelle est la plus remarquable? Décrivez l'orang-outang. Quels sont les autres animaux qu'on range encore parmi les quadrumanes? 3. En combien de familles principales divise-t-on l'ordre des carnassiers? Comment se nourrissent les carnivores? Quels sont les principaux genres que renferme cette famille? Quels sont les caractères généraux du genre chat? Quelles espèces renferme ce genre?

Décrivez le lion, — le tigre, — la panthère, — le jaguar.
Qu'appelle-t-on tigre d'Amérique et lion d'Amérique ? Qu'offre de remarquable le lynx ? Quelles sont les habitudes et les mœurs des hyènes ? A quels signes les remarque-t-on ? De quels animaux se compose la tribu des digitigrades ? Qu'est-ce que le putois ? Quels sont les autres animaux que ce genre comprend ? Quelles sont les principales espèces de martes ? Où les loutres habitent-elles ? Quelle est leur nourriture ? Quels sont les animaux que comprend le genre chien ? Énumérez les variétés du chien domestique. Quel est le caractère du chien sauvage ? Où le trouve-t-on ? Décrivez le loup. Faites-nous connaître le renard. Qu'est-ce que le loup doré ou le chacal ? Quelle tribu forment l'ours et le blaireau ? Qu'est-ce qui caractérise l'ours ? Quelles sont les principales espèces ? Comment vit le blaireau ? Quelle est sa taille ? Quelles sont les principales espèces d'amphibies parmi les animaux carnassiers ? 4. Quels sont les animaux compris dans la famille des insectivores ? Décrivez le hérisson et faites connaître son genre de vie. Qu'appelle-t-on musaraigne ? N'y en a-t-il pas une espèce très-commune dans nos campagnes ? Quelle est-elle ? Quels sont les signes caractéristiques de la taupe ? 5. Qu'appelle-t-on chéiroptères ? Quelles sont les mœurs de ces animaux ? Que fait la chauve-souris pendant l'été ? Que devient-elle en hiver ? Comment se nomme l'espèce de chauve-souris qui suce le sang des animaux et de l'homme même ? Où se trouve-t-elle ? 6. Qu'est-ce que les marsupiaux ? Quelles sont les principales tribus de cette famille ? Quel est le caractère des sarigues ? — des phalangers ? Qu'appelle-t-on phalangers volants ? Qu'est-ce que le kanguroo ?

CHAPITRE XI.

SUITE DES MAMMIFÈRES. ORDRE DES RONGEURS, DES ÉDENTÉS ET DES PACHYDERMES.

Ordre des rongeurs.

1. DE LEUR CARACTÈRE EN GÉNÉRAL. — Les *rongeurs* sont des mammifères qui ont l'habitude de ronger leurs aliments. Ils n'ont pas de dents canines, ils n'ont que des dents incisives et molaires. Les incisives sont longues et tranchantes ; ils en ont ordinairement deux à chaque mâchoire. Leurs molaires ont une couronne large et plate, traversée par des lignes saillantes. Leurs mâchoires ne peuvent se mouvoir que d'avant en arrière, et c'est pour ce motif qu'il leur est impossible de déchirer la chair, ni de couper leurs aliments. Ils sont réduits à les limer, pour ainsi dire, et à les réduire en petites parcelles : c'est ce qui leur a fait donner le nom de *rongeurs*. Ils se nourrissent principalement de bois, de racines et de fruits ; mais quelques-uns d'entre eux sont *omnivores*, c'est-à-dire qu'ils se nourrissent également de substances animales et de substances végétales. Ils vivent dans des terriers ou dans des huttes qu'ils construisent pour eux et pour toute leur famille. Les principaux genres que cet ordre renferme sont : le *rat*, le *loir*, l'*écureuil*, le *lièvre*, la *marmotte*, le *porc-épic*, le *cochon d'Inde* et le *castor*.

2. Des divers genres de rongeurs. — Le genre **rat** comprend le *rat domestique*, le *surmulot*, la *souris*, le *hamster*, le *mulot* et la *gerboise*. — Le *rat domestique* a la queue longue et arrondie, le poil noir, les yeux vifs et le museau garni de moustaches. Il est originaire de l'Amérique, mais il s'est considérablement multiplié dans nos contrées. Il se nourrit de grains, de farine, de fruit, de légumes, de viandes, de livres, etc. C'est un véritable fléau pour les maisons rurales où on le laisse se propager. — Le *surmulot* est le plus grand de nos rats. Il n'a été introduit en France qu'au XVIIIe siècle, mais il est très-répandu aujourd'hui dans toute l'Europe, et on le trouve surtout dans nos grandes villes. Il est d'une couleur brune-roussâtre, et ses mœurs et ses habitudes ressemblent beaucoup à celles du rat domestique. — La *souris* est la seule espèce de rats qui fût connue des anciens. Elle est trop commune pour que nous ayons besoin de la décrire. — Le *hamster* ressemble beaucoup au rat. Il se creuse pour retraites des souterrains qui ont plus de 2 mètres de profondeur, et il y enfouit souvent une quantité considérable de blé et de grains de toute espèce. Il est très-commun dans le nord de l'Allemagne, la Pologne et la Russie. — Le *mulot* est le rat des champs, il tient le milieu pour la taille entre le rat et la souris. — La *gerboise* a les pieds de derrière très-longs et très-vigoureux, et c'est ce qui la fait surnommer le *rat à deux pieds*. Elle habite dans des terriers et reste engourdie pendant tout l'hiver. On la trouve en Afrique et dans la Tartarie.

Le *loir* a beaucoup d'analogie avec le rat. Il a le poil très-doux, la queue velue et même touffue, le regard vif. Il vit sur les arbres et se nourrit de fruits. Pendant tout l'hiver, il reste roulé en boule et enseveli dans un sommeil léthargique. Le *lérot* est une espèce de loir qui habite les murs des jardins et dévaste les espaliers.

L'*écureuil* est un tres-bel animal qui se sert de ses pattes de devant comme de petites mains pour saisir sa nourriture et la porter à sa gueule. On le reconnaît surtout à la longueur de sa queue, qui est garnie de poils comme une large plume. Il se nourrit de fruits et passe sa vie sur les arbres. Pendant le jour il est ordinairement caché dans un nid sphérique construit avec beaucoup d'art et qui est recouvert d'un toit conique. Ces animaux font ces nids avec de la mousse et des brins de bois très-flexibles. Vers le soir ils sortent de leur retraite et prennent leurs ébats. En France, l'écureuil commun est d'un roux vif sur le dos et a le ventre blanc ; mais dans le nord de l'Amérique, pendant l'hiver, il devient d'un beau cendré bleuâtre et reçoit le nom de *petit-gris*. Sa fourrure, dans cet état, est très-recherchée. — Les *polatouches* ou écureuils volants ont la peau des flancs élargie de telle sorte qu'elle s'étend entre les pattes de devant et celles de derrière et forme une membrane qui leur sert de parachute et les soutient en l'air lorsqu'ils vont d'un arbre à un autre. On les trouve dans l'Europe septentrionale.

Le *lièvre* a les oreilles longues, la queue courte et les pattes de derrière plus longues que celles de devant. Il vit isolé et dort pendant le jour quand le chasseur ne vient pas le troubler dans son gîte. De nuit il court et saute, mais le moindre bruit suffit pour lui causer une frayeur extrême. Sa chair est excellente, surtout quand il habite dans des terres légères et sur des coteaux où il peut se nourrir de thym et de serpolet. Le *lapin* est une espèce de lièvre qui se creuse un terrier très-profond. Ces deux espèces de rongeurs se multiplient beaucoup et sont très-communes dans nos contrées.

La *marmotte* a la tête plate, le corps ramassé, la fourrure épaisse et la démarche lourde. Pendant tout l'hiver elle reste engourdie comme le loir. Elle habite dans des terriers, et, malgré son apparente stupidité, elle fait preuve de beaucoup d'intelligence et d'adresse dans la construction de son habitation. On trouve la marmotte commune, qui est de la grandeur d'un lapin, dans les Alpes au-dessous des neiges. — Le *porc-épic* est couvert de piquants noirs et blancs qu'il redresse comme le hérisson. Il dort aussi tout l'hiver et se nourrit de fruits et de racines. Il n'a pas la conformation du cochon, mais il en a le grognement, et c'est ce qui lui a fait donner son nom. — Le *cochon d'Inde*, originaire d'Amérique, est un petit animal domestique qu'on élève parce qu'on prétend que son odeur éloigne les rats des habitations.

Le *castor* a une longue queue aplatie horizontalement et couverte d'écailles. Sa vie est tout aquatique, et il se sert également de ses pieds et de sa queue pour nager. De tous les quadrupèdes, c'est celui qui apporte le plus d'art dans son habitation. Ils y travaillent en société, et se réunissent dans ce dessein quelquefois au nombre de deux ou trois cents. Le lieu du rendez-vous, dit Buffon, est ordinairement au bord des eaux; si ce sont des eaux planes et qui se soutiennent toujours à la même hauteur, comme dans un lac, ils se dispensent d'y construire une di-

gue ; mais dans les eaux courantes et qui sont sujettes à hausser ou à baisser, comme sur les rivières,
ils établissent une chaussée, et par cette retenue ils
forment une espèce d'étang ou de pièce d'eau qui se
soutient toujours à la même hauteur. La chaussée
traverse la rivière comme une écluse et va d'un bord
à l'autre. L'endroit de la rivière où ils établissent
cette digue est ordinairement peu profond ; s'il se
trouve sur le bord un gros arbre qui puisse tomber
dans l'eau, ils commencent par l'abattre pour en
faire la pièce principale de leur construction ; ils le
scient, ils le rognent au pied, et, sans autre instrument que leurs quatre dents incisives, ils le coupent
en assez peu de temps et le font tomber du côté
qu'il leur plaît, c'est-à-dire en travers sur la rivière ; ensuite ils coupent les branches pour en faire
des pieux. A mesure que les uns plantent les pieux,
les autres vont chercher de la terre qu'ils gâchent
avec leurs pieds et battent avec leur queue ; ils la
portent dans leur gueule et avec leurs pieds de devant, et ils en transportent une si grande quantité
qu'ils remplissent tous les intervalles de leurs pilo-
tis.

Ces constructions sont souvent au nombre de dix
ou de quinze, et offrent ainsi l'image d'une petite
bourgade. On ne les voit toutefois en aussi grand
nombre que dans les régions désertes de l'Amérique septentrionale. En hiver, on leur fait la chasse
pour leurs fourrures, qui sont très-précieuses. Le
voisinage de l'homme les empêche de construire
leurs habitations. Ainsi on en trouve quelques-uns
le long du Rhône et du Danube, mais ils sont solitaires et ne forment pas de huttes.

De l'ordre des édentés.

3. L'ordre des *édentés* comprend les mammifères qui n'ont pas de dents. Ces animaux sont la plupart très-timides. Ils habitent des terriers ou des fentes de rochers, et se roulent quelquefois dans le feuillage des arbres touffus. Les genres les plus remarquables sont : le *paresseux*, le *tatou*, le *pangolin* et le *fourmilier*.

On divise cet ordre en trois familles : les *tardigrades*, les *édentés ordinaires* et les *monotrimes*.

Les *tardigrades* sont ainsi nommés parce qu'ils ont beaucoup de peine à se mouvoir. Ils ne comprennent qu'un genre, celui des *paresseux*. Cet animal grossier et stupide a les bras et les avant-bras beaucoup plus longs que les jambes et les cuisses. Il passe sa vie sur les arbres dont il dévore les feuilles. Il est si lent dans sa marche, que quand il a dépouillé un arbre de ses feuilles, il aime mieux se laisser tomber que d'en descendre naturellement. Lorsqu'il se presse le plus, il fait à peine deux mètres à l'heure. — L'*aï* et l'*unau* sont deux espèces de ce genre.

Les *édentés* ordinaires comprennent le *tatou*, le *pangolin* et le *fourmilier*. — Le *tatou* a des dents molaires, de grandes oreilles, le corps épais et couvert d'écailles. Il se roule en boule à la façon du hérisson ; il se nourrit de végétaux et d'insectes. Le tatou et le paresseux ne se trouvent qu'en Amérique. — Le *pangolin* existe aux Indes orientales et au centre de l'Afrique. Il ressemble au tatou, mais il n'a pas de dents et se nourrit de fourmis. — Le *fourmilier* se nourrit de la même manière, et c'est de là que lui est venu son nom. Il enfonce dans les fourmi-

lières sa langue longue et charnue, et la retire ensuite couverte de ces insectes.

Les *monotrèmes* sont des animaux qu'on n'a encore
trouvés que dans la Nouvelle-Hollande et la terre
de Van-Diémen. On n'en connaît que deux genres,
les *échidnés* et les *ornythorynques*. Les *ornythorynques* ont le museau fait comme le bec d'un canard,
et les *échidnés* ont le corps couvert de piquants
comme le hérisson.

De l'ordre des pachydermes.

4. Caractère général des pachydermes. — Les
pachydermes sont des mammifères dont la peau est
très-épaisse. Ils sont ongulés, c'est-à-dire que les
doigts de leurs pieds sont enveloppés d'un sabot. Ils
se nourrissent de végétaux, mais ils ne ruminent
pas. C'est ce dernier trait qui les distingue des mammifères qui constituent l'ordre des ruminants. Les
pachydermes sont presque tous d'une taille gigantesque ; tels sont l'éléphant, l'hippopotame et le rhinocéros, qui occupent le premier rang parmi les
animaux terrestres. Ils ont généralement un naturel
doux et facile qui permet de leur faire prendre les
habitudes de la domesticité. Quelques-uns d'entre
eux, comme le cheval et l'âne, rendent à l'homme
les plus grands services. Les principaux genres que
cet ordre renferme sont : l'*éléphant*, le *rhinocéros*,
l'*hippopotame*, le *cheval* et le *cochon*.

5. Des divers genres de pachydermes. — L'*éléphant* est un énorme mammifère dont les narines se
prolongent en une trompe cylindrique très-mobile.
Cette trompe lui sert pour saisir tout ce qu'il veut
porter à sa bouche et pour pomper la boisson et la

lancer dans son gosier. Sa mâchoire supérieure est armée de deux longues dents qui forment ce qu'on appelle ses défenses. Ce sont ces dents qui fournissent le véritable ivoire. L'éléphant est le plus vigoureux et le plus fort des quadrupèdes, mais il n'est pas redoutable parce qu'il n'est pas naturellement cruel. Il vit à l'état sauvage, et on le voit rarement seul. Dans leurs déserts ils forment des troupeaux de quarante à cent individus. Leur nourriture ordinaire se compose de bois tendre et d'herbes; aussi font-ils un dégât prodigieux dans les champs cultivés. L'éléphant a un instinct admirable, et dans les Indes, où on en a fait un animal domestique, il est très-utile pour transporter des fardeaux. Il conserve le souvenir des bienfaits et s'en montre reconnaissant; mais il n'oublie pas non plus les injures, et dans l'occasion il sait s'en venger. Quand il est irrité, il brise son ennemi soit en l'écrasant sous ses pieds, soit en le perçant de ses terribles défenses.

Il y a deux espèces d'éléphants, l'*éléphant des Indes* et l'*éléphant d'Afrique*. Le premier a la tête oblongue, le front concave et les oreilles courtes; le second a au contraire la tête ronde, le front convexe et les oreilles longues. En Sibérie on a trouvé une autre espèce d'éléphant que les Russes ont appelée *mammouth* et qui était d'une taille bien supérieure aux éléphants dont nous venons de parler. Mais cette espèce n'existe plus qu'à l'état fossile. Il en est de même du *mastodonte* que Cuvier a décrit d'après des ossements qu'on a découverts.

Les *rhinocéros* vivent comme l'éléphant dans l'Afrique et dans les Indes. Ce sont de grands animaux trapus et lourds, qui sont remarquables par la corne épaisse qu'ils portent sur le nez. Leur naturel est fa-

rouche et indomptable et leur intelligence fort bor-
née. Ils ont la peau si épaisse qu'on dit que ni le
fer ni le plomb ne peuvent l'entamer. On en distingue deux espèces principales : le rhinocéros d'Asie
qui n'a qu'une corne et le rhinocéros d'Afrique qui
a deux cornes placées l'une derrière l'autre. L'*hippopotame* ou *cheval de rivière* est un animal très-féroce, qui se nourrit de poissons, de végétaux aquatiques, et qui marche au fond des rivières du centre
et du midi de l'Afrique avec la même facilité que
sur terre. Il peut ainsi rester assez longtemps sous
les eaux sans respirer. De nuit il quitte les rivières
et vient dévorer les plantations de sucre, de riz et
de millet, dont il est très-avide. Cet animal est d'un
beau noir, et il a jusqu'à dix ou onze pieds de long
sur quatre ou cinq de haut. On lui donne le nom de
cheval de rivière parce que sa voix ressemble au hen-
nissement du cheval.

Le *cheval* est le plus beau de nos animaux domestiques. Il est essentiellement herbivore et se nourrit de foin et d'avoine. A l'état sauvage il vit en troupes nombreuses. On dit en avoir vu plusieurs mil-
liers courir ensemble dans les plaines du Nouveau-
Monde. Le genre cheval comprend aussi l'*âne* et le
zèbre. — L'*âne* a la taille plus petite que celle du cheval, les oreilles longues et une croix noire sur les
épaules. Patient et sobre, il rend aux habitants des
campagnes les plus grands services. Il est facile à
nourrir, coûte peu d'entretien, et dans plusieurs
circonstances il remplace le cheval avec avantage. Il
marche d'un pas plus sûr dans les sentiers escarpés.
Le lait d'*ânesse* a beaucoup d'analogie avec celui de
la femme; on le conseille dans plusieurs maladies.
— Le *zèbre* est originaire d'Afrique. Sa peau est

rayée de bandes noires et blanches, et offre une disposition régulière et symétrique. Sa taille est au-
dessous de celle du cheval, mais elle est plus grande
que celle de l'âne. On peut accoupler ensemble ces
trois espèces, le cheval, l'âne et le zèbre. Le produit
de l'âne et de la jument se nomme *mulet*. Le mulet
est opiniâtre, rancuneux, mais il est excellent pour
porter des fardeaux. On en fait usage surtout dans
les montagnes.

Le *cochon* est un animal immonde, dont le museau
est terminé par un groin ou boutoir propre à fouil-
ler la terre. Ses dents sont en nombre variable; ses
canines sortent de sa bouche et se recourbent vers
le haut comme de véritables défenses. Il a quatre
doigts à ses pieds, mais il n'y en a que deux qui
touchent la terre. Son corps est couvert de soies. —
Le *sanglier* ou *cochon sauvage* vit dans les forêts de
fruits et de racines. Il défend courageusement ses
petits marcassins, et devient dangereux pour le chasseur quand il se sent mortellement blessé. — Le *tapir* est un quadrupède de l'Amérique méridionale et
de l'Inde qui a le port d'un cochon et dont le groin
allongé forme une trompe mobile comme celle de
l'éléphant; mais il ne peut pas s'en servir pour saisir les objets.

Questionnaire. — 1. Qu'appelle-t-on rongeurs? Quelle
est leur dentition? Comment leurs mâchoires se meuvent-
elles? Comment vivent-ils? Quels sont les principaux genres
qu'on distingue dans cet ordre? 2. Quelles espèces comprend
le genre rat? Décrivez le rat domestique. A quelle époque le
surmulot a-t-il été introduit en France? Qu'est-ce que la souris, le mulot, la gerboise? Décrivez le loir. Qu'est-ce qui
distingue l'écureuil? Quelle est l'espèce qu'on recherche le
plus pour sa fourrure? Que devient la marmotte pendant l'hiver? D'où est venu au porc-épic son nom? Qu'est-ce que le

cochon d'Inde? Décrivez le castor. Comment les castors construisent-ils leurs habitations? Ces habitations sont-elles quelquefois réunies? Dans quel pays les voit-on réunies en plus grand nombre? 3. Quels sont les genres les plus remarquables de l'ordre des édentés? Quelles sont les mœurs et les habitudes du paresseux et du tatou? Où vit le pangolin? De quoi se nourrit-il? D'où est venu au fourmilier son nom? 4. Quels sont les mammifères compris dans l'ordre des pachydermes? Quels sont les principaux caractères de ces animaux? Sont-ils d'une grande taille? Rendent-ils à l'homme quelques services? Quels sont les genres principaux de l'ordre des pachydermes? 5. Qu'y a-t-il de remarquable dans l'éléphant? De quelle manière vit-il? Peut-on l'apprivoiser? Dans quel but l'a-t-on réduit dans l'Inde à l'état domestique? Qu'est-ce que le rhinocéros? Quelles sont les mœurs de l'hippopotame? Quelle est sa grandeur? Comment vit le cheval à l'état sauvage? De quelle utilité est l'âne? Décrivez le zèbre. Quels sont les traits caractéristiques du cochon? Qu'est-ce que le sanglier? En quelles circonstances le sanglier est-il redoutable? Qu'est-ce que le tapir?

CHAPITRE XII.

SUITE DES MAMMIFÈRES. ORDRE DES RUMINANTS ET DES CÉTACÉS.

Ordre des ruminants.

1. DU CARACTÈRE DES RUMINANTS EN GÉNÉRAL. — Les *ruminants* sont ainsi appelés parce qu'ils mâchent plusieurs fois leur nourriture. Leur appareil digestif est très-complexe. Ils ont quatre estomacs : le premier, qui est le plus grand, se nomme la *panse,* le second le *bonnet,* le troisième le *feuillet,* et le quatrième la *caillette.* Les aliments se rendent d'abord dans la panse et le bonnet, et, après y avoir subi une première modification, ils sont ramenés à la bouche pour y être broyés et avalés de nouveau. Cette seconde fois ils pénètrent dans le feuillet, d'où ils passent dans la caillette, et la digestion s'achève ainsi. Les *ruminants* sont en général peu intelligents, mais ils rendent de très-grands services à l'homme. La plupart sont à l'état domestique, comme le bœuf, le mouton et la chèvre. Nous profitons de leurs forces, nous nous nourrissons de leur lait et de leur chair, nous employons leur graisse et leurs peaux à de nombreux usages, et nous savons utiliser leurs cornes, leurs os, leur sang et même jusqu'à leurs intestins, dont on fait des cordes. Ceux qui sont sauvages, comme le cerf, le chevreuil et le daim, nous fournissent aussi d'excellents aliments, et presque toutes les parties de leur corps sont des objets d'industrie et de commerce. Les principaux genres des ruminants sont, le *chameau*, le *bœuf*, la *girafe*, le *cerf*, la *chèvre* et le *mouton*.

2. DES DIVERS GENRES DE RUMINANTS. — Le *chameau* a les jambes longues, le pied large et parfaitement conformé pour marcher sur le sable; il est remarquable par les masses énormes de graisse qu'il porte sur son dos et qui le font paraître bossu. On distingue deux espèces de chameau : le *chameau de la Bactriane* ou à deux bosses, et le *chameau d'Arabie* ou à une bosse, qu'on nomme le dromadaire. Le premier est généralement employé dans l'Asie méridionale, et le second en Arabie et en Afrique. Ils sont l'un et l'autre très-patients et très-dociles, et servent à transporter des fardeaux, surtout à travers les déserts. Comme ils sont très-sobres et qu'ils peuvent rester huit jours entiers sans boire, on a pu les verser avec eux de longues solitudes où, sans cette ressource, on ne se serait pas impunément engagé. C'est ce qui rend le chameau si précieux pour les habitants des contrées méridionales. Les Arabes le regardent avec raison comme le plus utile de tous les animaux. Ils se nourrissent de son lait, se font des vêtements de son poil qui tombe tous les ans, se servent de lui comme d'une bête de somme, et quand ils sont en voyage, s'ils courent quelque danger, ils montent sur son dos et fuient à de grandes distances. Sans le chameau ils ne pourraient ni subsister, ni voyager, ni commercer. Il n'est pas étonnant qu'ils le considèrent comme un présent du ciel. — **En** Amérique on trouve un ruminant qui a beaucoup d'analogie avec le chameau, c'est le *lama*, qui vit au Pérou et qu'on emploie à porter des fardeaux. Il est très-sobre et pénètre dans des pays impraticables pour tous les autres animaux; mais il est plus petit et plus lent que le chameau et n'a pas de bosse sur le dos.

Le *bœuf* est pour nos contrées ce que le chameau est pour les pays méridionaux. Ses principales espèces sont le *bœuf ordinaire*, l'*aurochs*, le *buffle*, le *bison* et le *bœuf musqué*. — **Le *bœuf ordinaire*** est le meilleur de nos animaux domestiques. Vigoureux et docile, il est d'une grande utilité pour l'agriculture et peut être employé avantageusement comme bête de trait. Sa chair est un de nos meilleurs aliments; sa graisse, son sang, ses poils, sa peau et ses cornes servent à divers usages. La *vache* nous fournit en abondance un lait excellent dont nous tirons la crème, le beurre et le fromage. — **L'*aurochs*** est le plus grand des quadrupèdes de l'Europe. On le distingue du bœuf par son front qui est plus bombé, par le cou qui est, dans le mâle, couvert d'une sorte de laine crépue, et par l'attache de ses cornes. Il habite les grandes forêts de la Lithuanie et du Caucase, et il est terrible quand il entre en fureur. — Le *buffle* se trouve en Afrique, en Italie et en Grèce. Il est difficile à dompter et n'a pas la docilité et la patience du bœuf, mais il est plus robuste et plus facile à nourrir. Il est employé à peu près aux mêmes usages que le bœuf, et on fait de sa peau un cuir qui est presque imperméable. — Le *bison* et le *bœuf musqué* appartiennent à l'Amérique septentrionale. — Le *bison* ressemble beaucoup à l'aurochs, mais, quoiqu'il paraisse féroce, il est fort doux. On le trouve dans les régions tempérées. Le *bœuf musqué* habite plus au midi. On l'a ainsi nommé à cause de l'odeur de musc qu'il répand d'une manière très-sensible. Il grimpe sur les rochers presque aussi bien que les chèvres.

La *girafe* habite le centre de l'Afrique. Ses cornes sont coniques et recouvertes par la peau, ses jambes de devant beaucoup plus élevées que celles de derrière ; elle a le cou très-long et la peau tachetée comme celle du léopard. La girafe est le plus élevé de tous les quadrupèdes ; car sa tête atteint jusqu'à six mètres de hauteur. Ses mœurs sont très-douces, et elle se nourrit d'herbes et de feuilles vertes.

Le *cerf* est un genre de ruminants remarquable par les cornes de nature osseuse qu'il porte sur sa tête et qu'on désigne sous le nom de *bois*. Ces cornes sont sujettes à des changements périodiques. Elles tombent et sont ensuite remplacées par d'autres plus grandes et plus développées. On reconnaît l'âge des animaux qui les portent au nombre de ramifications qu'elles présentent. Ce genre comprend un très-grand nombre d'espèces, dont les principales sont : le *cerf commun*, l'*élan*, le *renne*, les *antilopes* et le *chamois*, le *daim* et le *chevreuil*. — Le *cerf commun* habite nos forêts. Il a le poil ras, la queue courte, les jambes grêles et élevées ; il est remarquable par la beauté de ses formes et l'agilité de ses mouvements. Ses bois servent à faire des manches de couteaux et d'instruments. On appelle *biche* la femelle du cerf. — L'*élan* habite le nord de l'Amérique et de l'Europe. Il est difficile à apprivoiser, et dans les pays habités il ne paît que de nuit. Son pelage est gris et sa taille égale celle du cheval. Il est d'une force prodigieuse et peut lutter contre l'ours. — Le *renne* est pour les habitants de la Laponie ce que le chameau est pour ceux de l'Arabie. Il offre contre le froid et les neiges la même ressource que le dromadaire contre la chaleur et l'aridité des sables des déserts. Il rend aux Lapons les mêmes services que le bœuf et le cheval dans nos contrées. Sa chair est bonne à manger, son lait est excellent, et sa peau peut être employée à divers usages. Attelé à des traîneaux, il transporte avec rapidité des objets d'un poids énorme. — Les *antilopes des Indes* ressemblent beaucoup au cerf ; seulement, au lieu de bois qui tombent et repoussent périodiquement, ils ont des cornes persistantes. — Le *chamois* est une espèce d'antilope ; il est très-agile à la course. — Le *daim* est un peu plus petit que le cerf. Il s'apprivoise facilement. — Le *chevreuil* est encore plus petit que le daim. Il a de l'élégance dans les formes et de l'agilité dans les mouvements. C'est un des meilleurs gibiers de nos forêts.

La *chèvre* forme un genre dont les principales espèces sont : la *chèvre domestique*, la *chèvre sauvage* et le *bouquetin*. — La *chèvre domestique* est très-répandue en Europe. Elle est d'un entretien peu coûteux et donne de grands profits. Son lait est gras et nourrissant ; on le recommande dans certaines maladies de préférence à celui de la vache, parce qu'il se coagule moins facilement sur l'estomac. Elle se plaît sur les montagnes et les rochers escarpés, et aime à brouter les bourgeons des jeunes arbres. — La *chèvre sauvage* habite en troupes dans les montagnes de la Perse, et on en trouve aussi dans les Alpes. — Le *bouquetin* est une autre espèce de chèvre sauvage qui habite les sommets des montagnes les plus élevées de l'ancien monde.

Le *mouton* forme aussi un genre particulier dont les principales espèces sont : le *mouton domestique*, le *mérinos* et le *mouflon*. — Le *mouton domestique* est trop connu pour que nous le décrivions ici. Sa toison, qu'on lève tous les ans vers le mois de mai, sert à fabriquer la plupart de nos vêtements ; sa graisse est employée à faire de la chandelle, et ses intestins à faire des cordes à boyaux. Sa chair est excellente, et on fait de très-bons fromages avec le lait de la *brebis*. — Les *brebis mérinos* sont originaires d'Espagne. Leur laine est plus fine que celle du mouton ordinaire, et pour ce motif elle est plus recherchée. — Le *mouflon* est une espèce de mouton qui a les cornes recourbées en cercle. Il habite la Sardaigne, la Corse et la Grèce. Il ressemble à *l'argali* qui habite les mêmes contrées et qui se trouve aussi en très-grand nombre dans le Kamtchatka et dans les régions montagneuses de l'Asie centrale. L'argali est toutefois beaucoup plus grand et plus agile. Il a la taille d'un daim, et on le considère comme la souche de toutes les variétés domestiques.

Ordre des cétacés.

3. DU CARACTÈRE DES CÉTACÉS EN GÉNÉRAL. — Le nom de *cétacé* vient d'un mot latin qui signifie baleine. Ces mammifères ressemblent aux poissons par la forme générale de leur corps et habitent comme eux sous les eaux ; c'est ce qui les a fait autrefois ranger dans cette classe. Mais, après les avoir observés de plus près, on a reconnu que leur organisation était absolument la même que celle des mammifères. Ainsi ils ont des poumons, et, quoiqu'ils vivent dans l'eau, ils sont obligés de venir respirer l'air à sa surface. Leur sang est chaud et circule comme chez tous les mammifères ; enfin ils portent des mamelles et allaitent leurs petits. Les principaux genres qui appartiennent à cet ordre sont : la *baleine*, le *dauphin*, le *marsouin* et le *narval*.

4. DES DIVERS GENRES DE CÉTACÉS. — Les *baleines* sont d'énormes cétacés qui ont de 25 à 30 mètres de long, et dont les chairs ne fournissent pas moins de 25,000 kilogrammes d'huile. Leur tête forme environ le tiers de leur longueur. Leurs mâchoires ne sont pas armées de dents, elles sont garnies de lames cornées, découpées comme les dents d'un peigne, et qui portent le nom de fanon. Leur tête est percée dans sa partie la plus saillante de deux trous qui leur servent à respirer l'air, et à rejeter l'eau qui est entrée dans leur gorge. Ce mouvement forme deux petits jets d'eau qui ont fait donner à ces animaux le nom de *souffleurs*. La baleine est très-avide, mais elle ne se nourrit que de mollusques, de crustacés, de zoophytes, en un mot, de tous les animaux marins les plus petits. Comme elle n'a pas de dents, elle ne peut se défendre avec avantage contre ses ennemis. C'est sans doute ce qui la rend très-timide.

La baleine était autrefois très-commune dans nos mers, mais la pêche en a été si active, qu'on n'en trouve plus maintenant que dans les mers septentrionales du Groënland. C'est là que les pêcheurs vont aujourd'hui l'attaquer. Voici de quelle manière on la poursuit : « Lorsque les pêcheurs aperçoivent une baleine, ils mettent aussitôt leur chaloupe à la mer et s'avancent en silence vers elle ; l'un d'eux, plus robuste et plus adroit que les autres, se tient debout, armé d'un harpon, sorte de lance attachée à une corde, et aussitôt qu'il est à portée de la baleine, il le lui lance. Le harpon s'enfonce dans le corps de l'animal qui, se sentant blessé, plonge aussitôt avec la rapidité du trait, et entraîne avec lui la corde attachée à cet instrument ; mais bientôt le besoin de respirer le force à remonter à sa surface, et on le harponne de nouveau. Tourmentée par la douleur, la baleine fait des efforts incroyables pour se débarrasser des harpons qui la déchirent ; mais enfin, épuisée par la fatigue et la perte de son sang, elle ne peut plus ni fuir, ni se défendre ; alors les pêcheurs la tirent à eux à l'aide de cordes attachées aux harpons, et l'achèvent à coups de lances ; mais jusqu'à ce qu'elle soit morte, ils évitent avec soin sa terrible queue, dont un coup ferait voler leur chaloupe en éclats. Lorsqu'on s'est assuré que la baleine est morte, on l'attache aux flancs du navire, et des hommes habillés de vêtements de cuir et pourvus de bottes garnies de crampons, descendent sous le corps de l'animal, et enlèvent par tranches le lard dont toute sa surface est recouverte. Ce lard est ensuite fondu pour en extraire l'huile (1). »

Dans les contrées méridionales, la pêche est dirigée contre les *cachalots,* qui sont des cétacés d'une taille peu inférieure à celle de la baleine. Leurs mâchoires sont armées de dents au lieu de fanons, et leur chair fournit beaucoup moins d'huile que celle de la baleine. Mais leur tête renferme dans ses nombreuses cavités une huile qui se fige très-vite, et qui est connue sous le nom de *blanc de baleine.* On l'emploie comme la cire pour la fabrication des bougies. — Le *dauphin* est très-carnassier. Il suit les vaisseaux en troupes très-nombreuses, et avale avec avidité tous les débris qu'on jette à la mer. — Le *narval* est remarquable par la double défense attachée à sa mâchoire supérieure, et dont on fait une espèce d'ivoire très-recherchée. — Le *marsouin* ou *cochon de mer* est ainsi appelé à cause de la couche de lard qui recouvre son corps.

Tous ces animaux sont très-carnivores. Mais il y a aussi des cétacés qui sont herbivores, c'est-à-dire qui se nourrissent d'herbes. Telles sont les *lamentins,* qui habitent les grandes rivières de l'Amérique méridionale, et qui étaient autrefois connus sous le nom de *tritons* et de *sirènes.* On leur donne aussi le nom de *vaches marines.*

Questionnaire. — 1. Pourquoi les ruminants sont-ils appelés ainsi ? Quel est leur appareil digestif ? Ces animaux sont-ils utiles à l'homme ? Quels services lui rendent-ils ? Quels sont les principaux genres de ruminants ? 2. Quels sont les traits caractéristiques du chameau ? Combien en distingue-t-on d'espèces ? Quels services rend-il à l'homme dans les pays méridionaux ? Y a-t-il en Amérique une espèce particulière de chameaux ? Comment l'appelle-t-on ? Quelles sont les principa-

____

(1) Milne Edwards, *Zoologie,* p. 117.

les espèces de bœufs? De quelle utilité est le bœuf commun? Où vit l'aurochs? Quel est son caractère? Quelle différence y a-t-il entre le bufile et le bœuf? Qu'est-ce que le bison? D'où est venu au bœuf musqué son surnom? De quel pays la girafe est-elle originaire? Caractérisez-la. Qu'est-ce qui distingue le cerf? Quelles sont ses principales espèces? Où l'élan habite-t-il? Quels services rend le renne aux Lapons? Qu'est-ce que l'antilope? — le chamois? — le chevreuil? Quelles sont les principales espèces de chèvres? De quelle utilité est la chèvre domestique? Où vivent la chèvre sauvage et le bouquetin? Quelle différence y a-t-il entre le mouton ordinaire et le mouton mérinos? Quelle est la souche de toutes les variétés de nos moutons domestiques? 3. Qu'appelle-t-on cétacé? Pourquoi a-t-on autrefois confondu les cétacés avec les poissons? Quels sont les caractères qui obligent à les ranger parmi les mammifères? Quelles sont les différentes espèces de cétacés? 4. Qu'est-ce que la baleine? Comment respire-t-elle? Que porte-t-elle à sa mâchoire? Quelle est sa nourriture ordinaire? Dans quelles mers la trouve-t-on? Racontez la pêche à la baleine. Quel est le cétacé analogue à la baleine qu'on pêche dans les mers du Sud? Quel produit en retire-t-on? Caractérisez le dauphin, le narval et le marsouin. Y a-t-il des cétacés qui soient herbivores? Quels sont-ils?

CHAPITRE XIII.

CLASSE DES OISEAUX.

1. DE LEURS CARACTÈRES GÉNÉRAUX. — La classe des oiseaux comprend tous les animaux vertébrés organisés pour le vol. L'organisation des oiseaux se rapproche beaucoup de celle des mammifères. Ils ont comme eux le sang chaud, la circulation complète et la respiration aérienne. Mais ils sont tous *ovipares,* c'est-à-dire qu'au lieu de produire des petits tout vivants, à la façon des mammifères, ils pondent d'abord des œufs. Tous les oiseaux ont deux pieds, un bec d'une matière cornée et le corps plus ou moins couvert de plumes. Sous le rapport de la couleur, leur plumage varie à l'infini. Il surpasse quelquefois l'éclat des plus belles fleurs et des pierres les plus brillantes. Le mâle est généralement plus beau que la femelle, et dans le même oiseau on remarque assez souvent que le plumage varie en raison de son âge ou d'après la saison.

Tous ne volent pas avec la même facilité. Cette différence provient surtout de l'étendue plus ou moins grande des ailes, comparativement à la grosseur du corps. Ceux qui ont les ailes courtes volent d'une manière moins rapide et moins soutenue que ceux qui les ont grandes et fortes. Il y a des oiseaux dont le vol est d'une puissance prodigieuse. On cite, par exemple, les *frégates* qui habitent les mers tropicales, et qui peuvent s'éloigner de terre à une distance de plus de 400 lieues.

Les oiseaux ont l'ouïe très-fine et la vue généralement très-perçante, mais le sens du toucher est très-peu développé chez eux, à cause des plumes dont leur corps est couvert. Leur goût est aussi très-obtus ; leur langue est presque toujours dure et cornée. L'odorat est aussi très-faible, sauf chez certains oiseaux de proie qui sentent de très-loin la chair corrompue dont ils font leur nourriture. Ceux qui sont doués de la faculté de marcher avec une grande vitesse, ont les pattes très-longues et très-fortes, et le pied comparativement petit, comme l'autruche ; ceux qui se nourrissent d'animaux ont les ongles crochus et aigus pour saisir et déchirer leur proie, comme le vautour ; ceux qui doivent vivre sur l'eau

Histoire naturelle par M. Zeller.

ont les pattes palmées, c'est-à-dire transformées en nageoires, comme le canard ; enfin ceux qui se tiennent au bord des eaux ont les pattes grêles et d'une longueur extrême ; c'est ce qui leur a fait donner le nom d'*échassiers*.

Leur bec diffère aussi suivant la nature des aliments dont ils se nourrissent. Les oiseaux de proie qui vivent de chair, comme les faucons et les aigles, ont la partie supérieure du bec très-courte et crochue ; mais ceux qui vivent d'insectes, de vers ou de graines ont, au contraire, le bec très-grêle et généralement droit et un peu allongé. S'ils doivent prendre les insectes au vol, comme les hirondelles et les engoulevents, leur bec est très-élargi et profondément fendu.

2. DE LEUR PROGÉNITURE. — Les oiseaux ont le plus grand soin de leurs petits. Presque tous construisent un nid pour leur servir de demeure. Ces constructions sont faites généralement avec un art, une élégance et une adresse surprenante. L'intérieur est ordinairement mastiqué de boue et de paille qu'ils ont pétries ensemble avec leur bec et qu'ils ont pressées du poids de leur corps. Quelques-uns le tapissent de plumes, de laine ou de substances molles. D'autres arrachent de leur poitrine un duvet moelleux, et en garnissent toute l'habitation qu'ils réservent à leurs petits. La ponte des œufs a lieu quand leur nid est préparé. Plus l'oiseau est grand et moins considérable est le nombre de ses œufs. L'aigle n'en pond qu'un ou deux, et la mésange de quinze à vingt. La constance avec laquelle les oiseaux couvent leurs œufs est admirable, mais la sollicitude qu'ils témoignent pour leurs petits, aussitôt qu'ils sont éclos, l'est encore plus. La mère les cache souvent sous ses ailes pour les protéger contre le froid, et elle est ingénieuse pour choisir la nourriture qui leur convient le mieux et pour la leur procurer. Elle leur apprend à se servir de leurs ailes, à trouver leurs aliments, et elle ne les abandonne que quand ils peuvent se suffire à eux-mêmes.

3. De leurs migrations. — Certains oiseaux changent de climat suivant les saisons, et émigrent pour fuir le froid et jouir dans d'autres contrées d'une température plus élevée. Ces voyages, connus sous le nom de migrations, sont entrepris par les oiseaux les plus faibles, comme la fauvette, le rossignol et l'hirondelle, aussi bien que par les oiseaux les plus grands et les plus forts, tels que les hérons, les canards sauvages, les oies, etc. Ces longs voyages se font avec un instinct merveilleux. Ainsi les oies, dont le vol est très-élevé et très-rapide, se réunissent en troupes nombreuses, et, pour fendre l'air avec moins de fatigue, elles forment ensemble un angle dont la plus vigoureuse occupe la pointe. Comme elle a nécessairement le plus à faire, elle abandonne le poste aussitôt qu'elle commence à se fatiguer, et passe à l'extrémité d'un des côtés de l'angle.

Un autre fait non moins curieux, c'est l'habileté avec laquelle les oiseaux savent s'orienter dans l'air. Ainsi, non-seulement quand les froids arrivent ils savent de quel côté diriger leur vol pour trouver une température meilleure, mais, à quelque distance qu'on les emporte loin de leurs nids, ils savent le retrouver. On a vu des pigeons voler d'un seul trait de Bruxelles à Bordeaux, et se rendre au colombier d'où on les avait tirés. Le même fait a été bien souvent observé à l'égard des hirondelles.

4. Division de la classe des oiseaux. — Nous

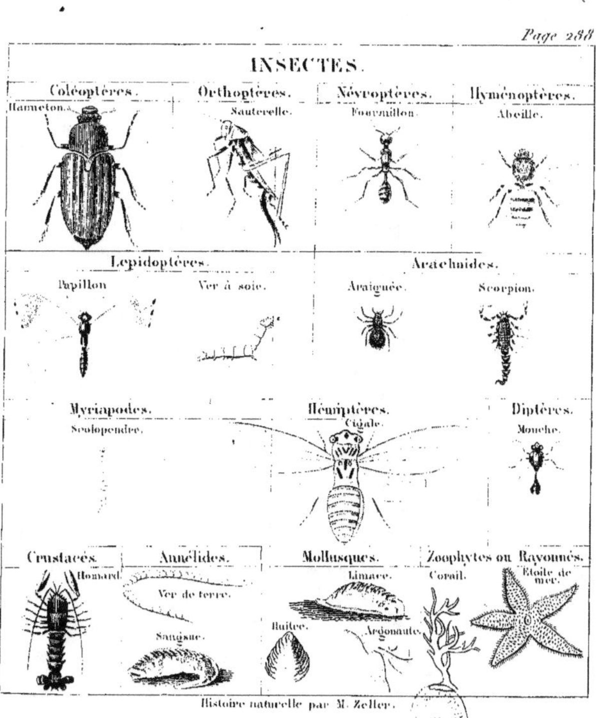

Histoire naturelle par M. Zeller.

no
par
rend
que
et
pe
ral
car
rons
ordr
les g
a ét
ren
prè
de
mê
des

Q
oisea
ral le
diffe
ren
pie
ne
co
nic
de
ten
sor
ma
pro
seau
les a
divis

nous sommes étendu sur ces caractères généraux,
parce que les oiseaux offrent entre eux des différences beaucoup moins sensibles et moins profondes
que les mammifères. Il était par là même plus aisé
et plus utile de généraliser les observations dont ils
peuvent être l'objet. Néanmoins, après ces considérations générales, nous chercherons à préciser les
caractères qui les distinguent, et nous les diviserons, à l'exemple de tous les naturalistes, en six
ordres : les *rapaces*, les *passereaux*, les *grimpeurs*,
les *gallinacés*, les *échassiers* et les *palmipèdes*. On
a établi ces ordres d'après les modifications qu'on a
remarquées dans le bec et les pieds, c'est-à-dire d'a-
près les organes de mastication, de préhension et
de mouvement, et on s'est par conséquent placé au
même point de vue que pour la division de la classe
des mammifères.

QUESTIONNAIRE. — 1. Quelle différence y a-t-il entre les
oiseaux et les mammifères ? Qu'est-ce qui caractérise en général les oiseaux ? Quelle est la variété de leur plumage ? Quelle
différence y a-t-il dans leur vol ? D'où provient cette différence ? Quels sont leurs sens les plus perfectionnés ? Leurs
pieds offrent-ils des différences bien sensibles ? A quoi tiennent ces différences ? La forme de leur bec varie-t-elle beaucoup ? 2. Que remarque-t-on dans la construction de leurs
nids ? Quel est le nombre de leurs œufs ? Ont-ils un grand soin
de leurs petits ? De quelle manière leur témoignent-ils leur
tendresse ? 3. A quelle époque les oiseaux émigrent-ils ? Quels
sont ceux qui émigrent ? Leur instinct se montre-t-il dans la
manière dont ils accomplissent ces migrations ? Qu'est-ce qui
prouve que les oiseaux savent très-bien s'orienter ? 4. Les oiseaux diffèrent-ils beaucoup entre eux ? En combien d'ordres
les a-t-on divisés ? Quels sont ces ordres ? Sur quoi repose cette
division ?

CHAPITRE XIV.

DES DIVERS ORDRES D'OISEAUX.

Ordre des rapaces.

1. Les *rapaces* ou oiseaux de proie ont la partie supérieure du bec très-forte, recourbée et terminée en une pointe aiguë dont ils se servent pour déchirer la chair des animaux dont ils se nourrissent. Leurs serres sont vigoureuses et garnies d'ongles crochus avec lesquels ils saisissent leur proie. Leur vol est généralement élevé et rapide, et toutes les parties de leur corps annoncent une force considérable. Leur aspect dénote un caractère farouche. On les divise en deux genres, ceux qui volent le jour et qu'on appelle *rapaces diurnes,* et ceux qui volent de nuit et qu'on nomme *rapaces nocturnes.*

Les rapaces diurnes sont les *vautours,* les *griffons,* les *faucons* et les *aigles.* — Les *vautours* habitent toutes les contrées méridionales de l'ancien et du nouveau monde. Ils ont le vol très-élevé et la vue très-perçante. Ils se nourrissent de corps morts et aperçoivent leur proie à des distances prodigieuses. Le *condor* des Andes, si remarquable par l'étendue de ses ailes et la rapidité de son vol, est une espèce de vautour.— Les *griffons* ou *gypaètes* se distinguent du vautour par le plumage. Ainsi le vautour a la tête et une partie du cou presque à nu ; tandis que le griffon a la tête couverte de plumes. Il a le bec très-renflé, les ailes fort longues, et il porte sous le

bec des soies raides qui forment une sorte de barbe.
On surnomme le griffon des Alpes le vautour des
agneaux. C'est le plus grand de tous les oiseaux de
l'Europe, et il est de force à enlever un mouton. —
Les *faucons* se nourrissent de proie vivante. Ils sont
très-intelligents et très-adroits, et on les dressait au
moyen âge pour la chasse. — *L'aigle* est le plus beau
des oiseaux de nos contrées. Son vol hardi, son regard fier et son courage l'ont fait appeler le roi des
airs. Il se nourrit de toute proie vivante qu'il saisit.
Au-dessous de l'aigle on remarque en Europe l'*autour*, le *milan*, l'*épervier*, la *buse*, qui sont tous des
oiseaux de proie, mais beaucoup plus petits. Ce
qu'il y a de remarquable dans ces oiseaux, c'est que
le mâle est d'environ un tiers moins fort que la femelle. C'est ce qui lui a fait donner le nom de tier-
celet.

Les rapaces nocturnes constituent la famille des
hiboux, dont les principales espèces sont : le *hibou*
proprement dit, le *grand-duc*, la *chouette* et le *chat-
huant*. — Le *hibou* a la tête grosse, les yeux grands
et ronds, mais tellement délicats qu'ils ne peuvent
supporter l'éclat de la lumière. Il a la face enveloppée d'une sorte de collerette de plumes à barbes
fines et raides ; ses ailes sont courtes et son vol faible. Il vit retiré dans les habitations en ruine ou
dans le fond des forêts, et ne quitte sa demeure que
la nuit. Quand il est exposé à une vive lumière il demeure immobile, et les autres oiseaux se plaisent à
venir autour de lui, comme pour l'insulter. C'est ce
qui fait qu'on les emploie avec avantage à la pipée.
— Le *grand-duc* est une espèce de hibou d'une taille
très-considérable. Il est assez fort pour attaquer les
petits quadrupèdes. — La *chouette* se tient dans le

creux des arbres, dans les carrières, sous les toits des maisons inhabitées. Elle vit de souris.—Le *chat-huant* ne se trouve guère qu'au milieu des bois où il habite dans le creux des arbres. On distingue les chouettes et les chats-huants des ducs et des hiboux en ce qu'ils n'ont pas comme ces derniers la tête surmontée d'une aigrette de plumes.

Ordre des passereaux.

2. L'ordre des *passereaux* est très-nombreux. Il comprend tous les oiseaux sauteurs, et en général tous les oiseaux de passage. Les passereaux ont les pattes grêles, faibles et les ongles presque droits. Leur bec est également droit, peu ou point crochu. Les uns se nourrissent d'insectes, d'autres de graines, et quelques-uns se nourrissent indifféremment de chair, de graines et d'insectes, et sont appelés pour ce motif *omnivores*. Ils sont en général d'une petite taille ou d'une taille moyenne, et ils ont les formes sveltes et légères. Les femelles sont en général plus petites que les mâles et ont un plumage moins brillant. Ils vivent toujours par paires et pondent rarement moins de quatre œufs. Leurs petits naissent aveugles; quand ils sortent du nid ils leur apprennent à voler et à chercher leur nourriture. Ils ne les quittent que quand leur éducation est faite.

Nous ne pouvons citer ici tous les genres de passereaux; nous indiquerons seulement les plus remarquables. Tels sont le *merle,* qui a ordinairement le corps noir et le bec jaune; on l'apprivoise aisément et on lui apprend facilement à siffler des airs; la *grive,* qui est de la grosseur du merle, mais qui a le corps marqué de petites taches noires ou brunes.

Cet oiseau est très-commun dans nos bois, et il est excellent à manger; le *loriot*, qui vit d'insectes et de fruits et qui est très-distingué par son plumage; le *rossignol*, si célèbre par son chant; le *rouge-gorge*, un de nos meilleurs oiseaux de passage; la *fauvette*, qui égaye nos bosquets et nos jardins. On désigne tous ces derniers oiseaux sous le nom de *becs-fins* parce qu'ils ont le bec droit, en forme d'alène. Ils vivent d'insectes et de vers. — L'*hirondelle*, le *martinet* et l'*engoulevent* forment une autre famille. Ces oiseaux ont le bec court, horizontalement aplati, très-largement fendu, et vivent d'insectes qu'ils saisissent en volant la bouche béante. — L'*hirondelle* attache son nid après nos maisons, et le forme avec de la paille et de la terre humide, qui en se desséchant forme une construction très-solide. Elle émigre sur la fin de l'hiver et ne revient qu'avec les beaux jours au commencement du printemps. — Le *martinet* ressemble aux hirondelles; il a comme elles la queue fourchue, mais il a les ailes plus longues. Son vol est très-puissant et très-rapide. — L'*engoulevent* a le plumage gris tacheté de brun. Il est beaucoup plus gros que l'hirondelle. Il ne vole que le soir; pendant le jour il reste caché dans le creux des arbres. Il fait la chasse aux insectes et recherche principalement les papillons de nuit.

Les oiseaux qui vivent de grains et qui ont par conséquent le bec plus gros forment une autre famille. Ce sont l'*alouette* qui anime nos campagnes par ses chants dès les premiers jours du printemps; la *mésange*, si remarquable par ses nombreuses et brillantes variétés; le *moineau*, notre commensal; le *pinson* et la *linotte*, si vifs et si gais; le *chardonneret*, au plumage varié; le *serin*, que nous aimons à élever en cage ; le *geai*, dont le cri est si désagréable, le *corbeau* dont le plumage est noir et luisant, la *pie* babillarde et voleuse dont la superstition a fait un oiseau de mauvais augure ; la *pie-grièche* dont les pieds sont armés d'ongles crochus. Ces derniers oiseaux ne se nourrissent pas seulement de grains. Le corbeau mange les souris et les reptiles ; le geai aime beaucoup le fromage, et les pies-grièches parcourent souvent les tendues pour dévorer les petits oiseaux qui y sont pris. Parmi les oiseaux étrangers qui appartiennent au même ordre, **nous** mentionnerons les *huppes*, qui ont sur la tête une double rangée de plumes qu'elles redressent à volonté ; les *grimpereaux*, qui se servent de leur queue comme d'un arc-boutant pour grimper sur les arbres et sur les murs ; les *colibris*, qui sont des oiseaux d'Amérique très-remarquables par la couleur métallique de leur plumage et par leur petitesse. Ils se servent, pour sucer le nectar des fleurs, de leur langue, qui est faite en tube et qui est susceptible de s'allonger. Parmi les colibris on distingue l'*oiseau-mouche* qui est le plus petit et le plus délicat de tous les oiseaux. Il y en a qui ne sont pas **plus** gros que les abeilles.

Ordre des grimpeurs.

3. Les *grimpeurs* ressemblent aux passereaux par leur organisation et leur manière de vivre ; mais ils en diffèrent par leurs pattes, qui sont disposées de manière à s'accrocher à l'écorce des arbres et à leur permettre de grimper. Ils se reposent rarement à terre, parce qu'ils ont de la difficulté à s'y mouvoir. On range dans cet ordre les *toucans*, les *perroquets,* les *pics* et les *coucous*. — Les *toucans* sont remarquables par leur énorme bec qui est presque aussi gros et aussi long que leur corps. On les trouve dans l'Amérique méridionale. — Les *perroquets* sont connus de tout le monde. Leur plumage vert, jaune et rouge est magnifique, et ils ont de plus le mérite d'imiter la voix humaine. On distingue les *kakatoës*, qui ont sur la tête une huppe mobile; les *aras*, qui ont une queue longue et étagée, et qui sont les plus grands et les plus forts; les *perruches*, qui sont inférieures aux aras. — Les *pics* ont un bec droit et robuste dont ils se servent pour fendre l'écorce des arbres et saisir dessous les larves d'insectes dont ils se nourrissent. Le *pivert* est une des espèces de ce genre. — Les *coucous* habitent dans les forêts, près des prairies. Leur cri est ennuyeux et fatigant par sa monotonie. Ils pondent dans les nids des merles, des rouges-gorges et des fauvettes, et leur laissent le soin de couver leurs œufs et d'élever leurs petits. C'est un oiseau émigrant dont le retour annonce la belle saison.

Ordre des gallinacés.

4. Les *gallinacés* se nourrissent tous de grains. Ils ont les ailes courtes, le corps lourd, les doigts des pattes réunis par une courte membrane. La plupart de ces oiseaux volent mal, ne nichent pas sur les arbres, et cherchent leur nourriture sur la terre. Cet ordre se compose de deux familles bien distinctes : les *gallinacés* proprement dits et les *pigeons*.

Les *gallinacés* proprement dits comprennent le paon, le *faisan*, le *coq*, le *dindon*, la *perdrix*, la *caille,* le *coq de bruyère* et la *gélinotte.* — Le *paon* est le plus beau et le plus orgueilleux des oiseaux. Il a sur la tête une aigrette de plumes, sa queue est très-longue, et ses plumes brillantes sont peintes de taches en forme d'yeux. Il la relève à volonté et fait la roue. Il est originaire des Indes, et l'on prétend qu'il a été apporté en Europe par Alexandre. — Le *faisan* est aussi un très-bel oiseau. Il a la queue longue et étagée, et porte sur la tête une aigrette soyeuse; sa chair est très-délicate et très-recherchée. On le dit originaire de la Colchide, et on prétend que les Argonautes l'en ont rapporté et que les Grecs l'ont répandu en Europe. La plus belle espèce est le faisan doré de Chine, qui a sur la tête une aigrette d'or. On distingue encore l'*argus,* ainsi nommé à cause des yeux qui sont peints sur sa queue et sur ses ailes. — On connaît assez le *coq* et la *poule* de nos basses-cours, et il n'est personne qui n'ait pris intérêt aux soins que la poule prend de ses poussins et au courage avec lequel elle les défend au moindre danger. — Le *dindon* est aussi appelé *coq d'Inde,* parce qu'il est originaire de l'Amérique et qu'on désignait autrefois le nouveau monde sous le nom d'Indes occidentales. Ils vivent à l'état sauvage et à l'état domestique. Ils s'irritent facilement, et quand ils sont en colère, les masses charnues qu'ils portent sur le bec s'enflent et deviennent toutes rouges. La chair du dindon est très-succulente. — On recherche aussi la perdrix qui se plaît spécialement dans les bruyères et les broussailles, et la *caille* qui habite dans les mêmes lieux. Sur la fin de l'été et au commencement de l'automne les cailles deviennent très-grasses et disparaissent de nos contrées pendant l'hiver. Quoiqu'elles soient très-lourdes, elles traversent d'un seul vol la Méditerranée et choisissent un vent favorable. Mais quand elles sont arrivées, elles se trouvent exténuées de fatigue, et on peut les prendre, pour ainsi dire, à volonté. — Le *coq de bruyère* et la *gélinotte* ne sont ni moins délicats, ni moins recherchés que la caille et la perdrix.

Le *pigeon*, que nous élevons dans nos colombiers, vit aussi par couples au fond des bois. Les principales espèces que ce genre renferme sont : le *ramier* et la *tourterelle*, qui sont assez nombreux dans nos forêts.

Ordre des échassiers.

5. Les *échassiers* ont les jambes nues et très-élevées, ce qui les fait paraître comme montés sur des échasses. Ils ont le cou et le bec très-allongés, afin de pouvoir, malgré la hauteur de leurs jambes, prendre leur nourriture à terre. Ceux qui ont le bec faible se nourrissent de grains et d'herbages ; ceux qui l'ont fort, de mollusques, de petits poissons et de reptiles aquatiques. Leur course est très-rapide, et ils ont presque tous l'habitude de se reposer sur un seul pied. En volant ils rejettent leurs jambes en arrière au lieu de les replier sous leur ventre comme les autres oiseaux.

On range dans cet ordre les *oiseaux de rivage*, comme le *héron*, la *grue*, la *cigogne*, le *flamant*, l'*ibis*, la *bécasse* et la *poule d'eau* ; et ceux qui n'habitent pas le voisinage des eaux, mais qui ont une conformation analogue à ces derniers, comme l'*autruche*, le *casoar* et l'*outarde*.

Le *héron* habite le bord des marais et des étangs

et se nourrit de poissons, de grenouilles ou d'insectes. Il a le cou très-mince et très-fluet, le bec allongé et pointu. Le héron commun a sur la tête une huppe noire, le corps d'un cendré bleuâtre et les plumes des ailes de même couleur que la huppe. Il a le bec fendu jusqu'aux yeux. — La *grue* a le bec droit, moins fendu que celui du héron et la tête presque chauve. Elle passe sa vie à voyager du nord au midi et du midi au nord. Du reste ces pérégrinations sont parfaitement ordonnées. Elles vont par troupes nombreuses et se rendent ainsi en automne dans les pays chauds. — La *cigogne* a le corps blanc, les plumes des ailes noires, le bec et les pieds rouges. Elle recherche les habitations et se plaît à nicher sur les toits des maisons et au sommet des clochers. Dans le nord de l'Europe elle détruit dans les marais les crapauds, les lézards et les serpents. On se garde de les tuer parce qu'elles rendent par là même de très-grands services. — Le *flamant*, originaire des Indes, a les ailes d'un rouge éclatant et se nourrit de coquillages et de poissons. Son bec représente à peu près un bec de canard qui serait coudé au milieu. Il construit son nid dans les marais en forme de pyramide et se met à cheval dessus pour couvrir ses œufs. — L'*ibis* se nourrit de reptiles; c'est sans doute pour ce motif que cet oiseau était vénéré des Egyptiens. — La *bécasse* est commune dans nos contrées; elle a le bec long et droit et est excellente à manger. La *bécassine* est plus petite; elle habite les lieux humides et les marais. — La *poule d'eau* est aussi très-commune en Europe. Nous ajouterons le *pluvier* et le *vanneau* qui sont des oiseaux de passage. Les *pluviers* viennent en automne et au printemps dans nos prairies où ils

se répandent en troupes pour se nourrir de vers.
Le *vanneau* est fort joli. Il a la taille d'un pigeon et
porte derrière la tête une aigrette de plumes longues et étroites. Mais il n'est pas bon à manger.

L'*autruche* habite les régions équatoriales. Elle a
les ailes très-courtes et ne peut voler; mais elle
court avec une étonnante vitesse. Elle se nourrit
de graines et d'herbes, et elle est si vorace qu'elle
avale des cailloux et des morceaux de fer. Son plumage est fort beau, et on recherche ses plumes
comme ornement. On distingue l'autruche de l'ancien continent, qui vit en troupes dans les déserts
de l'Afrique, qui a deux mètres et demi de haut et
dont les œufs pèsent plus d'un kilogramme et demi,
et l'autruche d'Amérique qui est plus petite. — Le
casoar est un gros oiseau qui habite l'Asie et la
Nouvelle-Hollande. Il a la tête et une partie du cou
nus, et ses plumes sont découpées en filaments si
ténus qu'elles ressemblent à du poil et à du crin.
Leurs ailes sont encore plus courtes que celles de
l'autruche, et elles leur sont absolument inutiles
pour voler. — L'*outarde* est un oiseau très-délicat
et très-recherché. Elle se nourrit de graines et d'insectes, et passe à juste titre pour le plus gros oiseau
d'Europe.

Ordre des palmipèdes.

6. Les *palmipèdes* ou *oiseaux nageurs* sont ainsi
appelés parce qu'ils ont les pattes terminées par
une large nageoire. Cette nageoire est formée par
la réunion des doigts à l'aide d'une petite membrane.
Ils se servent de leurs pattes comme de rames, et
elles sont ordinairement placées en arrière pour

qu'ils puissent nager. C'est ce qui rend à terre leur marche lourde et embarrassée.

Quelques-uns de ces oiseaux ont les ailes si courtes qu'ils ne peuvent voler. Tel est le *manchot* qui habite dans les îles des mers antarctiques. C'est peut-être pour ce motif qu'il est presque toujours sous les eaux. D'autres, au contraire, ont les ailes très-grandes et le vol puissant. Tels sont le *pétrel* ou l'*oiseau des tempêtes*, dont le vol est si rapide qu'il se plaît à glisser entre les vagues qui se roulent les unes sur les autres ; le *goëland* ou le *vautour de mer*, qui fond avec une incroyable promptitude sur les cadavres des animaux qu'il voit flotter à la surface des eaux ; l'*albatros*, le plus gros des oiseaux aquatiques et qu'on nomme le *mouton du Cap.* Nous citerons encore le *pélican* et la *frégate*, dont le vol n'est pas moins rapide que celui des précédents, mais dont les pattes sont mieux palmées.

Dans nos contrées, les palmipèdes les plus remarquables sont : le *cygne*, l'*oie* et le *canard*, la *sarcelle* et le *plongeon*. — Le *cygne blanc* est devenu domestique. Il fait l'ornement des bassins et des pièces d'eau et se nourrit de poissons et de végétaux. Quand il a des petits il est dangereux. Il attaque l'homme, et il est difficile de se défendre contre la force de ses ailes. Sa voix est très-désagréable, par conséquent rien n'est plus fabuleux que ce que disent les poëtes sur la mélodie de son chant avant sa mort. — L'*oie* est à l'état sauvage et à l'état domestique. Le plumage de l'oie sauvage est toujours gris, mais celui de l'oie domestique est très-varié. Les oies sauvages voyagent dans nos contrées en bandes nombreuses pendant l'hiver. — Il en est de même des canards sauvages. Ils forment dans

; airs, comme nous l'avons dit, un angle, et celui
ii se trouve au sommet passe à l'une des extré-
ités quand il se trouve fatigué. Le canard existe
ssi à l'état domestique. Le plumage du canard
ivé varie beaucoup, et il en est d'ailleurs de même
tous nos oiseaux domestiques. Le bec du canard,
l'oie et du cygne offre cette particularité, qu'il
t revêtu d'une peau molle, au lieu d'être garni
corne. — La *sarcelle* a la chair très-délicate. —
plongeon est ainsi nommé parce qu'il passe pres-
e toute sa vie sous les eaux.

Questionnaire. — 1. Quels sont les caractères généraux
; rapaces? En combien de genres les divise-t-on? Quels
it les rapaces diurnes? Décrivez le vautour, le faucon et
igle. Quels sont les rapaces nocturnes? Quel est le carac-
e du hibou? — du grand-duc? — de la chouette? — du
at-huant? 2. Quels oiseaux comprend-on dans l'ordre des
;sereaux? Quels sont les divers genres de passereaux? Citez
plus communs dans nos contrées. Quels sont les plus re-
rquables parmi les oiseaux étrangers? 3. Quelle différence
-t-il entre les grimpeurs et les passereaux? Quels sont les
eaux les plus remarquables qu'on range dans cet ordre?
rlez du toucan, du perroquet, des pies et des coucous.
Quels sont les caractères distinctifs des gallinacés? En com-
n de familles les divise-t-on? Que comprend-on dans la
nille des gallinacés proprement dits? Quelles sont les prin-
ales espèces de pigeons? 5. D'où est venu aux échassiers leur
m? Quels sont les principaux oiseaux de rivage? Range-t-
d'autres oiseaux parmi les échassiers? Quels sont-ils?
Pourquoi les palmipèdes sont-ils ainsi nommés? Tous ces
seaux sont-ils également aptes à voler? Quels sont ceux dont
: vol est le plus puissant? Qu'est-ce qui distingue le pélican
:t la frégate? Quels sont les palmipèdes les plus remarquables
;de nos contrées?

CHAPITRE XV.

CLASSE DES REPTILES.

1. Les *reptiles* sont des animaux vertébrés à sang rouge et froid, et respirant au moyen de poumons comme les mammifères et les oiseaux. On dit qu'ils ont le *sang froid*, parce que leur corps n'a pas par lui-même assez de chaleur pour avoir une température indépendante de celle de l'atmosphère, et on appelle animaux à *sang chaud* ceux qui conservent toujours une température assez élevée, quelle que soit la température de l'air. Ainsi les oiseaux n'ont jamais une chaleur moindre de 38 à 40° centigrades.

La circulation est incomplète chez les reptiles, c'est-à-dire que leur appareil circulatoire est disposé de manière que le sang veineux se mêle au sang artériel sans avoir traversé l'organe respiratoire. Leur respiration est aérienne, et c'est ce qui les distingue des poissons; mais elle est peu active. Un reptile peut être longtemps privé d'air sans être asphyxié.

Chez les reptiles la forme du corps varie beaucoup. Les uns sont quadrupèdes, comme les tortues, les lézards et les grenouilles; les autres sont privés de membres, comme les serpents. Les quadrupèdes ont les pattes si courtes qu'elles n'empêchent pas leur corps de traîner à terre; elles sont disposées diversement suivant qu'elles sont destinées à marcher ou à nager. Ceux qui n'ont pas de membres se meuvent par les ondulations de leur corps.

Tous les reptiles jouissent de cinq sens, mais ils n'ont de remarquable que la vue. L'oreille est d'une structure très-simple, et l'ouïe est très-faible. Les narines sont très-petites, et l'odorat est très-peu développé. Leur langue est en général peu charnue, ce qui rend leur goût très-obtus. Ils avalent leur nourriture sans la mâcher. Leur corps est ordinairement couvert de petites écailles, ce qui ôte au toucher sa sensibilité. Plusieurs d'entre eux se dépouillent chaque année de leur épiderme, et se revêtent d'une peau nouvelle. Quelques-uns reproduisent leurs pattes et leur queue quand ils en ont été privés.

Cette classe se divise en quatre ordres : les *tortues*, les *lézards*, les *serpents* et les *grenouilles*.

De l'ordre des tortues.

2. La tortue se distingue au premier aspect par la cuirasse solide dont son corps est enveloppé. La partie supérieure de cette cuirasse porte le nom de *carapace*, et la partie inférieure s'appelle *plastron*. La plupart des tortues sont herbivores; leurs mâchoires sont ordinairement revêtues de corne comme le bec des oiseaux, et quelquefois elles ne sont garnies que de peau; elles n'ont jamais de dents. Elles vivent de peu, et sont capables de passer des mois et même des années entières sans manger. Elles ont la vie très dure; on en a vu se mouvoir encore pendant plusieurs semaines après avoir eu la tête tranchée. Elles sont très-stupides, et leur lenteur est passée en proverbe.

On divise les tortues en quatre familles : les *tortues terrestres*, les *tortues paludines*, les *tortues fluviatiles* et les *tortues marines*. — Parmi les *tortues terrestres* on distingue la tortue *géométrique* dont la carapace noire est traversée par des lignes jaunes qui forment des dessins réguliers, et la tortue *grecque* qui se trouve principalement en Grèce, en Italie et en Sardaigne. Ces deux espèces de tortues se nourrissent d'insectes et de mollusques, et leur chair est bonne à manger. — Les *tortues paludines* et les *tortues fluviatiles* sont comprises sous le nom général de tortues *d'eau douce*, parce qu'on les trouve dans les marais et dans les eaux courantes. Elles sont très-communes en Amérique. — Les *tortues marines* sont d'une taille bien plus considérable que les précédentes. La *tortue franche* atteint jusqu'à deux ou trois mètres de longueur et pèse jusqu'à 400 kilogrammes. Sa chair et ses œufs sont très-estimés. C'est parmi les tortues marines que se trouve le *caret*, dont la carapace fournit cette belle matière cornée qu'on désigne dans le commerce et l'industrie sous le nom d'*écaille*.

De l'ordre des lézards.

3. Les *lézards* ou *sauriens* ont le corps en général très-grêle, terminé par une queue plus ou moins longue. Ils ont ordinairement quatre pattes et leurs doigts sont armés d'ongles. Leur bouche est grande et garnie de dents, mais ils ne mâchent pas leurs aliments ; leurs côtes sont mobiles, elles s'élèvent et s'abaissent par la respiration. Leur peau est revêtue d'écailles et offre le plus souvent des couleurs vives et brillantes. Ils recherchent le soleil et se multiplient surtout dans les pays chauds. Quelques-uns sont aquatiques, mais tous se nourrissent de chair vivante. Ils font la chasse aux petits mammifères, aux oiseaux, aux poissons, aux mollusques, aux insectes, chacun suivant leur grandeur et leur force.

Les genres les plus remarquables parmi les lézards sont : le *crocodile*, le *lézard*, l'*iguane*, le *dragon*, le *basilic* et le *caméléon*. — Le *crocodile* est le plus grand et le plus redoutable des sauriens. Il atteint jusqu'à dix mètres de longueur. Il est amphibie et se tient toujours au bord des lacs et des fleuves. On le trouve en Egypte, au Sénégal et dans l'Inde. Il est d'une incroyable avidité. Il engloutit tout ce qui se présente à lui : vers, grenouilles, testacés, bœufs, chevaux, et quand la faim le presse il attaque l'homme. Sur terre il est facile de se dérober à ses poursuites parce qu'il se meut difficilement, mais dans l'eau il est beaucoup plus dangereux. En Amérique, à la Guyane principalement, on trouve une espèce de crocodile auquel on donne le nom de *caïman* ou d'*alligator*. — Les *lézards* sont très-communs en France et très-variés. L'espèce la plus forte et la plus grande est le *lézard vert*, dont la taille ordinaire est de 77 centimètres; mais l'espèce la plus douce et la plus inoffensive est le *lézard gris*, qu'on voit fréquemment dans les carrières et dans les fentes des vieilles murailles. — L'*iguane* est une espèce de lézard qui appartient à l'Amérique méridionale. On lui fait la chasse parce que sa chair est excellente à manger. — Le *dragon* est pourvu de petites ailes formées par des prolongements de la peau. Il voltige de branche en branche sur les arbres et se nourrit d'insectes. On ne le trouve que dans les Indes orientales. Ces animaux sont tout à fait innocents. — Le *basilic* est aussi un reptile inoffensif qui vit dans la Guyane. — Le *caméléon* habite les contrées méridionales de l'Asie et de l'Afrique. Quand il est irrité, sa peau se colore vivement, et il change ainsi extérieurement suivant les impressions qu'il éprouve. C'est ce qui le fait désigner comme le symbole de la versatilité. On a d'ailleurs débité toutes les merveilles les plus extraordinaires, non-seulement sur cette espèce de lézard, mais encore sur le dragon et le basilic; on conçoit que nous nous contentions de ranger d'une manière générale tous ces récits au nombre des fables.

De l'ordre des serpents.

4. Sous le nom de *serpents* nous comprenons tous les reptiles privés de membres, et dont le corps est très-allongé. Ils ne se meuvent qu'en rampant, mais leur force musculaire est si grande, qu'ils font souvent des sauts énormes. Leurs mâchoires sont ordinairement disposées de manière à laisser à leur bouche la faculté de s'agrandir beaucoup dans tous les sens, et d'avaler quelquefois des animaux plus gros que leur propre corps. Nous diviserons les serpents en deux groupes, ceux qui sont venimeux et ceux qui ne le sont pas.

Les *serpents non venimeux* se reconnaissent à leurs dents. Ils n'en ont pas de mobiles, ni qui soient creusées d'un canal ou d'une gouttière. Les principaux genres qui composent ce groupe sont les *boas* et les *couleuvres*. — Le *boa* se trouve dans l'Amérique méridionale. Il est d'une taille gigantesque; il n'a pas moins de quinze mètres de longueur. Il est de force à étouffer un cerf, en l'enlaçant dans ses replis, et à l'avaler, après l'avoir broyé et humecté de son infecte salive. Quand il a ainsi dévoré sa proie, sa digestion est pénible. Elle l'empêche même de se mouvoir, et c'est dans ce moment qu'il est facile de l'attaquer et de le mettre à mort. — On distingue parmi les boas le *devin* et l'*anacondo* qui habitent les contrées les plus chaudes de l'Amérique méridionale. — La *couleuvre* est très-commune dans nos contrées. Elle a jusqu'à deux mètres de long, mais jamais davantage. On donne à la petite *couleuvre à collier*, qui recherche les prairies et les eaux dormantes, le nom d'*anguille de haies*. Ce sont des animaux très-innocents qui se nourrissent de grenouilles, d'insectes, de souris et même de petits oiseaux. Il est facile de les apprivoiser, et dans certaines contrées il paraît que leur chair est bonne à manger.

Les *serpents venimeux* ont de chaque côté de la tête une glande particulière qui sécrète un poison très-subtil, et qui le verse au dehors par un canal qui aboutit à l'une des dents de la mâchoire supérieure. Ces dents sont creuses et forment des *crochets mobiles* qui sont ordinairement reployés en arrière et cachés dans un repli de la gencive. Quand l'animal veut se servir de son poison, il les redresse et le verse par leur moyen dans la morsure qu'il fait. Ce poison est d'autant plus violent que le reptile qui le répand est plus irrité, et qu'il est resté plus de temps sans en faire usage. Les serpents venimeux les plus remarquables sont : le *crotale* ou *serpent à sonnettes,* la *vipère* et l'*aspic.*

Le *serpent à sonnettes* est ainsi appelé parce qu'il porte au bout de la queue une spirale écailleuse, qui résonne comme un instrument, quand il rampe ou remue la queue. Il habite l'Amérique méridionale. Son venin est très-puissant. On a vu des chiens succomber en quinze secondes à la morsure d'un de ces reptiles, et l'on prétend que leur venin fait aussi périr presque instantanément les chevaux et les bœufs. Heureusement l'instinct des animaux leur fait éviter ce dangereux ennemi. D'ailleurs, il attaque rarement lui-même les animaux qui sont trop gros pour qu'il puisse les avaler, et il fuit la présence de l'homme. — La *vipère* est très-commune en France. Elle a rarement plus de huit décimètres de long ; elle a la tête triangulaire et couverte de petites écailles ; elle est brune, avec une double rangée de taches transversales, noirâtres sur le dos. Son venin est très-violent ; il peut en huit heures faire périr une personne. Elle se nourrit de souris, de mulots, de taupes, de lézards, de grenouilles, d'insectes ou de jeunes oiseaux. L'hiver elle est engourdie dans des trous. — L'*aspic* est une espèce de vipère.

On distingue encore parmi les ophidiens la famille des *anguis* dont le principal genre se compose des *ovets*. Ce sont des animaux faibles et innocents qui ressemblent à de longs et énormes vers. Ils se nourrissent d'insectes. Quand on les prend à la main, ils se tordent et se roidissent avec tant de force que quelquefois ils se cassent.

De l'ordre des grenouilles.

5. Les *grenouilles* ou *batraciens* se distinguent des autres reptiles par les métamorphoses qu'ils subissent. Durant leur enfance, ils ont des branchies et vivent à la manière des poissons. A mesure que

leurs poumons se développent, ils perdent leurs branchies et se métamorphosent en reptiles. Les *batraciens* n'ont ni carapace, comme les tortues, ni écailles, comme les serpents ; leur peau est complètement nue. Leurs œufs sont enveloppés d'une peau
gélatineuse qui a la propriété de se gonfler beaucoup dans l'eau. Le petit qui en sort a la forme d'un
poisson, et porte le nom de *têtard*. Il reste quelque
temps dans cet état, mais lorsque ses membres commencent à se développer, sa queue tombe, et il
change absolument de forme.

Les principaux genres que l'ordre des batraciens
renferme sont : la *grenouille*, le *crapaud*, la *salamandre* et le *protée*. — La *grenouille* nage facilement dans
l'eau et bondit avec légèreté sur la terre. Elle peut
rester très-longtemps sans respirer. Pendant l'hiver,
elle s'enfonce dans la vase et y reste profondément
engourdie. La *rainette* ressemble à la grenouille. Elle
grimpe sur les arbres, et se suspend aux feuilles
pour y guetter les insectes. Elle ne diffère de la grenouille que par l'extrémité de ses doigts qui se trouve
allongée de manière à lui permettre de grimper et
de se tenir sur les corps les plus lisses. — Le *crapaud*
a le corps chargé de miasmes infects et de verrues.
C'est ce qui le rend dégoûtant. C'est le plus sale
et le plus laid de tous les reptiles; il vit renfermé
dans des trous où il parvient à une grosseur énorme.
— La *salamandre* a la forme générale des lézards,
mais sa queue est extrêmement longue. La salamandre terrestre est noire avec des taches d'un jaune vif;
la salamandre aquatique ou *triton* a la queue verticalement comprimée. Elle est étonnante par sa force
de reproduction. On peut lui couper plusieurs fois
ce membre, il repousse toujours. On a dit aussi que

la salamandre pouvait vivre dans le feu, mais il faut ranger tous ces récits au nombre des fables. — Le *protée* vit loin de la lumière du jour, dans des eaux très-profondes. Il conserve ses branchies pendant toute sa vie, et possède en même temps des poumons.

QUESTIONNAIRE. — 1. Qu'est-ce qui caractérise en général les reptiles ? Quelle différence y a-t-il entre les animaux à sang chaud et ceux à sang froid ? Qu'offre de particulier la circulation dans les reptiles ? Quelle est la forme de leur corps? Tous les sens sont-ils chez eux très-développés ? En combien d'ordres cette classe se divise-t-elle ? 2. Qu'est-ce qui distingue les tortues ? De quoi se nourrissent-elles ? Combien en distingue-t-on d'espèces ? Quelles sont les tortues terrestres les plus remarquables ? Où les tortues d'eau sont-elles très-communes ? D'où provient l'écaille ? 3. Décrivez d'une manière générale les lézards. Quels sont les genres principaux que cet ordre renferme? Quelles sont les mœurs et les habitudes du crocodile? Quelles sont les espèces les plus remarquables des lézards ? Parlez du dragon, du basilic et du caméléon. Que faut-il penser des merveilles qu'on attribue à ces divers animaux ? 4. Que faut-il comprendre sous le nom de serpents ? Combien de groupes forment-ils ? Quel est le caractère de ceux qui ne sont pas venimeux ? Qu'est-ce que le boa ? Quelle est la longueur de la couleuvre ? A quels signes reconnaît-on les serpents venimeux ? Quels sont les plus remarquables ? Pourquoi le serpent à sonnettes est-il ainsi appelé ? Quelle est la violence de son venin ? Quel est le serpent le plus venimeux de nos contrées ? Décrivez la vipère. Qu'est-ce que l'aspic ? 5. A quels signes reconnaît-on l'ordre des grenouilles ou des batraciens ? Quels sont ses principaux genres ? Parlez de la grenouille et de la rainette. Pourquoi le crapaud est-il si dégoûtant ? Qu'est-ce que la salamandre ? Qu'a de remarquable le protée ?

CHAPITRE XVI.

CLASSE DES POISSONS.

1. La classe des poissons comprend tous les animaux vertébrés ovipares qui ne vivent que dans les eaux, et qui respirent uniquement au moyen de *branchies*. Les branchies sont des espèces de franges ou de houppes rendues mouvantes par une espèce de volet qu'on appelle *opercule*. L'eau nécessaire à la respiration entre par la bouche et baigne les branchies pour s'échapper ensuite au dehors par les ouvertures appelées *ouïes*.

Les poissons ont la peau écailleuse ou nue, les membres en forme de nageoires, la tête très-grosse, point de cou, et la queue presque aussi forte que le tronc à sa naissance. Leurs nageoires répondent généralement à la position des membres dans les quadrupèdes. Ainsi ils en ont deux, qu'on appelle nageoires *pectorales*, près des ouïes, et deux, qu'on nomme nageoires *ventrales*, dans la partie inférieure du corps. Leur charpente est osseuse ou cartilagineuse. Leur tête offre une structure très-compliquée, mais leur cerveau est très-peu développé. Ils sont presque entièrement dépourvus d'instinct, et leurs sens sont très-obtus.

Leur vue est fixe, et la grosseur de leurs yeux ne remédie qu'imparfaitement à cet inconvénient. La structure de leur oreille ne leur permet pas non plus d'avoir l'ouïe délicate. Leur langue n'est pas charnue. et ils engloutissent leur proie sans rien goûter.

Enfin leur tact est détruit à la surface de leur corps par les écailles dont il est couvert. Ces animaux stupides ne paraissent guère avoir d'autre sentiment que celui de la faim, mais il est très-vif, et il les rend d'une voracité extrême.

Les poissons sont ovipares en général. Ils se multiplient prodigieusement. On a trouvé plus de soixante mille œufs dans le ventre d'un hareng, et il suffit d'une seule carpe pour peupler en peu de temps une rivière. Ils déposent leurs œufs dans l'endroit le plus favorable, pour qu'ils puissent éclore, et les abandonnent. Ce défaut de soin fait qu'une multitude de leurs petits périssent dans le premier âge.

On connaît peu les mœurs des poissons, on s'est toujours beaucoup plus appliqué à les prendre qu'à étudier leur genre de vie. On sait seulement que les uns vivent plus ou moins solitaires, et que les autres voyagent en bandes très-nombreuses. Il semble même qu'il y ait pour les poissons des migrations analogues à celles des oiseaux. Les sardines, les maquereaux, les anchois et surtout les harengs sont des poissons de passage qui visitent périodiquement nos côtes, et donnent lieu aux pêches les plus importantes. Chaque année le hareng se fait pêcher vers le mois de juin ou de juillet, vers les îles Shetland ; il arrive en septembre et en octobre sur les côtes de l'Ecosse et de l'Angleterre, et on le pêche depuis la mi-octobre jusqu'à la fin de l'année dans la Manche, le long des côtes qui s'étendent du détroit du Pas-de-Calais à l'embouchure de la Seine.

Les poissons sont une des classes les plus nombreuses du règne animal. On les divise en deux groupes, d'après la nature de leur squelette qui est osseux ou cartilagineux.

Des poissons osseux.

Les poissons osseux se divisent en plusieurs ordres dont les plus remarquables sont ceux des acanthoptérygiens et des malacoptérygiens.

2. DE L'ORDRE DES ACANTHOPTÉRYGIENS. — L'ordre des acanthoptérygiens comprend tous les poissons qui se font remarquer par les rayons épineux de leur nageoire dorsale. Leur nom vient de deux mots grecs qui expriment cette marque distinctive. Les principaux genres que cet ordre renferme sont : la *perche*, un de nos meilleurs poissons d'eau douce ; — la *vive*, qui se trouve dans l'Océan et la Méditerranée, et qui est ainsi nommée parce qu'elle a la vie très-dure ; — le *mulle-rouget*, qui était si recherché des Romains ; — le *surmulet*, qui est une espèce du même genre très-commune dans la Méditerranée ; — le *maquereau*, qui est un poisson voyageur qu'on prend en été sur les côtes de l'Océan ; — le *thon*, qui voyage aussi en troupes très-nombreuses, et qu'on prépare, soit à l'huile, soit au sel, avant de le mettre dans le commerce ; — l'*espadon*, qui est fort commun dans la Méditerranée, et qu'on appelle de ce nom, parce qu'il porte à l'extrémité de sa mâchoire supérieure un os en forme d'épée. C'est un poisson très-grand qui atteint jusqu'à cinq mètres de longueur, et qui attaque les plus gros cétacés.

3. DE L'ORDRE DES MALACOPTÉRYGIENS. — On a rangé dans cet ordre tous les poissons dont les nageoires sont molles et flexibles. Leur nom vient de deux mots grecs qui expriment ce caractère distinctif.

Les genres les plus importants sont : la *carpe,* qu'on élève dans les viviers et les étangs ; — le *barbeau,* qui est très-commun dans les eaux vives ; — le *brochet,* qui est recherché pour la saveur de sa chair ; — le *saumon* et la *truite,* qui sont de la même famille ; ils ont une chair rougeâtre et quittent la mer pour remonter les grands fleuves. Le saumon et la truite voyagent avec une inconcevable rapidité. On a calculé que le saumon pouvait faire huit lieues à l'heure ; — le *hareng,* qui est très-petit, mais qu'on pêche en si grande quantité qu'il devient l'objet d'un commerce considérable ; — les *sardines* et les *anchois,* qui sont plus petits, mais aussi plus recherchés que les harengs ; — la *morue,* dont on fait une consommation énorme dans toutes les parties du monde ; ce poisson se multiplie prodigieusement. On trouve quelquefois dans une morue plus d'un million d'œufs ; — le *merlan,* le *turbot,* la *barbue,* la *limande* et la *sole,* qui sont tous de la même famille, et fournissent un aliment excellent ; — les *anguilles,* qui se trouvent dans les eaux douces et vaseuses ; — le *congre* ou *anguille de mer,* qui est un poisson vorace et cruel ; — la *murène,* qui est une espèce d'anguille de mer, que les Romains estimaient beaucoup ; — le *gymnote électrique,* qui se trouve dans les eaux douces de l'Amérique méridionale, et qui a la faculté d'émettre à volonté le fluide électrique ; ce qui lui sert pour se défendre contre ses ennemis et pour se procurer sa proie. Les anguilles, le congre, la murène et le gymnote forment ensemble une famille à laquelle on donne le nom d'anguilliforme. Tous ces poissons ont la forme allongée comme des serpents, et leur peau n'est couverte que d'écailles qui sont presque imperceptibles.

Des poissons cartilagineux.

4. DE L'ORDRE DES STURIONIENS. — Parmi les poissons cartilagineux nous distinguerons trois ordres : l'ordre des sturioniens, l'ordre des sélaciens et l'ordre des cyclostomes. — L'ordre des *sturioniens* comprend les poissons cartilagineux à branchies libres. Il ne renferme qu'un seul genre important, celui des *esturgeons*. L'esturgeon se trouve dans les grandes rivières du nord de l'Europe, telles que le Volga, le Don et le Danube. Sa chair est bonne à manger, sa peau desséchée est transparente au point de remplacer les vitres dans quelques contrées, sa vessie natatoire sert à faire de la colle de poisson qu'on emploie à clarifier les vins, et on fait avec ses œufs le caviar, qui est un aliment très-recherché dans certaines contrées.

5. DE L'ORDRE DES SÉLACIENS. — L'ordre des *sélaciens* comprend les poissons cartilagineux à branchies fixes. Les genres les plus importants sont : le *requin*, la *scie*, la *raie* et la *torpille*. — Le *requin* est un poisson énorme, qui a de sept à dix mètres de longueur. Sa gueule est si grande qu'il avale d'un seul coup sa proie, quelle que soit sa grosseur. Ses mâchoires sont garnies de dents tranchantes, ses yeux sont perçants, sa queue forte et charnue. Il est féroce et cruel. Ordinairement il suit les vaisseaux, et se jette avec avidité sur tout ce qu'on jette à la mer. C'est le poisson que les pêcheurs et les matelots redoutent le plus. Sa peau est couverte d'aspérités très-dures, et on l'emploie à polir diverses matières. — La *scie* est armée comme l'espadon d'une forte lame qui termine son museau. Cette lame est découpée des deux côtés en dents aiguës et tranchantes, qui en font une arme très-dangereuse pour les autres poissons. La scie n'a que quatre ou cinq mètres de long, et cependant elle attaque souvent avec avantage les dauphins, les narvals et les baleines elles-mêmes. — La *raie* est un poisson très-bon à manger. Elle est aplatie comme un disque, et son corps est terminé par une queue grêle. Cette forme leur vient de la grandeur de leurs nageoires pectorales qui leur servent en quelque sorte d'ailes. Ce poisson grossit beaucoup, car il y a des raies qui pèsent jusqu'à cent kilogrammes. — La *torpille* jouit de propriétés électriques analogues à celles du gymnote. Mais chez elle l'appareil destiné à produire ce phénomène est placé de chaque côté de la tête, tandis que dans le gymnote il occupe tout le dessous du corps.

6. De l'ordre des cyclostomes. — Les *cyclostomes* sont ainsi appelés parce que leur bouche est circulaire. On leur donne aussi le nom de *poissons suceurs*, par suite de leur genre de vie. Cet ordre ne comprend que les *lamproies*. — La *lamproie* a le museau flexible et arrondi, comme la bouche d'une sangsue ; elle s'attache avec une vigueur extrême aux corps qu'elle touche. Elle se trouve dans les mers et dans les eaux douces. Sa chair est très-délicate et très-recherchée. Les Romains n'en faisaient pas moins de cas que du mulle-rouget et des murènes.

Questionnaire. — **1.** Quelle est l'organisation des poissons en général ? Qu'est-ce que les branchies ? Comment les poissons respirent-ils ? Comment leurs nageoires sont-elles disposées ? Quelle est la nature de leur charpente ? Leurs sens sont-ils très-développés ? De quelle manière se multiplientils? Emigrent-ils eomme les oiseaux? A quelle époque fait-on la pêche du hareng? En combien de groupes divise-t-on les poissons? 2. Quels sont les principaux ordres que forment les poissons osseux? Quels poissons comprend-on dans l'ordre des acanthoptérygiens? Quels sont les principaux genres que cet ordre renferme? Parlez de la perche, — du mulle-rouget, — de la vive, — du surmulet, — du maquereau, — du thon, — de l'espadon. 3. Quels poissons comprend l'ordre des malacoptérygiens? Où vivent la carpe et le barbeau? Quel est le mérite du brochet? Où se trouvent la truite et le saumon? Quel usage fait-on du hareng, des sardines, des anchois, de la morue, du merlan, du turbot, de la barbue, de la limande et de la sole? Qu'a de particulier le gymnote électrique? 4. Quels sont les principaux ordres qu'on distingue parmi les poissons cartilagineux? Qu'est-ce que comprend l'ordre des sturioniens? De quelle utilité est l'esturgeon? Où se trouve-t-il? 5. Quelle espèce de poissons comprend l'ordre des sélaciens? Quel est le caractère du requin? Quelles sont ses mœurs? Pourquoi la scie est-elle ainsi appelée? Quel usage fait-elle de son arme? Qu'est-ce que la raie? Quelles sont les propriétés de la torpille? 6. D'où vient aux cyclostomes leur nom? Décrivez la lamproie. Sa chair est-elle bonne à manger?

CHAPITRE XVII.

SECOND EMBRANCHEMENT. DES ANIMAUX ANNELÉS OU ARTICULÉS. DE LA CLASSE DES INSECTES EN GÉNÉRAL.

1. CARACTÈRES GÉNÉRAUX DES ANIMAUX ANNELÉS. — Les animaux annelés ont le corps divisé en tronçons et composé d'une suite d'anneaux disposés à la file les uns des autres. On les divise en deux groupes principaux, les animaux *articulés proprement dits* et les *vers*. Les animaux *articulés proprement* *dits* ont des membres distincts. Tels sont les *insectes*, les *myriapodes*, les *arachnéides*, les *crustacés* et les *cirrhipèdes*, qui forment autant de classes particulières appartenant à ce premier groupe. Les *vers* n'ont point de membres. Ils forment trois classes : les *annélides*, les *systolides* et les *helminthes*.

2. DESCRIPTION GÉNÉRALE DES INSECTES. — Les *insectes* sont des animaux articulés, qui ont des pattes, qui respirent par de petites ouvertures appelées trachées, et qui ont le corps composé d'une tête, d'un thorax et d'un abdomen distincts. Leur tête n'est formée que d'un seul tronçon, et porte les yeux, les antennes et la bouche. L'organe de la vue est chez les insectes d'une structure très-différente de celle que nous avons observée en parlant des animaux en général. Il paraît formé d'une multitude de petits yeux qu'on ne distingue bien qu'au microscope. On en a compté près de neuf mille dans un hanneton. Les antennes sont des organes de formes très-variables, qui paraissent à certains naturalistes être doués de la faculté d'entendre ou d'odorer. La bouche varie beaucoup, suivant la manière dont ces animaux se nourrissent. Les uns ne vivent que du suc des plantes ou des animaux, et ont la bouche conformée de la manière la plus favorable pour sucer ; les autres se repaissent d'aliments solides, et ont la bouche disposée de la façon la plus convenable pour les broyer. Le *thorax* occupe la partie moyenne du corps, et supporte les pattes et les ailes. Les pattes se composent d'une cuisse, d'une jambe et d'un pied ou tarse, divisé lui-même en plusieurs articulations dont le nombre varie de deux à cinq et est terminé par des ongles. Ces ongles forment des crochets, si l'insecte doit s'attacher aux plantes ; ils sont aplatis en forme de nageoires, s'il est destiné à vivre dans l'eau ; ils sont élargis comme les pattes de la taupe, s'il doit creuser la terre. Les ailes des insectes sont minces et transparentes. Elles ont spécialement ce caractère lorsqu'elles servent au vol. Chez le papillon, elles sont opaques et colorées, mais recouvertes d'une poussière qui, considérée au microscope, ressemble à de petites écailles superposées comme les tuiles d'un toit. L'abdomen fait suite au thorax, et est assez allongé. Il est terminé le plus souvent par un aiguillon dont l'insecte se sert pour se défendre contre ses ennemis, comme l'abeille, ou pour déposer ses œufs dans un endroit propice au développement de ses petits. Le mâle est toujours dépourvu de cette arme, et on peut pour ce motif le prendre sans danger.

3. DES MÉTAMORPHOSES DES INSECTES. — En général les insectes, pour arriver à leur entière conformation, subissent différentes métamorphoses. Quand ils sortent de leurs œufs, ils sont à l'état de *ver* ou de *larve*. Leur corps est allongé, presque entièrement mou, et se meut à l'aide d'anneaux mobiles. S'ils ont des pattes, on les désigne alors sous le nom de *chenilles*; dans le cas contraire, sous celui de *vers*. Leurs ailes se forment ensuite sous leur peau, ils perdent tout mouvement et se renferment dans une espèce de coque oviforme. On dit, après cette seconde transformation, qu'ils sont à l'état de *nymphes* ou de *chrysalides*. La chrysalide est ordinairement enveloppée dans une espèce de soie ou de tissu que la larve a sécrétée par ses glandes salivaires. Dans cet état, les divers organes dont l'insecte doit être revêtu se développent insensiblement, et quand ce travail est accompli, l'animal adulte se débarrasse de l'enveloppe qui le cachait, déploie ses ailes, et ne tarde pas à acquérir de la consistance. Il est enfin parvenu à l'état parfait, et devenu un papillon aux ailes brillantes et légères.

4. DES FACULTÉS DES INSECTES. — Les insectes sont de tous les animaux articulés ceux dont les sens sont les plus développés. Ils jouissent de l'ouïe et de l'odorat, aussi bien que du tact, du goût et de la vue. On ne sait pas par quels organes ils perçoivent les sucs et les odeurs, il est probable que les antennes leur servent à ce double usage. On a pu remarquer, à la manière dont ils se procurent leur nourriture, qu'ils ont le sens de l'odorat, et par là même que plusieurs d'entre eux font du bruit avec leurs ailes, on ne peut douter qu'ils ne perçoivent les sons. Il est moins facile de constater chez eux le sens du goût, et on a jusqu'alors peu étudié l'appareil consacré à cet organe. La vue est beaucoup mieux connue, et nous avons dit les observations curieuses qu'on avait faites sur la structure de leurs yeux. Ces petits animaux sont en grand nombre doués d'un instinct admirable. Ils déploient une habileté extraordinaire dans leurs travaux, savent par mille ruses tromper leurs ennemis, les éviter ou s'en défaire, et pourvoient avec une merveilleuse intelligence à leur nourriture.

5. CLASSIFICATION DES INSECTES. — La classe des insectes est la plus nombreuse du genre animal. On l'a divisée en plusieurs ordres d'après les différentes manières dont ces êtres se nourrissent et se meuvent, et d'après le genre de métamorphoses qu'ils subissent dans leur jeune âge. Les principaux ordres qu'on a formés sont les *coléoptères*, les *ortho-*

ptères, les *névroptères*, les *hyménoptères*, les *lépidoptères*, les *hémiptères*, les *rhipiptères* et les *diptères*. Nous parcourrons rapidement chacun de ces ordres.

QUESTIONNAIRE. — 1. Qu'appelle-t-on animaux annelés ? En combien de groupes les divise-t-on ? Quels insectes comprend-on parmi les animaux articulés proprement dits ? En combien de classes divise-t-on les vers ? 2. Quels sont les signes caractéristiques des insectes ? Qu'est-ce que porte leur tête ? A quoi servent les antennes ? Comment les yeux sont-ils conformés ? Qu'est-ce que le thorax ? De combien de parties se composent les pattes ? Quelle variété remarque-t-on dans les ailes ? Qu'est-ce que l'abdomen ? De quelle manière est-il ordinairement terminé ? A quelle fin les insectes emploient-ils leur aiguillon ? Quelle différence y a-t-il sous ce rapport entre le mâle et la femelle ? 3. Quelles métamorphoses les insectes subissent-ils ? Par combien d'états passent-ils ? Quel est leur premier état ? Dans quel cas la larve est-elle une chenille ? Qu'est-ce qu'une chrysalide ? D'où provient la soie dont elle est souvent enveloppée ? Que devient l'insecte à l'état parfait ? 4. Les insectes jouissent-ils des cinq sens ? Quels sont chez eux les organes de l'odorat et de l'ouïe ? Est-on sûr qu'ils aient ces deux sens? Connaît-on chez eux l'appareil du goût ? Dans quelles circonstances leur instinct se montre-t-il ? 5. Cette classe est-elle nombreuse? D'après quels caractères l'a-t-on divisée ? Quels sont les principaux ordres qu'on a établis ?

CHAPITRE XVIII.

DES DIVERS ORDRES D'INSECTES.

De l'ordre des coléoptères.

1. Les *coléoptères* sont pourvus de deux paires d'ailes. Mais la première est un étui membraneux qui forme des espèces de boucliers durs et cornés qu'on nomme *élytres*. Elle n'est pas propre au vol, et quand elle est seule, comme dans le charençon, l'insecte ne peut voler. Les coléoptères se nourrissent de substances solides, animales ou végétales, et se font remarquer par la dureté de leurs téguments et le brillant de leurs couleurs. On en connaît plus de 50,000 espèces. Nous désignerons seulement ici la *coccinelle*, appelée vulgairement *bête à Dieu*, qui se nourrit de pucerons; la *cantharide*, qui se plaît sur les lilas et les frênes et qu'on emploie pour les vésicatoires; le *hanneton*, qui fait souvent de grands dégâts dans les jardins; le *ver luisant*, qui jouit de propriétés phosphorescentes, et qui est par là même très-brillant dans l'obscurité; les *vrillettes*, qui à l'état de larves dégradent les boiseries et les vieux meubles; le *charençon*, qui dévore le blé; les *dermestes*, qui nuisent aux fourrures, etc. Cet ordre n'offre d'ailleurs aucun insecte dont les mœurs soient intéressantes.

De l'ordre des orthoptères.

2. Les *orthoptères* ont comme les coléoptères deux paires d'ailes; mais leurs élytres sont moins fermes, et leurs ailes membraneuses ne se ploient pas transversalement, mais longitudinalement, à la façon d'un éventail. C'est ce dernier caractère qui distingue cet ordre de l'ordre précédent. Ces insectes vivent de végétaux et sont tous terrestres. Leur corps est très-allongé et leurs pattes postérieures très-développées, ce qui en fait des insectes sauteurs. Les *sauterelles* et les *locustes* ou *criquets* sont les principaux genres qu'on remarque dans cet ordre. Les *saute-*

relles sont très-communes dans les champs et les prairies. Les *criquets* causent de très-grands dommages à l'agriculture. Ils se multiplient prodigieusement et dévastent toutes les contrées sur lesquelles ils passent. Une espèce, qu'on nomme la *sauterelle de voyage*, va ainsi d'un lieu à un autre et devient un vrai fléau. — Le *perce-oreille*, le *grillon* et la *taupe-grillon* appartiennent au même genre. — Le *grillon* habite dans l'intérieur des maisons et se tient surtout sous l'âtre des cheminées, d'où il fait entendre pendant la nuit un cri fatigant et monotone. — La *taupe-grillon* ravage les jardins en coupant les racines des plantes.

De l'ordre des névroptères.

3. Les *névroptères* se distinguent des orthoptères et des coléoptères par la contexture de leurs ailes. Ils en ont quatre, comme les insectes des deux ordres précédents, mais elles sont toutes membraneuses, transparentes et d'une délicatesse extrême. Cet ordre comprend la *libellule* ou *demoiselle*, l'*éphémère*, le *fourmilion* et la *termite* ou *fourmi blanche*. — La *libellule* ou *demoiselle* étale la richesse de ses couleurs au bord des rivières et des étangs. — L'*éphémère* est ainsi nommé parce que sa vie ne dure jamais au delà d'un jour; le plus souvent il ne vit que quelques heures. — Le *fourmilion* creuse dans le sable un entonnoir et se cache au fond, attendant l'insecte qui se laissera prendre au piége qu'il a tendu. — La *fourmi blanche* est le seul insecte de cet ordre dont les mœurs soient intéressantes. Elle vit en société, et rien n'est plus admirable que les lois qui régissent son gouvernement.

Il y a là un roi et une reine pour présider à la société entière, des travailleurs pour pourvoir à sa subsistance, et des soldats pour la protéger contre les attaques des ennemis. Chacun connaît son rôle et le remplit avec autant d'intelligence que d'exactitude. Leur demeure est d'ailleurs construite avec beaucoup d'art. Elles y trouvent non-seulement un abri, mais elles savent encore s'y ménager des galeries pour jouir à volonté du grand air et de l'agrément de la promenade.

De l'ordre des hyménoptères.

4. Les *hyménoptères* sont pourvus de mâchoires comme les insectes des trois ordres précédents, mais ils se nourrissent de matières molles ou liquides qu'ils pompent à l'aide de leur languette allongée. Ils ont quatre ailes membraneuses, et leurs femelles sont armées d'un aiguillon. Ils vivent presque tous sur les fleurs, et plusieurs d'entre eux forment des sociétés admirablement organisées. L'*abeille domestique* et la *fourmi* sont les genres les plus intéressants que cet ordre renferme.

Les *abeilles*, qu'on désigne vulgairement sous le nom de *mouches à miel*, vivent en colonies composées de 10 à 30,000 ouvrières, de 7 à 800 mâles ou frelons et d'une seule femelle qu'on appelle la *reine*. Parmi les ouvrières, les unes sont chargées de la récolte des vivres et de la construction des édifices nécessaires à la colonie, et sont appelées les *cirières*; les autres s'occupent du soin intérieur du ménage et de l'éducation des petits, et portent le nom de *nourrices*. La cirière va chercher sur les fleurs et à la surface des plantes le *pollen* et le *propolis* dont se compose la cire. Le pollen des fleurs s'attache d'abord aux poils dont son corps est couvert, et elle l'en détache ensuite pour le rassembler en pelotes qu'elle fixe à ses jambes postérieures. Un très-grand nombre sont occupées à aller ainsi chercher des matériaux. Dans l'intérieur de la ruche d'autres les mettent en œuvre. Avec le *propolis* elles enduisent parfaitement leur demeure et en bouchent toutes les ouvertures. Elles forment ensuite avec la cire des gâteaux qui se composent de deux couches de cellules ou d'alvéoles hexagones, et qui sont fixés à la voûte de la ruche de manière à laisser entre eux un espace libre qui permette aux abeilles de circuler. Ces alvéoles servent à loger les larves à leur naissance, ou à recevoir le superflu du miel qu'on a amassé et à faire des magasins de réserve pour la mauvaise saison.

Les mâles ne participent point à ces travaux. La communauté les détruit aussitôt qu'ils ne sont plus nécessaires. La femelle reste aussi inactive, mais elle est environnée de soins et d'égards, parce que c'est sur elle que reposent toutes les espérances de la colonie. Elle habite une cellule plus grande que toutes les autres, et quand elle commence à pondre, elle est l'objet de la plus grande vénération. Au commencement du printemps sa fécondité est extraordinaire; en trois semaines elle pond plus de 12,000 œufs. Les œufs éclosent trois ou quatre jours après la ponte. Il en sort une petite larve de couleur blanchâtre, dont les nourrices commencent à prendre soin. Huit jours après sa naissance, la larve se change en nymphe, et, après être restée sept jours et demi dans cet état, elle passe à l'état parfait. Les larves femelles deviennent des ouvrières ou des reines suivant la nourriture que leur préparent les nourrices. Il dépend donc de celles-ci de faire de nouvelles reines.

Quand une jeune reine paraît, il y a agitation dans la ruche. La vieille reine cherche à s'approcher de cette rivale pour la percer de son aiguillon. Une sorte de schisme s'introduit dans toute la république. Les unes défendent la jeune reine, les autres sont pour la vieille. Celle-ci, irritée, quitte la ruche avec toutes les ouvrières et tous les mâles qui veulent la suivre, et émigre; c'est ce qu'on appelle un essaim. La jeune reine reste dans l'ancienne ruche avec les nourrices qui l'ont formée et les ouvrières qui l'ont défendue. Comme chaque jour de nouvelles larves arrivent à l'état parfait, sa famille s'accroît rapidement, et bientôt elle se trouve à la tête d'un royaume aussi nombreux que celui de la reine qui l'a précédée.

La *fourmi* vit en société comme l'abeille. Suivant les espèces, elle construit sa demeure en terre ou en bois. Celles qui les construisent en terre creusent le sol et élèvent, avec les décombres qu'elles en retirent, un monticule assez considérable. Celles qui les construisent en bois se placent ordinairement au pied d'un arbre pourri et en détachent les débris nécessaires à la construction de leurs édifices. Dans une fourmilière comme dans une ruche, on distingue les ouvrières qui sont chargées de tout le travail, les nourricières qui pourvoient à l'entretien des larves et leur préparent l'aliment dont elles ont besoin, les mâles et les femelles qu'on reconnaît à leurs ailes. A une époque les mâles sont expulsés de la fourmilière, mais les femelles y sont conservées avec le plus grand soin, et les ouvrières ne manquent pas de déposer dans des cellules disposées à dessein les œufs qu'elles produisent. La fourmi se nourrit du suc des fleurs et d'une liqueur particulière qui suinte du corps des pucerons. Il paraît qu'elle n'a pas la prévoyance qu'on lui suppose ordinairement; elle ne fait aucune provision; elle vit au jour le jour, et durant l'hiver elle est complétement engourdie. Tout ce qu'on la voit porter dans son habitation est destiné à la construction de ses appartements ou à la nourriture des larves.

De l'ordre des lépidoptères.

5. Les *lépidoptères* sont ainsi appelés parce que leurs ailes sont couvertes d'une sorte de poussière écailleuse. On leur donne vulgairement le nom de *papillons*, et leurs larves sont connues sous le nom de *chenilles*. Leur bouche a la forme d'une longue trompe roulée en spirale, et ils aspirent au moyen de cet instrument les sucs déposés à la surface des plantes. Parmi ces insectes les uns volent le jour, comme les *nymphes*, les *argus*, les *chevaliers*, etc. On les reconnaît à leurs ailes élevées verticalement pendant le repos. D'autres, comme le *sphinx*, ne volent que le soir ou ne paraissent même que pendant la nuit, comme les *teignes* qui dévorent les fourrures, les *tordeuses* qui tordent les feuilles pour s'y loger, etc. Les crépusculaires et les nocturnes ont les ailes horizontales pendant le repos, et leurs couleurs sont moins brillantes que celles des diurnes.

Le *bombyx du mûrier* appartient à cette dernière tribu. C'est la larve de ce papillon qui est le *ver à soie*, dont les produits alimentent tant d'industries

Le bombyx pond de petits œufs que les éleveurs appellent de la *graine de ver à soie.* Ces œufs sont d'une teinte gris-cendré et éclosent après huit ou dix jours d'incubation. Il en sort une chenille qui se nourrit des feuilles du mûrier. Cet aliment leur est nécessaire. Dix jours après sa naissance, cette chenille se dispose à subir sa première métamorphose. Son corps devient mou, et il sort de sa bouche un fil de soie dont elle s'enveloppe complétement. C'est le *cocon* dont on fait ensuite la soie. Il lui faut de trois à quatre jours pour former son cocon. Si la température est favorable, elle ne reste à l'état de chrysalide que de dix-huit à vingt jours. Le bombyx sort de son enveloppe sous la forme d'un papillon aux ailes blanchâtres. Il ne tarde pas à pondre de nouveaux œufs et à fournir ainsi une graine semblable à celle dont il est sorti. Le bombyx ne vit à l'état parfait que de dix à vingt jours, mais il est d'une merveilleuse fécondité. Un seul de ces insectes peut produire jusqu'à 500 œufs.

La culture du mûrier et l'éducation des vers à soie contribuent beaucoup à la richesse des provinces du midi de la France. Cette branche d'industrie ne commença à être exploitée qu'au seizième siècle, au retour de l'expédition que Charles VIII fit en Italie, et elle ne prit de l'importance que sous Henri IV.

De l'ordre des hémiptères.

6. Les *hémiptères* sont ainsi nommés parce que la première paire de leurs ailes ne sont membraneuses que vers l'extrémité, et constituent seulement des demi-élytres. Les hémiptères n'ont pas une simple trompe, à la façon des lépidoptères, leur bouche a la forme d'un bec aigu et replié sur la poitrine. Ils se servent de ce bec pour perforer les tissus des animaux ou des végétaux : il renferme un triple suçoir avec lequel ils aspirent les liquides dont ils se nourrissent. Les principaux genres sont : la *cigale*, qui est si désagréable pour le bruit stridolent et monotone qu'elle fait avec les membranes élastiques qu'elle porte sous le ventre ; le *puceron*, qui fait souvent grand tort aux arbres dont il suce le suc en s'attachant aux feuilles ; la *punaise* et la *puce*, malheureusement trop connues par les désagréments qu'elles causent pendant le sommeil ; la *cochenille*, insecte d'Amérique, qui fournit la belle couleur rouge avec laquelle se fait le carmin et l'écarlate.

De l'ordre des diptères, des rhipiptères, etc.

7. Les *diptères*, comme leur nom l'indique, n'ont qu'une paire d'ailes. Leur bouche est munie d'une trompe pour sucer les aliments. Tantôt cette trompe est cornée et allongée, tantôt elle est molle et rétractile. On peut examiner comme type du genre la *mouche commune*. Ces insectes subissent des métamorphoses complètes. Les mouches aiment à déposer leurs larves sur la viande, et c'est ce qui la gâte et la corrompt. Les *cousins*, les *taons*, si fatigants pour les animaux dont ils sucent le sang, appartiennent à cet ordre.

Les *rhipiptères* n'ont aussi que deux ailes, mais elles sont pliées longitudinalement, à la façon d'un éventail. On ne connaît que deux genres : les *stylops* et les *kénos*, dont les larves vivent à l'état de parasites, sur le corps des hyménoptères. Les *parasites* forment aussi un ordre particulier parmi les insectes comme parmi les plantes. Tels sont les *poux* et les *ricins*; ces derniers se fixent spécialement sur les chiens, et sont désignés vulgairement sous le nom de *loups de bois*.

Questionnaire. — 1. Quels sont les caractères généraux des coléoptères ? De quoi se nourrissent les insectes ? Sont-ils nombreux ? Désignez les principaux genres. 2. Quels sont les signes caractéristiques des orthoptères? De quoi vivent-ils? Pourquoi sont-ils sauteurs ? Quels sont les principaux genres que cet ordre renferme ? Parlez de la sauterelle, du criquet, du grillon et de la taupe-grillon. 3. Comment les névroptères se distinguent-ils des deux ordres précédents? Qu'offre de remarquable la demoiselle, l'éphémère et le fourmilion ? Comment vit la fourmi blanche ? 4. Quels sont les caractères généraux des hyménoptères ? Quels sont les principaux genres que cet ordre renferme ? Quelle est l'organisation des sociétés que forment les abeilles ? Quel est l'emploi des cirières ? Quel travail exécutent-elles ? Les mâles restent-ils toujours dans la ruche ? Combien y a-t-il de femelles ? Comment l'appelle-t-on ? Quel est son office ? Par qui les larves sont-elles nourries ? Dans quelles circonstances y a-t-il émigration ou essaim ? Comment la ruche se repeuple-t-elle? Quelles sont les mœurs de la fourmi ? Comment construit-elle son habitation? Fait-elle des provisions ? Comment passe-t-elle son hiver ? 5. Qu'est-ce que les lépidoptères ? A quoi reconnaît-on ceux qui volent de jour et ceux qui ne sortent que sur le soir ou pendant la nuit? A quelle tribu appartient le bombyx du mûrier ? Qu'est-ce que le ver à soie ? De quoi se nourrit-il ? Comment produit-il la soie ? Combien de temps vit le bombyx à l'état parfait? Quelle est sa fécondité? A quelle époque s'est-on occupé en France de cultiver des mûriers et d'élever des vers à soie ? 6. D'où vient aux hémiptères leur nom ? Quelle est la structure de leur bouche ? Quels sont les principaux genres qui appartiennent à cet ordre? 7. Quels sont les caractères généraux des diptères ? Quel est leur type? Quelles sont les principales espèces qu'on range dans cet ordre? Quelle différence y a-t-il entre les rhipiptères et les diptères? Connaît-on des insectes parasites? Citez-en.

CHAPITRE XIX.

DE LA CLASSE DES MYRIAPODES ET DE CELLE DES ARACHNÉIDES.

1. DES MYRIAPODES. — Les *myriapodes* ou *mille-pieds* ressemblent assez à des serpents ou à des vers dont le corps serait muni de mille pieds. Ils n'ont jamais d'ailes, et sous ce rapport ils diffèrent des insectes. Leur corps est très-allongé et divisé en un grand nombre d'anneaux. Chacun de ces segements est porté sur une ou deux paires de pattes. Mais leur organisation intérieure se rapproche beaucoup de celle des insectes ordinaires. Ils ont la tête surmontée de deux petites antennes et munie de deux yeux formés d'une foule de petits yeux, comme ceux que nous avons remarqués dans les insectes. Leurs mâchoires sont conformées pour la mastication. Ces animaux vivent sous l'écorce des arbres, dans les fentes des murailles, et fuient généralement la lumière. Les principaux genres sont : les *scolopendres,* les *scutigères* et les *iules*. Les *scolopendres* habitent sous les pierres dans des lieux obscurs et humides, et ont de six à trente centimètres de long. Leur morsure est venimeuse, et on redoute beaucoup les grandes espèces qu'on trouve en Amérique ou dans les Indes. — Les *scutigères* sont une espèce de scolopendre qui fait sa demeure dans les poutres des appartements. On lui donne aussi le nom de *scolopendre à vingt-huit pattes.* —

Les *iules* marchent sur 80 pattes, habitent les fentes des murailles ou les mousses des arbres, et vivent en général de fruits et de racines.

2. DES ARACHNIDES EN GÉNÉRAL. — Les arachnides sont ainsi appelées parce que le genre araignée comprend la plus grande partie de cette classe. Les arachnides ont de l'analogie avec les insectes, mais elles en diffèrent par la forme générale du corps. Elles ont la tête confondue avec le reste du corps et dépourvue d'antennes ; leurs pattes sont articulées, leur peau molle, et jamais elles n'ont d'ailes. Elles sont organisées pour vivre dans l'air ; les unes respirent par des branchies, les autres par des trachées. La plupart sont carnivores. Les unes ont des mâchoires tranchantes ou aiguës, et se nourrissent des insectes qu'elles saisissent à la course ou par ruse, les autres s'attachent aux animaux pour en sucer le sang ou les humeurs. Celles-ci ont la bouche faite en forme de suçoir. Le sang de toute cette classe d'animaux est blanc. Les arachnides pondent des œufs comme les insectes, et un très-grand nombre d'entre elles les enveloppent dans un cocon de soie. Elles se reproduisent en très-grand nombre, et elles subissent toutes de graves changements avant d'arriver à l'âge adulte.

3. DES DIVERS GENRES D'ARACHNIDES. — Parmi les principaux genres d'arachnides nous distinguerons : l'*araignée*, le *scorpion* et les *arachnides microscopiques*.

L'*araignée* est douée d'instincts variés plus remarquables à certains égards que ceux des insectes. Les araignées de nos jardins tissent avec une habileté merveilleuse la toile qui leur sert de piéges pour prendre leur proie. La soie avec laquelle elle cons-

truit cette toile est sécrétée par un appareil placé à
la partie postérieure de l'abdomen. Elle commence
d'abord par mener les fils principaux qui doivent
suspendre son réseau, elle noue ensuite à chacun
d'eux des fils secondaires, et elle les presse de manière que les insectes ne puissent passer à travers
sans s'embarrasser dans ce filet. Aussitôt que la toile
est construite, quelquefois l'araignée se cache et se
tient à l'écart jusqu'à ce qu'il y ait quelque chose de
pris dans son piége. D'autres fois elle se tient au
milieu de sa trame, et c'est de là qu'elle guette sa
proie. — La *mygale*, que nous appelons aussi l'*araignée maçonne*, creuse en terre son habitation, avec
toute l'industrie d'un maçon. Sa demeure est protégée par une porte qui se meut sur une sorte de
charnière. Elle tend ses filets aux alentours, et saisit
tous les insectes qu'elle peut y attraper.

Il y a des araignées qui ne tendent pas de toile.
La *tarentule*, qui a été l'occasion de tant de récits
fabuleux, est du nombre. On l'a ainsi appelée parce
qu'on la rencontre principalement aux environs de
Tarente en Italie. Elle se trouve aussi dans le midi
de la France. Elle habite à terre, et se creuse dans
les endroits secs un souterrain qui lui sert de demeure. On a prétendu que sa morsure excite des
accès de folie, mais il n'y a absolument rien de fondé
dans tous les récits de cette nature que l'ignorance
propage.

4. Du scorpion. — L'araignée est malpropre,
mais elle n'est pas dangereuse. Elle est bien moins
un objet de crainte que de dégoût. Il n'en est pas de
même du scorpion. Cet arachnide, d'une forme
allongée, porte à l'extrémité de sa queue un crochet
qui lui sert à atteindre sa proie et à se défendre.

Ce crochet communique à une glande venimeuse dont la liqueur peut faire périr un animal de la taille d'un chien. Le scorpion s'en sert pour donner la mort aux insectes et aux arachnides dont il fait sa nourriture. Sa piqûre est très-dangereuse dans les pays chauds. Les scorpions qu'on trouve en Asie sont très-redoutables pour l'homme. En Europe, leur piqûre n'est pas mortelle. Elle produit une inflammation plus ou moins forte, de l'engourdissement, de la fièvre et des vomissements. On la combat avantageusement par l'ammoniaque administré tout à la fois à l'intérieur et à l'extérieur.

5. DES ARACHNIDES MICROSCOPIQUES. — On appelle ainsi les arachnides qu'on ne peut apercevoir qu'au microscope. Les plus remarquables sont : l'*acarus,* qui se loge dans la peau de l'homme, et y détermine la gale ; le *lepte,* qui s'insinue sous notre peau, et produit de vives démangeaisons ; le *ciron,* qui s'attache aux chairs qui entrent en putréfaction ; l'*ixode,* qui tourmente cruellement par ses vives piqûres les chiens, les bœufs et les autres animaux domestiques.

QUESTIONNAIRE. — **1.** A quoi ressemblent les myriapodes ? Quel est leur caractère ? De quelle organisation intérieure sont-ils doués ? Comment vivent-ils ? Quels sont les principaux genres de myriapodes ? Décrivez-les ? **2.** D'où est venu aux arachnides leur nom ? Quel est leur caractère ? Comment vivent-elles ? De quelle manière se reproduisent-elles ? Comment respirent-elles ? **3.** Quels sont les principaux genres d'arachnides ? Comment les araignées de nos jardins tissent-elles leur trame ? De quelle manière guettent-elles leur proie ? Qu'offre de particulier la mygale ? Qu'est-ce que la *tarentule* ? D'où lui est venu son nom ? Qu'est-ce qui la caractérise ? **4.** L'araignée est-elle dangereuse ? En est-il de même du scorpion ? Quels sont les plus redoutables ? A quoi leur sert leur dard ? Comment peut-on combattre les suites de leur piqûre ?

5. Qu'est-ce que les arachnides microscopiques? Citez-en les principales espèces.

CHAPITRE XX

DE LA CLASSE DES CRUSTACÉS.

1. DES CRUSTACÉS EN GÉNÉRAL. — Les crustacés sont des animaux articulés, c'est-à-dire dont les membres sont composés de plusieurs pièces mobiles. Ils sont revêtus en général, comme les écrevisses et les homards, d'un squelette qui a une consistance très-considérable. Cette enveloppe a une dureté pierreuse, et elle renferme en effet une quantité assez considérable de carbonate de chaux. A certaines époques, cette enveloppe se détache et tombe, sans être déformée d'aucune manière. Elle est dès lors remplacée par une nouvelle gaine qui est molle, mais complétement formée, et qui se durcit au bout de quelques jours. Tantôt la tête est mobile et distincte du thorax, tantôt elle se confond avec le reste du corps. Elle porte les antennes, les yeux et la bouche. Les antennes constituent des espèces de cornes très-allongées. Elles sont au nombre de deux ou de quatre. Les yeux sont portés sur un pédicule mobile et ressemblent aux yeux des insectes. La bouche est diversement conformée, suivant que le crustacé se nourrit d'aliments liquides ou d'aliments solides. Ceux qui se nourrissent d'aliments solides sont armés d'une ou deux paires de mâchoires transversales. Ils ont de plus dans la partie antérieure deux pieds-mâchoires qui aident à la mastication. Ceux qui vivent d'aliments liquides ont la bouche prolongée en une espèce de bec ou trompe semblable à celle des insectes suceurs.

Le corps des crustacés est formé d'une série d'anneaux plus ou moins distincts. Tantôt ces anneaux sont mobiles, tantôt ils sont si intimement unis ensemble qu'ils ne se distinguent que par des sillons situés à leur point de jonction. A chaque anneau correspond une paire de pattes. On en compte ordinairement cinq paires, indépendamment des pieds-mâchoires dont nous avons parlé. Chez les crustacés nageurs elles sont membraneuses et foliacées, afin d'être plus aptes à la natation ; chez ceux qui n'habitent pas dans l'eau, elles sont conformées et disposées simplement pour la marche.

Le sang des crustacés est blanc ou légèrement teint en bleu. La circulation est la même que celle des poissons. La respiration se fait ordinairement par des branchies. Quand ces organes manquent, la respiration a lieu par la peau de certaines parties du corps.

2. DES DIVERS GENRES DE CRUSTACÉS. — Cette classe est très-nombreuse. Depuis les crabes, les homards et les écrevisses, on peut descendre jusqu'aux crustacés parasites qui vivent sur d'autres animaux, et que pour ce motif les naturalistes rangent ordinairement parmi les vers intestinaux. Parmi cette immense variété nous distinguerons les *crabes*, les *langoustes*, les *homards*, les *écrevisses*.

3. DES CRABES. — Les *crabes* sont très-communs sur les côtes de l'Océan, et prennent un très-grand développement dans la Nouvelle-Hollande. Ils ont le corps arrondi, et leur tête n'est pas séparée du thorax. Elle ne forme même avec toute la partie moyenne du corps qu'un seul tronçon recouvert par la carapace qui lui sert de bouclier. Ces animaux sont très-carnassiers. Quand la marée est montante ils se réunissent en troupes pour fondre sur les animaux qui sont plus faibles qu'eux. Souvent, lorsque le flot se retire, ils restent sur le sable, et c'est alors que les pêcheurs les saisissent. Il y a des crabes, tels que le *crabe-poupart*, qu'on trouve en grand nombre sur les côtes de l'Océan, qui sont bons à manger. Le *crabe terrestre* ou le *gécarcin* s'avance assez avant dans les terres ; mais il dépose ses œufs sur le bord de la mer, et quand le moment est venu, ils se réunissent en troupes nombreuses et franchissent ainsi en ligne directe la distance qui les sépare de l'Océan.

4. DES LANGOUSTES ET DES HOMARDS. — La *langouste* et le *homard* sont des espèces d'écrevisses de mer. Ces crustacés ont de six à neuf décimètres de long. La langouste a le corps agréablement nuancé de vert, de noir et de rouge, et elle est recouverte de piquants hérissés. Elle est armée de pinces, et on ne peut la saisir qu'avec précaution. L'abdomen de ces crustacés nageurs est terminé par une large nageoire, qui est d'ailleurs le principal agent qui les aide à se mouvoir. S'ils perdent un de leurs membres, une de leurs pattes ou de leurs pinces, par exemple, ils ont l'avantage de les voir presque aussitôt renaître complétement. La chair de la langouste et du homard est très-estimée.

5. DES ÉCREVISSES. — L'*écrevisse* est le crustacé le plus commun parmi nous. Comme la langouste et le homard, elle a la faculté de régénérer très-facilement ses pattes et ses antennes. A la fin du printemps elle se dépouille de son enveloppe, et la remplace par une autre souvent plus grande. Cette nouvelle enveloppe est molle pendant quelques jours, puis elle se durcit. En hiver elles se retirent au fond de la rivière, dans des trous, et ne voyagent point. Pendant l'été elles se promènent sous l'eau, et se cachent dans les cavités des grosses pierres pour se mettre à l'abri de leurs ennemis. Elles sont très-voraces. On les prend en leur donnant pour appât des morceaux de chair commençant à se corrompre. L'écrevisse de nos rivières est un mets très-recherché. — La *crevette* ou *chevrette* est plus petite que l'écrevisse. Elle est très-commune sur les côtes de France. — On recherche aussi beaucoup les *squilles*, qui sont très-communes dans la Méditerranée.

QUESTIONNAIRE. — 1. Qu'appelle-t-on crustacés? De quelle enveloppe leur corps est-il revêtu? Quelle est la structure de la tête? Comment la bouche est-elle conformée? De quelle façon leur corps est-il formé? Combien ont-ils de pattes? Quel est leur appareil respiratoire? 2. La classe des crustacés est-elle nombreuse? Quels sont les principaux genres qu'on y remarque? 3. Où se trouvent les crabes? Quelle est leur forme? Quelles sont leurs mœurs? Sont-ils bons à manger? Qu'offre de particulier le crabe terrestre? 4. Qu'est-ce que la langouste et le homard? Quelle est leur longueur? Quel est l'extérieur de la langouste? Comment ces crustacés se meuvent-ils? Quel usage fait-on du homard et de la langouste? 5. Quel est le plus commun des crustacés parmi nous? A quelle époque l'écrevisse change-t-elle d'enveloppe? Que devient-elle pendant l'hiver? Comment la prend-on? Où pêche-t-on la crevette? — les squilles?

CHAPITRE XXI.

DE LA CLASSE DES ANNÉLIDES.

1. DES ANNÉLIDES EN GÉNÉRAL. — Les *annélides* ou *vers* n'ont point de membres articulés. Leur corps est composé d'anneaux mobiles, et ils respirent par des branchies. Les uns ont une tête distincte, quoique imparfaite ; les autres n'en ont point. Leur corps est toujours mou et allongé. A la place des pieds ils ont quelquefois des poils raides et soyeux qui les aident à se mouvoir, et souvent aussi à se défendre ; car ces poils sont ordinairement très-acérés, et conformés de telle sorte qu'ils puissent les implanter avec force dans les corps mous qu'ils viennent à frapper. Ceux qui n'ont aucun appendice pour les aider à marcher se traînent en allongeant et en contractant les différentes parties de leur corps. Ils sont presque dépourvus de tous les sens. Cependant on a remarqué dans la plupart d'entre eux de petites taches noires, disséminées sur tout leur corps, et on a supposé que ces petites taches étaient autant d'organes qui pouvaient servir à la vision. Leur tête est aussi garnie quelquefois d'antennes très-fines et très-délicates qui sont probablement des organes du tact. Plusieurs de ces animaux sont très-voraces. Leur bouche est armée de mâchoires et d'une trompe dont ils se servent pour attirer et sucer les aliments. Mais ce qu'il y a de merveilleux dans cette classe d'animaux, c'est que quelques-uns ont la faculté de se reproduire par bourgeons comme les plantes.

Ainsi, quand on les divise en plusieurs fragments, chacun de ces fragments forme ensuite un individu complet.

2. Des principaux genres d'annélides. — La classe des annélides est très-nombreuse et très-variée. La plupart habitent dans la mer, comme les *tubicoles,* qui vivent dans un tube qu'ils se construisent eux-mêmes avec de la vase et des fragments de coquilles ; les *serpules,* dont les branchies reflètent les plus riches et les plus brillantes couleurs ; les *arénicoles,* qui s'enfoncent très-avant dans le sable, et que les pêcheurs recherchent avec beaucoup de soin pour en faire des appâts. Il y en a qui habitent l'eau douce, comme la *sangsue.* On fait fréquemment usage de la sangsue en médecine. Elle a le corps mou, le sang rouge, la tête munie de trois mâchoires armées de suçoirs. On remarque aux deux extrémités de son corps des ventouses qui lui servent à se mouvoir. Elle est très-avide de sang. Pour les prendre, ceux qui se livrent à cette pêche descendent dans l'eau les jambes nues, et les saisissent au moment où elles viennent s'attacher à eux.

Parmi les annélides qui se cachent sous les pierres et dans la terre, nous citerons le *lombric* ou *ver de terre.* Il a le corps cylindrique et allongé. Sa longueur est de 3 à 4 centimètres. Sa couleur est d'un blanc rougeâtre et d'un éclat métallique. Il rampe au lieu de marcher, et on le voit à la surface de la terre après des pluies fréquentes. Il est très-vorace. Il se retire dans les fumiers, et creuse la terre pour chercher des débris d'animaux à ronger.

3. Des autres animaux annelés. — On range encore parmi les animaux annelés les *systolides* et les *helminthes.* — Les *systolides* ne se rencontrent que dans les eaux stagnantes. On ne peut les observer qu'au microscope. Mais, en les étudiant avec soin, on leur a reconnu les mêmes caractères qu'aux animaux annelés. — Les *helminthes* sont les vers intestinaux, qui ne vivent que dans l'intérieur des autres animaux. Ils ont presque tous beaucoup d'analogie avec le *lombric terrestre* ou la sangsue. Leur sang n'est pas rouge, et on n'a point encore remarqué chez eux d'organes spéciaux pour la respiration.

Le plus remarquable des helminthes est le *ténia* ou *ver solitaire*. Il a le corps très-allongé et très-aplati, et ressemble à un long ruban. Quelquefois il a sept ou huit mètres de long sur trois centimètres de large. Il se roule sur lui-même en pelote, et sa tête est armée de quatre petits suçoirs qui lui servent à pomper tous les sucs nourriciers qui se trouvent dans l'animal au sein duquel il habite. C'est ainsi que, quand il est dans l'homme, il l'épuise et lui cause une maladie très-grave. On lui a donné le nom de ver solitaire, parce qu'autrefois on croyait faussement qu'il ne pouvait y en avoir qu'un seul dans un même individu.

Cuvier et plusieurs autres naturalistes rangent les helminthes parmi les zoophytes; mais comme ils n'ont rien de radiculé dans leur structure, nous avons préféré une autre classification.

Questionnaire. — 1. Quel est le caractère des annélides? Décrivez leur corps. Comment se meuvent-ils? Ont-ils des yeux? De quoi vivent-ils? Comment se reproduisent-ils? 2. Où habitent les annélides? Qu'est-ce que les tubicoles? — les serpules? — les arénicoles? Quels sont les annélides qui habitent l'eau douce? Quel usage fait-on de la sangsue? Quelle est sa structure? Comment la prend-on? Quel est le plus remarquable des annélides qui se cachent sous les pierres et dans la terre? Décrivez le ver de terre. Où se retire-t-il? 3. Quels

sont les animaux qu'on peut encore classer parmi les annelés? Où se trouvent les systolides? Qu'est-ce que les *helminthes?* Ont-ils de l'analogie avec le lombric? Quels sont les plus
remarquables des helminthes? Décrivez le ténia. Quel mal
fait-il à l'homme? Pourquoi l'a-t-on appelé ver solitaire?
Tout le monde classe-t-il les helminthes parmi les animaux
annelés? Pourquoi les y avons-nous classés?

CHAPITRE XXII.

DES MOLLUSQUES.

1. DES MOLLUSQUES EN GÉNÉRAL. — Les mollusques
ont en général le corps mou, la peau visqueuse. Cette
peau a reçu le nom de *manteau*, à cause des replis
qu'elle forme. Elle est ordinairement protégée par
une cuirasse pierreuse, qu'on appelle *coquille*. Cette
enveloppe est produite par une humeur visqueuse
qui s'échappe des bords du manteau et se solidifie.
La manière dont la coquille s'accroît est facile à
comprendre. Si l'on examine une coquille d'huître,
par exemple, on voit qu'elle se compose d'une multitude de lames superposées, dont on peut même
déterminer la séparation, à l'aide de la chaleur. Ces
lames ont été formées successivement par le manteau de l'animal qu'elles recouvrent, et par conséquent c'est la plus extérieure qui doit être la plus
ancienne; c'est elle aussi qui est la plus petite, et
chaque nouvelle lame qui vient s'y ajouter dépasse la
lame située au-dessus, de façon que la coquille, en
même temps qu'elle augmente d'épaisseur, s'élargit
rapidement (1).

(1) Milne-Edwards.

Les coquilles sont très-variées, et quant à la forme et quant à la couleur. Les unes sont d'une seule pièce, comme celles du limaçon, et on les appelle *univalves*. Celles qui sont de deux pièces, comme les coquilles d'huître, prennent le nom de *bivalves*. Enfin on nomme *multivalves* celles qui sont composées de plus de deux parties, comme les coquilles des balanes. La variété de leur couleur provient d'une sorte de teinture que la peau de l'animal produit.

Les mollusques qui n'ont point de coquilles ou qui n'ont qu'une coquille intérieure portent communément le nom de *mollusques nus*. Ceux qui ont une coquille visible à l'extérieur s'appellent *conchyfères*.

2. DE LEUR CONFORMATION. — Chez les mollusques l'appareil digestif est très-développé. Leur sang est incolore ou légèrement bleuâtre. Il circule dans un appareil composé de veines et d'artères comme celui des autres animaux. Ils ne se meuvent que lentement et difficilement. La plupart ne peuvent même se déplacer que par la contraction successive des divers points de la surface intérieure de leur corps. D'autres ont une sorte de pied musculaire sur lequel ils s'appuient pour marcher. Tels sont les escargots. Les sens ne sont pas très-développés chez ces animaux. On remarque dans un certain nombre d'entre eux des appendices autour de la bouche, qui sont probablement les organes du goût; il y en a qui n'ont ni le sens de l'ouïe, ni celui de la vue. Les yeux de ceux qui ne sont pas dépourvus de ce dernier sens sont très-petits. Tantôt ils sont adhérents à la tête, et tantôt ils sont placés, comme dans le limaçon, à l'extrémité d'un pédoncule mobile que l'animal allonge ou raccourcit à son gré.

3. DES DIFFÉRENTS GENRES DE MOLLUSQUES. — On a divisé les mollusques en quatre groupes principaux : les *céphalépodes*, les *gastéropodes,* les *ptéropodes* et les *acéphales*. Leurs noms sont empruntés à leur conformation. Les *céphalopodes* sont ainsi appelés parce que leurs pieds sont insérés autour de leur bouche, et qu'ils marchent réellement sur leur tête. Les *gastéropodes* ont reçu ce nom parce qu'ils se meuvent à l'aide d'un disque charnu placé sous leur ventre. Les *ptéropodes* nagent à l'aide de deux nageoires qu'ils ont à côté du cou, et qui font l'office d'ailes. Enfin les *acéphales* n'ont pas une tête distincte du reste du corps.

4. DES CÉPHALOPODES. — Les *céphalopodes* n'habitent que dans la mer. Leur corps est presque sphérique ; le tronc est enveloppé d'un manteau qui a la forme d'un sac. A l'extrémité ce manteau est ouvert, et la tête sort par cette ouverture. Elle est ronde, pourvue de deux gros yeux et armée de deux mâchoires. Autour de la bouche se trouvent des appendices qui sont destinés à prendre et à marcher, et qui servent par conséquent à l'animal de mains et de bras. Les espèces les plus remarquables de ce groupe sont : les *seiches*, les *poulpes*, les *argonautes* et les *nautiles*. — La *seiche* a sur le dos une coquille ovale qui sert à polir l'ivoire. Il s'échappe d'elle une liqueur noire que les peintres appellent *sépia*. Ses œufs se réunissent en forme de grappes qu'on appelle *raisins de mer*. — Les *poulpes* sont remarquables par la longueur de leurs tentacules. Ils s'en servent pour saisir leur proie, et on dit qu'un na-

gueur aurait de la peine à se débarrasser des bras de
ce terrible mollusque. — Les *argonautes* habitent
une coquille qu'ils abandonnent, comme un petit
navire, au gré des flots. Leurs tentacules font l'office
de rames et de voiles. S'ils se voient pressés par
l'ennemi, ils laissent leur navire couler à fond, et ne
reparaissent sur l'eau que quand la sécurité leur a
été rendue. — Le *nautile* ressemble extérieurement
à l'argonaute, mais il habite toujours au fond de sa
coquille.

5. Des gastéropodes. — Les *gastéropodes* forment
une classe très-nombreuse. Il y en a qui n'ont pas
de coquilles, comme la *limace*, mais la plupart habitent dans une coquille univalve, formée en spirale,
comme l'*escargot*. Les uns vivent sur terre et respirent par une sorte de poumon. Tels sont le *colimaçon*
et la *limace*, les *hymnées* et les *planorbes*, qui se
trouvent dans les eaux dormantes, mais qui viennent
de temps en temps à la surface prendre l'air dont
ils ont besoin. Les *hymnées* et les *planorbes* quittent
quelquefois les lacs et les étangs où ils font leur demeure habituelle pour grimper sur les arbres et en
dévorer les feuilles. La *limace* est aussi très-avide ;
elle ronge les herbes et les fruits, et cause souvent
beaucoup de tort dans les jardins. L'*escargot* salit
aussi tout ce qu'il touche. Pendant l'été il se nourrit
d'herbes et de feuilles ; en hiver il se renfonce dans
sa coquille, la ferme par le moyen de la liqueur visqueuse qui s'échappe de tout son corps, et reste ainsi
dans une sorte de léthargie jusqu'au retour du printemps.

6. Des ptéropodes et des acéphales. — Les ptéropodes n'offrent rien d'intéressant. Les acéphales ont
le corps enveloppé tout entier par un large manteau

qui est à son tour contenu dans une coquille bivalve. L'*huître* est un des mollusques de ce genre les mieux connus. On en trouve dans toutes les mers de l'Europe. Cet animal, ne pouvant se mouvoir, se développe dans le lieu même où il a pris naissance. Il ne reçoit d'autre nourriture que celle que lui apporte l'eau de la mer, et il ne fait autre chose que d'ouvrir ou de fermer sa coquille. Les huîtres sont entassées les unes sur les autres, et forment près des côtes des bancs immenses où on va chaque année les recueillir. Pour leur ôter le mauvais goût qu'elles ont en sortant de la mer, on les fait parquer dans des viviers dont il est facile de renouveler l'eau souvent. En France la pêche la plus considérable est celle qu'on fait à Cancale, près de Saint-Malo, et les meilleures huîtres sont celles qu'on prend du mois de septembre au mois d'avril. — Nous citerons encore les *moules* et les *arondes*, qui appartiennent au même genre. Les *moules* ont une coquille oblongue et bivalve. On ne les mange que quand elles sont cuites, mais la chair est loin d'être aussi saine et aussi bonne que celle de l'huître. Les *arondes* ou *huîtres perlières* sont ainsi surnommées parce que leurs coquilles, à l'intérieur, sont nacrées. Il y en a même une espèce, qu'on appelle l'*aronde aux perles,* dont la nacre s'arrondit en globules et constitue les perles précieuses ou perles d'Orient. Les perles se pêchent tout particulièrement dans le golfe Persique et sur les côtes de Ceylan.

Questionnaire. — 1. Quel est le caractère des mollusques en général? Qu'appelle-t-on manteau? Qu'est-ce que la coquille? Comment se forme-t-elle? Qu'est-ce que la coquille univalve? — bivalve? — multivalve? Citez des exemples. Comment nomme-t-on les mollusques qui n'ont pas de co-

quilles? Comment se nomment ceux qui en sont revêtus? 2.
De quelle manière est conformé l'appareil digestif chez les mollusques? Quels sont leurs moyens de locomotion? Leurs sens
sont-ils très-développés? Où sont placés leurs yeux? 3. En
combien de groupes les divise-t-on? Qu'appelle-t-on céphalopodes? — Qu'est-ce que les gastéropodes? — les ptéropodes?— les acéphales? 4. Où habitent les céphalopodes? Quelle
est leur conformation? Quelles sont les espèces les plus remarquables de ce groupe? Qu'offrent de particulier les seiches?
— les poulpes? — les argonautes? — les nautiles? 5. Tous
les gastéropodes ont-ils une coquille? Citez-en qui n'en ont
pas. Quelle est habituellement la forme de la coquille de ceux
qui ne sont pas nus? De quelle manière respirent-ils? De
quoi se nourrissent-ils? Quel tort causent la limace et l'escargot? Que devient l'escargot pendant l'hiver? 6. Quelle est la
conformation des acéphales? Quel est le plus connu de ces
mollusques? Comment l'huître vit-elle? Où la pêche-t-on? A
quelle époque? De quelle manière? De quoi vit l'huître? Comment lui ôte-t-on le mauvais goût quelle a en sortant de la
mer? Qu'est-ce que les moules? Qu'est-ce que l'huître per-
lière? Où la pêche-t-on?

CHAPITRE XXIII.

DE LA CLASSE DES ZOOPHYTES OU RAYONNÉS.

1. Des zoophytes en général. — On a donné
aux animaux compris dans cette classe le nom de
zoophytes ou animaux-plantes, parce que leur organisation est tellement simple que la plupart d'entre
eux ressemblent à des végétaux. Ils sont pour ainsi
dire sur les confins des deux règnes, du règne animal et du règne végétal, et la science a longtemps
hésité, ne sachant dans lequel de ces règnes elle
devait ranger quelques-uns d'entre eux. On les désigne encore sous le nom de *rayonnés*, parce que

les parties de leur corps ne sont point rangées par paires de chaque côté d'un plan longitudinal. Elles se groupent, au contraire, autour d'un point central, et rayonnent ainsi à la façon d'une étoile.

2. DES DIFFÉRENTS GENRES DE ZOOPHYTES. — Les zoophytes sont très-nombreux. Nous les diviserons en cinq classes d'après leur conformation : les *échinodermes*, les *acalèphes*, les *polypes*, les *spongiaires*, et les *zoophytes microscopiques*. — Les *échinodermes* ont une peau assez épaisse; les *acalèphes* n'ont pas de tête, et n'offrent qu'une substance molle et gélatineuse qui flotte à la surface de l'eau; les *polypes* sont ainsi nommés parce qu'ils ont plusieurs pieds; les *spongiaires* vivent renfermés dans des éponges, et les *zoophytes microscopiques* sont ceux qu'on n'aperçoit qu'au microscope.

3. DES ÉCHINODERMES ET DES ACALÈPHES. — Les *échinodermes* ou *rayonnés épineux* ont la peau généralement garnie d'épines. De tous les zoophytes, ce sont ceux dont l'organisation est la plus complète et la plus développée. Ils ont tous les organes nécessaires à la circulation et à la respiration. Ils vivent dans la mer et forment trois groupes principaux : les *astéries*, les *oursins* et les *holothuries*. — Les *astéries* ou *étoiles de mer* sont aplaties et ressemblent absolument à une étoile. Leur corps est divisé en cinq rayons, et leur bouche est au centre. Elles sont très-voraces et se nourrissent de vers et de crustacés. — Les *oursins* portent aussi les noms de *hérissons* ou de *châtaignes de mer*, parce qu'ils sont couverts d'épines ou de piquants. — Les *holothuries* se distinguent par leur appareil respiratoire, qui est composé de tubes ramifiés à la manière d'un arbre.

Les *acalèphes* sont mous, transparents, d'une consistance gélatineuse. Ils sont organisés pour la nage et flottent toujours sur la mer. La famille la plus connue de cet ordre est celle des *méduses*, qui est tout à fait semblable à un champignon. Nous citerons encore les *physalies*, qui flottent aussi sur l'Océan, mais qui produisent à celui qui les touche de vives démangeaisons. C'est ce qui les a fait nommer *orties de mer*.

4. Des polypes. — On donne le nom de polypes à des animaux dont le corps est cylindrique et gélatineux, et dont la bouche est entourée d'une foule de bras et de tentacules. On distingue les *polypes à corps nu* qui n'ont aucune partie dure, et les polypes qui se construisent une demeure solide, de nature pierreuse ou cornée, qui a reçu le nom de *polypier*. Ces polypes ont non-seulement, comme certains crustacés, la propriété de reproduire les parties de leur corps qu'un accident a détruites, mais si l'on vient à diviser un polype en plusieurs parties, chacune de ces parties devient elle-même un polype complet, et l'animal, au lieu d'être détruit, se trouve remplacé par d'autres animaux semblables.

Les *polypes à polypier* adhèrent ensemble, et communiquent entre eux par la substance cornée ou calcaire qu'ils produisent. Chaque génération se solidifie pour ainsi dire sur la même base, et avec le temps cette base s'élève et forme dans la mer des îles nouvelles ou des bancs qui deviennent dangereux pour les navigateurs. Il y a dans l'Océanie des archipels entiers qui doivent leur origine à cette cause. Les plus remarquables des polypes à polypier sont les *coraux*, les *madrépores* et les *pennatules*. —

Les *coraux* ou *polypes corticaux* sont absolument poreux. Ils ressemblent pour la forme à un petit arbre dépouillé de ses feuilles. Il est susceptible de recevoir le plus beau poli, et on en a fait un objet de parure. On le rencontre dans la Méditerranée et la mer Rouge. — Les *madrépores* sont des polypiers arborescents qui rendent la navigation très-dangereuse dans l'océan Pacifique et dans l'archipel Indien, à cause des récifs qu'ils créent sans cesse. — Les *pennatules* ou *plumes de mer* sont ainsi appelées parce que la partie supérieure est garnie des deux côtés de barbes épineuses qui les assimilent à une plume.

5. DES SPONGIAIRES. — Les spongiaires n'offrent presque aucune trace d'organisation. On ne s'aperçoit même de leur vitalité que dans les premiers moments de leur existence. La substance gélatineuse de leur corps se crible de trous et de canaux, et forme ce que nous appelons *éponge*. L'éponge usuelle se trouve dans les mers d'Amérique, mais l'éponge commune, si fréquemment employée, est très-répandue dans la Méditerranée et surtout dans l'archipel de la Grèce. Naturellement elle est chargée d'une matière muqueuse qui oblige à la laver plusieurs fois avant de la mettre dans le commerce.

6. DES ZOOPHYTES MICROSCOPIQUES. — En étudiant le règne animal, si l'on commence, comme nous l'avons fait, par les animaux vertébrés pour arriver successivement jusqu'aux zoophytes, on voit la dimension des individus décroître sans cesse jusqu'à ce qu'on arrive aux animalcules qu'on n'aperçoit plus à l'œil nu. Tels sont les zoophytes microscopiques. Nous n'entreprendrons pas ici de les décrire, parce que, du moment où l'on veut étudier la nature avec un microscope, on découvre tout à coup un monde nouveau, qui n'est pas moins peuplé d'espèces et de genres divers que le monde au milieu duquel nous avons l'habitude de vivre. Qui sait? si nous étions munis d'instruments encore beaucoup plus parfaits, nous verrions peut-être les limites de ce nouveau monde reculer, et cela indéfiniment. C'est ainsi que de tous côtés, dans la création même, l'infini nous frappe. Soit que nous regardions au-dessus ou au-dessous de nous, la pensée se perd dans l'immensité, et le nom de Dieu brille dans l'atome aussi bien que dans le firmament.

Questionnaire. — 1. Qu'appelle-t-on zoophytes? Pourquoi a-t-on donné ce nom à ces animaux? Pourquoi les appelle-t-on encore rayonnés? 2. En combien de classes divise-on les zoophytes? Énumérez-les. Qu'est-ce que les échinodermes? — les acalèphes? — les polypes? — les *spongiaires?* les zoophytes microscopiques? 3. Quels sont les caractères principaux des échinodermes? En combien de groupes les range-t-on? Qu'est-ce que les astéries? — les oursins? — les holothuries? Quels sont les caractères des acalèphes? Citez les principales familles de cet ordre. 4. Combien y a-t-il de genres de polypes? Quelle est la propriété la plus remarquable des polypes? Que produisent les polypes à polypier? Combien y en a-t-il de sortes? Quel usage fait-on des coraux? Qu'est-ce que les madrépores? — les pennatules? 5. Comment se forment les éponges? Où les recueille-t-on? 6. Les zoophytes microscopiques sont-ils très-nombreux? Les connaissons-nous tous? Quelle conséquence morale pouvons-nous tirer de l'étendue illimitée de la création?

TABLEAU DE LA CLASSIFICATION DES PLANTES

D'APRÈS LE SYSTÈME DE TOURNEFORT.

CLASSES.

- Herbes a fleurs.
  - Pétales..
    - simples..
      - monopétales.
        - régulières.. — 1. Campaniformes. / 2. Infundibuliformes.
        - irrégulières. — 3. Personnées. / 4. Labiées.
      - polypétales..
        - régulières.. — 5. Cruciformes. / 6. Rosacées. / 7. Ombellifères. / 8. Caryophyllées. / 9. Liliacées.
        - irrégulières. — 10. Papilionacées. / 11. Anomales.
    - composées .... — 12. Flosculeuses. / 13. Demi-flosculeuses. / 14. Radiées.
  - Apétales......................... — 15. A étamines. / 16. Sans fleurs. / 17. Sans fleurs ni fruits.
- Arbres a fleurs.
  - Apétales......................... — 18. Apétales proprement dits. / 19. Amentacées.
  - Pétalées..............
    - monopétales — 20. Monopétales.
    - polypétales..
      - régulières.. — 21. Rosacées.
      - irrégulières. — 22. Papilionacées.

TABLEAU DE LA CLASSIFICATION DES PLANTES

D'APRÈS LE SYSTÈME DE LINNÉ.

PLANTES À ÉTAMINES ET PISTILS.

visibles — réunis dans la même fleur — **non adhérents entre eux** — Etamines égales entre elles — moins de 20 étamines :

	CLASSES.	EXEMPLES.
1 étamine	*Monandrie*	Casse.
2 étamines	*Diandrie*	Lilas, jasmin, sauge.
3 étamines	*Triandrie*	Iris, graminées.
4 étamines	*Tétrandrie*	Scabieuse, garance.
5 étamines	*Pentandrie*	Pomme de terre, panais.
6 étamines	*Hexandrie*	Lis, asperge, riz.
7 étamines	*Heptandrie*	Marronnier d'Inde.
8 étamines	*Octandrie*	Bruyère.
9 étamines	*Ennéandrie*	Laurier, rhubarbe.
10 étamines	*Décandrie*	OEillet, rose.
11 à 19 étamines	*Dodécandrie*	Réséda, aigremoine.
20 étamin. ou plus : adhérentes au calice	*Icosandrie*	Rosier, myrte.
adhérentes au réceptacle	*Polyandrie*	Pavot, coquelicot.
Etamines inégales : 4 étamines dont 2 plus longues	*Didynamie*	Thym, digitale.
6 étamines dont 4 plus longues	*Tétradynamie*	Giroflée.
Etamines adhérentes entre elles ou réunies au pistil. — Etam. non adhérentes au pistil, mais adhérentes entre elles par les filets : en 1 seul faisceau	*Monadelphie*	Mauve, guimauve.
en 2 faisceaux	*Diadelphie*	Acacia, mélilot.
en plus. faisceaux	*Polyadelphie*	Oranger.
par les anthères	*Syngénésie*	Violette, marguerite.
Etam. soudées en un seul corps avec le pistil.	*Gynandrie*	Aristoloche, orchis.
non réunis dans la même fleur : fleurs mâles et femelles sur le même individu	*Monœcie*	Maïs, chêne.
fleurs mâles et femelles sur 2 individus différents.	*Diœcie*	Saule, dattier.
fleurs mâles, femelles et hermaphrodites, sur 1, 2 ou 3 individus	*Polygamie*	Frêne, pariétaire.
invisibles.	*Cryptogamie*	Champignons, mousses.

TABLE.

—

ZOOLOGIE.

FIN DE LA TABLE,